高等学校教学用书

基础化学实验

浙江大学宁波理工学院

主　编　宗汉兴　毛红雷

副主编　沈　波　张胜建　应丽艳

浙江大學出版社

图书在版编目(CIP)数据

基础化学实验 / 宗汉兴 毛红雷主编. —杭州 ：浙江大学出版社，2007.3(2023.10 重印)

ISBN 978-7-308-05218-4

Ⅰ. ①基… Ⅱ. ①宗…②毛… Ⅲ. 化学实验—高等学校—教材 Ⅳ. 06—3

中国国家版本馆 CIP 数据核字(2007)第 036517 号

基础化学实验

宗汉兴　毛红雷　主编

责任编辑　王大根　张　真
封面设计　刘依群
出版发行　浙江大学出版社
(杭州市天目山路 148 号　邮政编码 310007)
(网址：http://www.zjupress.com)
排　　版　浙江大学出版社电脑排版中心
印　　刷　广东虎彩云印刷有限公司绍兴分公司
开　　本　787mm×960mm　1/16
印　　张　14
字　　数　260 千
版 印 次　2007 年 3 月第 1 版　2023 年 10 月第 9 次印刷
书　　号　ISBN 978-7-308-05218-4
定　　价　30.00 元

浙江大学出版社市场运营中心联系方式：0571—88925591；http://zjdxcbs.tmall.com

前　言

化学实验是培养学生基本操作技术、创新意识、创新能力、创新精神和优良素养的有力手段，而且有它的不可替代性。因此，化学实验应强调培养学生以实验基本技术和技能为主、验证课堂理论为辅的原则。浙江大学从1985年起，开始系统、综合地考虑化学系学生在校期间应培养哪些实验基本技术和技能，熟悉哪些实验仪器和培养哪些优良素养等因素，重组了基础化学实验课程体系，并分三个阶段、多层次地进行实验教学，使学生的实验教学质量取得了明显的效果。我们认为这指导思想同样适合非化学系的工科类专业的化学实验教学。

通过长期的化学实验教学经验积累，我们深感化学实验同样完全可以从化学一级学科角度出发，根据化学实验自身的内在规律和联系，重组整合实验内容，会更有利于学生基本操作技术和技能的培养。为此，我们将原来无机、分析、有机、物化和仪器分析化学等实验内容去粗取精、重组融汇，按化学实验基本操作、一般仪器的操作使用、物质的分离提纯与定量测量、各类化合物的合成与物性测量、物质的成分分析与结构表征及各类化学实验技能在化学研究中的应用——综合化学实验等内容由浅入深、分层次、分阶段地进行实验教学，完全打破了过去按无机、分析、有机、物化等学科来安排化学实验的习惯。因此，我们在原教材基础上，经过几年在非化学类工科专业学生中的教学实践，并结合浙江大学宁波理工学院应用型创新人才的培养目标和学生的知识理论基础以及实验学时数相对偏少的特点，几经修改、筛选后整合成一套全新实验体系的化学实验教材。包括"基础化学实验"、"中级化学实验"和"综合化学实验"三部分。

基础化学内容涉及无机化学、分析化学和有机化学实验等相关内容，包括化学实验基础知识、实验基本操作、无机和有机化合物的合成与检测、化学常数和物理量的测量分析和综合及设计性实验等。

本教材在选择实验内容时，完全跳出了无机和有机化学实验之间的界限，从化学实验基本操作到基本仪器的使用，从各种化合物的合成检测到综合设计实验，由浅入深，分阶段、分层次地组织实验，并适当增加一定比例的反映现代化学实验新进展、新技术（如微波合成技术、超声合成技术）在实验中的应用以及与日常生活密切相关的内容。体现了实用性、先进性和综合性的特点，便于实验教学内容的选择和学生教学实践。在相同的实验学时数情况下，学生可以学到更多的实际操作训练。

本教材是化学实验在非化学类工科专业进行实验教学改革的一种尝试。希望探索一条从化学一级学科角度出发，根据化学实验自身的内在规律和联系，组织实验教材进行学生实验教学的改革模式并做到真正意义上的融会贯通。

参加本书实验编写工作的有（以姓氏笔画为序）：毛红雷、王永红、沈波、张胜建、应丽艳、陈珏、宗汉兴、武玉学、周赛春、周先波、钱文汉。全书由宗汉兴、毛红雷主编，宗汉兴统稿。

在编写过程中参考了不少国内外有关化学实验教材和化学文献资料，在此对相关作者表示衷心感谢。

由于编者水平有限，书中错误和不当之处在所难免，恳请读者批评指正，不胜感激。

编　者

2006 年 6 月于浙大宁波理工学院

目　录

第1章 绪 论

1.1 化学实验的目的和研究内容

化学是一门实验科学，实验是人类研究自然规律的一种基本方法。没有实验就没有化学，化学中一切定律、学说、原理都来源于化学实验，而且还要受化学实验的不断检验。化学实验是手段和工具，作为未来的化学家或化学工作者只有通过它才能到达成功的彼岸。化学实验也是化学知识的开端，可以了解化学的第一手知识，而化学实验室是训练操作技术、实验方法、结果处理等技能的唯一课堂。

实验教学是培养学生创新精神、创新意识、创新能力的重要途径之一。

通过实验，可以培养学生的科学能力。科学能力包括科学认识能力和科学研究能力。而科学研究能力又包括：独立准备和进行实验操作的能力；细致观察和记录现象的能力；归纳、综合和正确处理数据的能力；分析实验和用语言表达实验结果的能力等。

通过实验，也可以培养学生实事求是的科学态度，准确、细致、整洁等良好的实验素养以及科学的思维方法，从而逐步掌握科学研究的方法。

通过实验，还可以帮助学生加强对化学基本原理和基础知识的理解与掌握。

1.2 化学实验的学习方法

1.2.1 预习

为了使实验能够获得良好的效果，实验前必须进行预习。

(1)阅读实验教材、理论书和参考资料中的有关内容；

(2)明确本实验的目的；

(3)了解实验的内容、步骤、操作过程和注意事项；

(4)写好预习报告。

预习报告包括：目的、原理(反应式)、实验步骤和注意事项等。根据实验教材改写成简单明了的实验步骤(不是照抄实验内容)，步骤中的文字可用符号简化，例如：试剂写成分子式，加热（△），加(＋)，沉淀(↓)，气体逸出(↑)……在实验初期，步骤可以写得详细些，以后逐步简化。这样，在实验前已形成了一个工作提纲，实验可按提纲进行，同时对本次实验时间有一个统筹的安排。

实验前由指导教师检查预习报告，若发现预习不够充分，应先停止实验，要求在掌握了实验内容之后再进行实验。

1.2.2 实验

学生在实验室里的学习，应该像化学研究人员或化学家在实验室里工作一样。他们做实验的目的主要是因为有一个化学问题需要解决，然后设计实验，进行观察和测试，由实验的结果得出结论，使问题得到解决。而学生是为了求知，为了获得第一手感性知识去探索化学的奥秘。因此，在思想上首先要重视实验，养成"我要做实验"的良好习惯。一般，应根据实验教材上所规定的方法、步骤和试剂用量进行操作，并做到：

(1)认真操作，细心观察，如实记录。

(2)保持肃静，遵守规则，注意安全，整洁节约。

设计实验和做规定以外的实验，应先经指导老师允许；实验完毕，洗净仪器，整理药品及实验台。

1.2.3 实验报告

实验结束后，应严格根据实验记录，对实验现象做出解释，写出有关反应方程式，或根据实验数据进行处理和计算，做出结论，并对实验中的问题进行讨论，独立完成实验报告，及时交指导教师审阅。

书写实验报告应字迹端正，简明扼要，整齐清洁。实验报告写得草率者，应重写。

实验报告应包括以下五部分内容：

(1)实验目的。

(2)实验步骤：尽量采用表格、框图、符号等形式，清晰明了地表示。

(3)实验现象和数据记录：实验现象要表达正确、全面，数据记录要完整。

(4)解释、结论或数据处理：根据现象做出简明解释，写出主要反应方程式，分题目做出小结或最后得出结论。若有数据计算，务必将所依据的公式和主要数据表达清楚。

(5)问题讨论：针对本实验中遇到的疑难问题，提出自己的见解或收获，分析实验误差的原因，也可以对实验方法、教学方法、实验内容等提出自己的意见或建议。

1.3 化学实验注意事项

1.3.1 实验守则

实验守则是人们长期从事实验室工作的经验归纳、总结出来的，它是防止意外事故发生、保证正常的实验环境和工作秩序、做好实验的前提。

(1)实验前必须认真写预习报告，进入实验室后应首先熟悉实验室的环境和布置，了解各种设施的位置并清点仪器。

(2)实验中应保持室内安静，集中思想，仔细观察，如实、及时地把实验现象和结果记录在报告本上。

(3)保持实验室和实验桌面的清洁，火柴、纸屑、废品等应丢入废物缸内，不得丢入水槽，以免造成水槽堵塞。

(4)使用仪器要小心谨慎，若有损坏应如实填写仪器损坏单；使用精密仪器时，必须严格按照操作规程，注意节约水电。

(5)使用试剂时应注意：

①按量取用，注意节约；

②取用固体试剂时，应注意勿使其落在实验容器外；

③公用试剂应放在指定位置，不得擅自拿走，用后即放回原处；

④试剂瓶的滴管、瓶塞是配套使用的，用后应立即放回原处，避免错混或玷污试剂；

⑤使用试剂时要遵守正确的操作方法。

(6)实验完毕，洗净仪器，放回原处，整理桌面，洗净双手，并经指导教师同意后方可离开。实验室内物品不得私自带出。

(7)若发生意外事故应保持镇静，不要惊慌失措。遇有烧伤、割伤时，应立即报告指导教师，及时急救和治疗。

(8)每次实验后由值日生负责整理药品，打扫卫生，并检查水、电和门窗，以保持实验室的整洁和安全。

1.3.2 实验室的安全及事故的预防与处理

在化学实验中，经常要使用易燃溶剂，如乙醚、乙醇、丙酮和苯等；易燃易爆的气体和药品，如氢气、乙炔和金属有机试剂等；有毒药品，如氰化钠、硝基苯、甲醇和某些有机磷化合物等；有腐蚀性的药品，如氯磺酸、浓硫酸、浓盐酸、烧碱及溴等。这些药品若使用不当，就有可能发生着火、爆炸、烧伤、中毒等事故。此外，玻璃器皿、煤气、电器设备等使用或处理不当也会发生事故。但是，这些事故都是可以预防的。只要实验者树立安全第一的思想，认真预习和了解所做实验中用到的物品和仪器的性能、用途、可能出现的问题及预防措施，并严格执行操作规程，就能有效地维护人身和实验室的安全，确保实验的顺利进行。

下列事项应引起高度重视，并予以切实执行。

一、实验时的一般注意事项

(1)实验前须做好预习，了解实验所用药品的性能及危害和注意事项。

(2)实验开始前应检查仪器是否完整无损，装置是否正确稳妥。蒸馏、回流和加热用仪器，一定要和大气接通。

(3)实验进行时应该经常注意仪器有无漏气、破裂，反应进行是否正常等情况。

(4)易燃、易挥发物品，不得放在敞口容器中加热。

(5)有可能发生危险的实验，在操作时应加置防护屏或戴防护眼镜、面罩和手套等防护设备。

(6)实验中所用药品，不得随意散失、遗弃。对反应中产生有害气体的实验，应置于通风设备中进行，以免污染环境，影响身体健康。

(7)实验结束后要及时洗手，严禁在实验室内吸烟、喝水或吃食品。

(8)玻璃管(棒)或温度计插入塞中时，应先检查塞孔大小是否合适，然后将玻璃切口熔光，用布裹住并涂少许甘油等润滑剂后再缓缓旋转而入。握玻璃管(棒)的手应尽量靠近塞子，以防因玻璃管(棒)折断而割伤皮肤。

(9)要熟悉安全用具如灭火器、沙桶及急救箱的放置地点和使用方法，并妥加保管。安全用具及急救药品不准移作它用，或挪动存放位置。

二、火灾、爆炸、中毒及触电事故的预防

(1)实验中使用的有机溶剂大多是易燃的。因此，着火是有机实验中常见的事故。防火的基本原则是使火源与溶剂尽可能离得远些，避免用明火直接加热。盛有易燃有机溶剂的容器不得靠近火源。数量较多的易燃有机溶剂应放在危险药品橱内，而不存放在实验室内。

回流或蒸馏液体时应放沸石，以防溶液因过热暴沸而冲出。若在加热后发现未放沸石，则应停止加热，待稍冷后再放。否则在过热溶液中放入沸石会导致液体突然沸腾，冲出瓶外而引起火灾。不要用火焰直接加热烧瓶，而应根据液体沸点高低使用石棉网、油浴、水浴或电热帽(套)。冷凝水要保持畅通，若冷凝管忘记通水，大量蒸汽来不及冷凝而逸出，也易造成火灾。在反应中添加或转移易燃有机溶剂时，应暂时熄火或远离火源。切勿用敞口容器存放、加热或蒸除有机溶剂。

(2)易燃有机溶剂(特别是低沸点易燃溶剂)在室温时即具有较大的蒸气压。

空气中混杂易燃有机溶剂的蒸气达到某一极限时，遇有明火即发生燃烧爆炸。而且，有机溶剂蒸气都较空气的密度大，会沿着桌面或地面漂移至较远处，或沉积在低洼处。因此，切勿将易燃溶剂倒入废物缸中。量取易燃熔剂应远离火源，最好在通风橱中进行。蒸馏易燃溶剂（特别是低沸点易燃溶剂）的装置，要防止漏气，接受器支管应与橡皮管相连，使余气通往水槽或室外。

表 1.1　常用易燃溶剂蒸气爆炸极限

名　称	沸　点	闪点/C	爆炸范围（体积/%）
甲醇	64.96	11	6.72～36.50
乙醇	78.50	12	3.28～18.95
乙醚	34.51	−45	1.85～36.50
丙酮	56.20	−17.5	2.55～12.80
苯	80.10	−11	1.41～7.10

(3)使用易燃、易爆气体、如氢气、乙炔等时要保持室内空气畅通，严禁明火，并应防止一切火星的发生，如由于敲击、鞋钉摩擦、静电摩擦、马达炭刷或电器开关等所产生的火花。

表 1.2　易燃气体爆炸极限

气　　体	空气中的含量（体积/%）
氢气(H_2)	4～74
一氧化碳(CO)	12.50～74.20
氨(NH_3)	15～27
甲烷(CH_4)	4.5～13.1
乙炔($CH \equiv CH$)	2.5～80

(4)常压操作时，应使全套装置有一定的地方通向大气，切勿造成密闭体系。减压蒸馏时，要用圆底烧瓶或吸滤瓶做接受器，不可用锥形瓶，否则可能会发生炸裂。加压操作时（如高压釜、封管等），要有一定的防护措施，并应经常注意内压力有无超过安全负荷，选用封管的玻璃厚度是否适当、管壁是否均匀。

(5)有些有机化合物遇氧化剂时会发生猛烈爆炸或燃烧，操作时应特别小心。存放药品时，应将氯酸钾、过氧化物、浓硝酸等强氧化剂和有机药品分开存放。

(6)开启贮有挥发性液体的瓶塞和安瓿时，必须先充分冷却，然后开启（开启安瓿时需要用布包裹），开启时瓶口必须指向无人处，以免由于液体喷溅而遭致伤害。如遇瓶塞不易开启时，必须注意瓶内贮物的性质，切不可贸然用火加热或乱敲瓶塞等。

(7)有些实验可能生成有危险性的化合物,操作时需特别小心。有些类型的化合物具有爆炸性,如叠氮化物、干燥的重氮盐、硝酸酯、多硝基化合物等,使用时须严格遵守操作规程,防止蒸干溶剂或震动。有些有机化合物如醚或共轭烯烃,久置后会生成易爆炸的过氧化合物,须特殊处理后才能应用。

(8)当使用有毒药品时,应认真操作,妥为保管,不许乱放,做到用多少,领多少。实验中所用的剧毒物质应有专人负责收发,并向使用者提出必须遵守的操作规程。实验后的有毒残渣,必须作妥善而有效的处理,不准乱丢。

(9)有些有毒物质会渗入皮肤,因此在接触固体或液体有毒物质时,必须戴橡皮手套,操作后立即洗手。切勿让毒品沾及五官或伤口,例如氰化物沾及伤口后就会随血液循环全身,严重者会造成中毒死亡事故。

(10)在反应过程中可能生成有毒或有腐蚀性气体的实验,应在通风橱内进行。使用后的器皿应及时清洗。在使用通风橱时,当实验开始后,不要把头伸入橱内。

(11)使用电器时,应防止人体与电器导电部分直接接触,不能用湿的手或手握湿物接触电插头。为了防止触电,装置和设备的金属外壳等都应连接地线。实验完后先切断电源,再将连接电源的插头拔下。

三、事故的处理和急救

(一)火灾与爆炸事故的预防与处理

火灾与爆炸的发生是实验室事故中概率最大者,引发原因主要有:①缺乏基本知识。例如大多数可燃蒸气与空气的混合物都有可能具有一定的爆炸界限,若不了解这种性质,对介于此界限之内的混合气体,一旦遇热、遇明火即可能发生爆炸。②仪器装置安装不当。如蒸馏装置密闭、未与大气相通,明火加热使易挥发易燃物品等引发爆炸。③未掌握药品性能或操作不当。如使用未经硫酸亚铁处理过氧化物的乙醚,研磨、撞击不稳定化合物,碱金属遇水等。④实验不认真,操作马虎,无科学态度,如随意混合药品,乱倒实验废液、废料等。这些都有可能引发火灾或爆炸事故的发生。因此,此类灾害的预防,关键是在实验中要了解反应的性质和特点,科学规范地进行操作,才能消除事故于萌芽状态。

对于已发生的此类事故的急救处理,主要是迅速隔离(如关闭电源、火源、搬离周围物品),即时灭火。应根据发生火灾物质性质选用不同方式、不同器材进行灭火。

国际上根据可燃物质的性质把火灾分为四类,可以相应地采取不同的灭火方式,供大家参考。

A类,有机可燃固体。常用水、酸式泡沫灭火器灭火。

B类,可燃液体。常用泡沫灭火、CO_2、干粉以及1211灭火剂,抑制、阻断燃烧反应继续发生。

C类,可燃气体。常用干粉、1211灭火剂灭火,作用同B类。

D类,可燃性金属。常用干沙覆盖隔离或用7150灭火剂形成隔离保护膜灭火,切不可用水和能生成CO_2气类灭火剂。

若衣服着火,切勿奔跑,用厚的外衣包裹使其熄灭。较严重者应躺在地上(以免火焰烧向头部)用防火毯紧紧包住,直至火灭,或打开附近的自来水开关用水冲淋熄灭。烧伤严重者应急送医院治疗。

(二)割伤

取出伤口中的玻璃或固体物,用蒸馏水洗后涂上红药水,用绷带扎住或敷上创可贴药膏。大伤口则应先按紧主血管以防止大量出血,急送医院治疗。

(三)试剂灼伤

轻伤涂以玉树油或鞣酸油膏,重伤涂以烫伤油膏后送医院。

酸:立即用大量水洗,再以3%~5%碳酸氢钠溶液洗,最后用水洗。严重时要消毒,拭干后涂烫伤油膏。

碱:立即用大量水洗,再以1%~2%硼酸液洗,最后用水洗。严重时同上处理。

溴:立即用大量水洗,再用酒精擦至无溴液存在为止。然后涂上甘油或烫伤油膏。

钠:可见的小块用镊子移去,其余与碱灼伤处理相同。

(四)试剂或异物溅入眼内

任何情况下都要先洗涤,急救后送医院。

酸:用大量水洗,再用1%碳酸氢钠溶液洗。

碱:用大量水洗,再用1%硼酸溶液洗。

溴:用大量水洗,再用1%碳酸氢钠溶液洗。

玻璃:用镊子移去碎玻璃,或在盆中用水洗,切勿用手揉动。

1.4 误差与有效数字

1.4.1 测量中的误差

一、准确度和误差

(1)准确度:指测定值与真实值之间的偏离程度。

(2)误差:绝对误差指测定值与真实值之差;相对误差指绝对误差与真实值

之比(占百分之几)。即

绝对误差＝测定值－真实值(单位与被测值相同)

相对误差＝绝对误差/真实值(无单位)

例如:真实值为 0.1000g 的样品,称出的测定值为 0.1020g。

绝对误差＝0.1020g－0.1000g＝0.0020g

相对误差＝0.0020g/0.1000g＝2.0%

绝对误差与被测量的样品的大小无关,而相对误差却与被测量的样品的大小有关。若被测的量越大,则相对误差越小。一般用相对误差来反映测定值与真实值之间的偏高程度(即准确度)比用绝对误差更为合理。

二、精密度和偏差

(1)精密度:指测量结果的再现性(重复性)。

(2)偏差:通常被测量的真实值很难准确知道,于是用多次重复测量结果的平均值代替真实值。这时单次测定的结果与平均值之间的偏离就称为偏差。偏差与误差一样,也有绝对偏差和相对偏差之分。

绝对偏差＝单位测定值－平均值

相对偏差＝绝对偏差/平均值

从相对偏差的大小可以反映出测量结果再现性的好坏,即测量的精密度。相对偏差小,则可视为再现性好,即精密度高。

三、产生误差的原因

产生误差的原因很多。一般可分为系统误差和偶然误差两大类。

(1)系统误差:在做多次重复测量时,由于某种固定因素的影响,使结果总是偏高或偏低。这些固定的因素通常为:实验方法不完善,所用的仪器准确度差,药品不纯等。系统误差可以用改善方法、校正仪器、提纯药品等措施来减少。有时也可以在找出误差原因后,算出误差的大小而加以修正。

(2)偶然误差:在多次重复测定中,即使操作者技能再高,工作再细致,每次测定的数据也不可能完全一致。而是有时稍微高些,有时稍偏低些。这种误差产生的原因常难以察觉,例如在滴定管读数时,最后一位数字要估计到 0.01mL,则难免会估计得有些不准确。这种误差是由于偶然因素引起的,误差的数值有时偏大、有时偏小,而且有时是正误差、有时是负误差。通常可采用“多次测定,取平均值”的方法来减小偶然误差。

(3)过失差错:除上述两类误差以外,还有由于工作粗枝大叶,不遵守操作规程等原因而造成测量的数据有很大的误差。如果确知由于过失差错而引进了误差,则在计算平均值时应剔除该次测量的数据。通常只要我们加强责任感,对工作认真细致,过失差错是完全可以避免的。

1.4.2 化学计算中的有效数字

在化学实验中，经常要根据实验获得的数据进行计算，但是在测定实验数据时，应该采用几位数字？在化学计算时，计算的结果应该保留几位数字？这些都是需要首先解决的问题。为了解决这两个问题，需要了解有效数字的概念。

一、有效数字位数的确定

具有实际意义的有效数字位数，是根据测量仪器和观察的精确程度来决定的。现举例说明之。

例1 某物质在台秤上称量，得到的结果是5.5g。利用台秤称量物质的质量时，大约可以准确到0.1g，所以该物质的质量可以表示为5.5±0.1g，它的有效数字是两位；如果在分析天平上称量该物质时，得到的结果是5.6115g，由于分析天平称量物质的质量时，可准确到0.0001g，该物质的质量可以表示为5.6115±0.0001g，它的有效数字可到5位。

例2 如果在测量液体的体积时，在最小刻度为1mL的量筒中测得该液体的弯月面是在25.3mL的位置，如图1-1(a)所示，其中25是直接由量筒的刻度读出的，而0.3是由肉眼估计的，故该液体的液面在量筒中的准确读数可能是25.3±0.1mL，它的有效数字是3位。如果该液体在最小刻度为1/10mL的滴定管中测量时，它的弯月面是在25.35mL，的位置，如图1-1(b)所示，其中25.3是直接从滴定管的刻度读出的，而0.05是肉眼估计的，故读液体的液面在滴定管中的准确读数可能是25.35±0.01mL，它的有效数字是4位。

从上面的例子可以看到，实验数据的有效数字与仪器的精确程度有关。同时还可以看到，有效数字中的最后一位数字已经不是十分准确的。因此，任何超过或低于仪器精确程度的有效位数的数字都是不恰当的。例如：在台秤读出的5.6g，不能写作5.6000g；在分析天平上读出的数值恰巧是5.6000g，也不能写作5.6g。这是因为前者夸大了实验的精确度，后者缩小了实验的精确度。

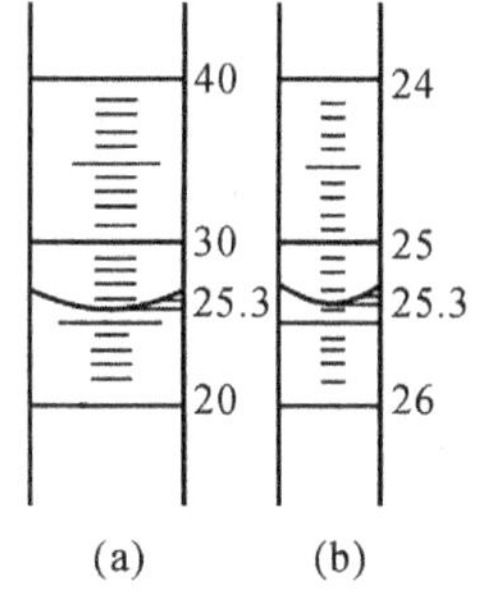

图1-1 体积的读数法

有效数字的位数可以从下面几个数字来说明：

有效数字	0.0045	0.0040	123	0.0123	3.005	3.500
位　　数	2位	2位	3位	3位	4位	4位

从上面这几个数字可以看到："0"如果在数字的前面，只表示小数点的位置，所以不包括在有效数字的位数中："0"如果在数字的中间或末端，则表示一定的数值，应该包括在有效数字的位数中。

二、化学计算时保留有效数字的规则

(1)加减法:在回头法中,所得结果的小数点后面的位数,应该与各加减数中小数点后的位数最少者相同。

例如:将下面各数值相加

```
   18.2154
    2.563
    4.55
    1.008
 ----------
+)26.3364 应改为 26.34
```

各数值相加的结果不是 26.3364 ,而应该改为 26.34。因为从 4.55 这个数值来看,精确度只到小数点后的第二位,即 4.55±0.01,所以在其他各数值中,小数点后的第三位数值当然也是没有意义的,因此可以将数值 26.3364 用 4 舍 5 入法简化为 26.34。

在计算时,为了简便起见,可以在进行加减前就把各数值简化,弃去过多的、没有意义的数字,使各数值中小数点后面的位数,和各加减数中小数后的位数最少者相同,例如上面各数值相加时:

18.2154	可简化为	18.22
2.563	可简化为	2.56
4.55	保持不变	4.55
1.00	可简化为	+) 1.01
		26.34

(2)乘除法:在乘除法中,所得结果的有效数字位数,应与各数值中最少的有效数字位数相同,而与小数点的位置无关。

例如:0.112×21.76=2.4371,所得结果应改为 2.44。因为在数值 0.112 中的 0.002 是不太准确的。同理,21.76 中 0.06 也是不太准确的,两者的乘积也不准确,已直接影响到结果的三位数字,在第三位以后的数字当然是没有意义的。因此,可以简化为 2.44,即保留 3 位有效数字。

同理,56.2+48.76=1.153,所得的结果应该改为 1.15。

在进行一连串数值的乘除中,也可以先将各数值简化。

例如:0.112×21.76×1.0765 可先简化为 0.112×21.8×1.08。在最后的答数中,应当保留 3 位有效数字,但是在进行计算的中间,应该采用比最后的答数多一位的有效数字,以清除在简化数字中累积的误差,所以在上面各数的乘法中:

0.112×21.8×1.08=2.442×1.08=2.64

其中 $0.112\times21.8=2.4416$ 可简略为 2.442，比最后答数多一位有效数字。

1.5 参考资料简介

1.5.1 化学文献的分类

化学文献按载体来分，有以下四种出版形式。

(1)印刷型：包括铅印、油印、胶印、石印、复印等。其优点是便于阅读；缺点是所占空间大、笨重，收藏管理费力。

(2)缩微型：有缩微胶卷和缩微胶片两种。其优点是体积大大缩小，可以大幅度节省书库面积，便于管理和转移；但必须借助于阅读机阅读，不太方便。

(3)计算机阅读型：是通过编码和程序设计把化学文献变成数学语言和机器语言，输入计算机，存储在磁盘或光盘上。“阅读”时，再由计算机将其输出。其特点是能大量地存储情报，并能以很快的速度取出所需的情报。这是情报工作现代化的方向。

(4)声像型：即直感资料或视听资料。如唱片、录音带、录像带、科技电影、幻灯片等，可以闻其声、见其形，给人以直观感觉。直感资料在帮助化学工作者观察和探索化学物质的结构方面具有独特的作用。

化学文献按文献内容的性质来分，有三类：

(1)一次文献又称为直接文献，是指发表的原始论文期刊、学术会议的论文预印本、会议录、会议论文集、科技报告、专利说明书、学位论文、技术标准和科技档案等原始文献。

(2)二次文献是由受过情报训练的专业工作者将分散的、无组织的一次文献进行加工整理，编制成系统的文献，如文摘、书目、索引等。这类文献又称为检索工具。

(3)三次文献是借助于检索工具，选用一次文献的材料而编写的百科全书、大全、数据手册、专题述评、学科年度总结、进展报告等。

化学工作者可以经常发现一次文献所报道的资料并不都是完全可靠的，必须通过自己的实践去伪存真。二次文献只忠于原始资料(一次文献)，是不辨真伪的。它们是我们检索原始文献的方便工具。三次文献通常是比较可靠的。因为三次文献大多是经过许多专家学者对原始资料进行鉴别、挑选、加工后编著出来的。如果我们能够在三次文献中查到自己所需的数据和资料时，就可以从其参考文献中直接获得原始文献。当然，三次文献是有时间性的，若要了解该文献编著后的资料，就应当通过有关的二次文献再检索相应的一次文献。

1.5.2　图书目录简介

图书馆是收集、整理、保管、传播和利用图书情报资料的地方。通常，绝大多数图书馆的书刊都是按一定的规则，以从左到右、从上到下的次序排列的。各种外文期刊都是按刊名的字母顺序排列，中文期刊按刊名的笔画或汉语拼音字母顺序排列。可供读者使用的期刊目录通常有两种：即现期期刊目录和已装订成册的过期期刊目录。

各种中外文图书都是按分类系统排架的，可供读者检索的图书卡片目录通常有三种。

(1)分类目录：按图书知识内容的学科体系组织起来的目录，其职能是从学科知识体系检索图书和揭示出学科之间的内在联系。我国的标准图书分类法是《中国图书馆图书分类法》，简称为《中国法》。

(2)书名目录：按书名字顺组织起来的目录，其职能是从书名检索特定图书和集中同一种书的不同版本。

(3)著者目录：按著者名称笔画顺序组织起来的目录，其职能是从著者名称检索特定图书和集中图书馆所藏该著者的全部著作及有关其著作的评论著作。

这三种目录都提供了相同的目录学知识。读者可根据自己掌握的材料选择其中的一种目录检索，查到后记下该书的索书号，就可以从书库里取到自己所需的图书。

如果利用以上目录查不到自己所需书刊，可利用《全国期刊联合目录》、《全国总书目》、《全国新书目》等检索工具，查到收藏单位后，再予以索取或复制原件。如国内缺藏，还可通过国际借阅或国际联机检索获得。有的化学工作者还通过资料交换，直接向国外著者索取原始论文。

1.5.3　参考书及手册简介

一、百科全书和大型参考书

(1)《中国大百科全书》(中国大百科全书出版社，1989)

这是我国第一部大型综合性百科全书。全书为 80 卷，每卷约 120 万～150 万字，按学科分卷出版。化学卷按条目的汉语拼音顺序排列，并附有汉字笔画索引、外文名索引、内容分析索引，查阅十分方便。详尽地叙述和介绍了化学学科的基本知识。

(2)《科学技术百科全书》(科学出版社，1981)

全书按学科专业分 30 卷出版，内容包括基础科学和技术科学 100 多个专业有关论题的定义、基本概念、基本原理、发展动向、新近成果和实际应用等。其中

第七卷无机化学，第八卷有机化学，第九卷物理化学、分析化学，第30卷总索引。

(3)《中国国家标准汇编》(中国标准出版社，1983)

《中国国家标准汇编》收集公开发行的全部现行国家标准，分若干册陆续出版。从1983年8月开始出版以来已出版40多个分册，全部按照国家标准的顺序号编排，每册有目录。另外，中国标准出版社在1984年10月还出版了国家标准局编的《中华人民共和国国家标准目录》，收录国家标准8470个，按标准的顺序号目录和分类目录两部分编排。因此，可从标准的顺序号目录、分类目录及各分册的目录三个途径进行检索。

二、实验技术参考书

(1)《分析化学手册》(第2版)(杭州大学化学系等合编，化学工业出版社，1997)

这是一本化学分析工具书，较为全面地收集了分析化学常用数据，详尽介绍了各种实验方法。共分五个分册：第一分册《基础知识与安全知识》；第二分册《化学分析》；第三分册《光学分析与电化学分析》；第四分册《色谱分析》；第五分册《质谱与核磁共振》。

(2)《化学实验基础》(孙尔康等编，南京大学出版社，1991)

这是一本综合性实验讲座教材，系统介绍了化学实验的基本知识、基本操作和基本技术；常用仪器、仪表和大型仪器的原理、操作及注意事项；计算机技术、误差和数据处理、文献查阅等。

(3)《化学实验规范》(北京师范大学编写组编，北京师范大学出版社，1987)

介绍了高等学校各门化学基础实验课的教学目的和要求，各项实验技术的操作规范。

(4)《化学分析基本操作规范》(化学分析基本操作规范编写组编，高等教育出版社，1984)

该书是在总结全国各高校分析化学实验教学经验后，编写的定性和定量分析规范操作。

(5)《定量分析化学实验教程》(柴华丽、马林等编著，高等教育出版社，1993)

介绍了分析化学实验的基本操作及经典的分析方法，有一定的权威性。

(6)《新编大学化学实验》(殷学锋主编，高等教育出版社，2002)

(7)《化学基础实验》(胡满成、张昕主编，科学出版社，2001)

(8)《综合化学实验》(浙江大学、南京大学、北京大学、兰州大学主编，高等教育出版社，2001)

(9)《基础化学实验技术绿色化教程》(林宝风等编著，科学出版社，2003)

(10)《化学基础实验》(宗汉兴主编，浙江大学出版社，2001)

三、化学物理数据手册参考资料简介

(1)《溶剂手册》(程能材编著,化学工业出版社,1997)

介绍了570种常用溶剂的理化常数,每种溶剂均附有各种数据的文献资料来源。

(2)《实用化学便览》(傅献彩主编,南京大学出版社,1989)

汇集了常用物理化学数据、化学实验基本技术和方法、化学试剂的制备、化合物和性能、大气和水的环境质量标准、食品卫生标准。

(3)《Handbook of Chemistry and Physics》(《化学和物理化学手册》)(David R. Lide 主编,CRC Press 出版,1997—1998年,第78版)

英文版,自1914年出第一版以来,基本上每年出一次新版,是世界上著名的化学物理手册,介绍了数学、物理和化学常用的参考资料和数据。

(4)《Dictionary of Organic Compounds》(第六版)

J. Buckingham 主编,Chanpman and Hall(New York)公司1996年出版,该版一本有9卷,1~6卷含有有机化合物的数据,第7卷含有交叉参考的物质名称索引,第8卷和第9卷分别含有分子式索引和药物索引。

(5)《Merck 化学和药物索引》

美国 Merck 公司出版的一本词典,初版于1889年,1998年为第15版。主要介绍有机化合物和药物。共收集了1万多种化合物的性质、制法和用途,还有4500多个结构式和4.4万多条化学产品和1万多条化合物的命名。化合物按名称字母的顺序排列,附有简明的摘要、物理和生化性质,并附文献和参考书。内容按化合物名称、同义词和商品名称的字母顺序排列,索引中还包括交叉索引和一些化学文摘登录号的索引。

(6)《Aldrich 化学试剂目录》

美国 Aldrich 化学公司主编,是一本关于化学试剂的目录,每年出一新本。试剂目录中收集了近2万种化合物。一种化合物作为一个条目,内容包括相对分子质量、分子式、沸点、折射率、熔点等数据。较复杂的化合物给出了结构式,并给出了化合物的核磁共振和红外光谱图的出处。每种化合物还给出了不同等级、不同包装的价格,可以据此订购试剂。目录后附有化合物分子式的索引,便于查找。读者若需要,可向该公司免费索取。

(7)《Lange's Handbook of Chemistry》(《兰格化学手册》)

本书于1934年出版第1版,1999年出版第15版。由 J. A. Dean 主编,McGraw-Hill Company 出版。第1版至第10版由 N. A. Laneg 主编,第11版至第15版由 J. A. Dean 主编。本书为综合性手册,包括了综合的数据和换算表以及化学各学科中物质的光谱学、热力学性质,其中给出了7000多种有机化合物的

物理性质。

(8)《Aldrich NMR谱图集》

《Aldrich NMR谱图集》,1983年出版第2版,由C. L. Pouchert主编,Aldrich化学公司(Milwaukee Wisconsin)出品。共两卷,收集了约3.7万张光谱图。

《Aldrich. ^{13}C和^{1}H NMR谱图集》,1993年出版第3版,由C. L. Pouchert和J. Behnke主编,Aldrich化学公司出品。共收集了约1.2万张图谱。

1.5.4 文 摘

文摘提供了发表在杂志、期刊、综述、专利和著作中原始论文的简明摘要。虽然文摘是检索化学信息的快速工具,但它们始终是不完全的,有时还容易引起误导,因此不能将化学文摘的信息作为最终的结论,全面的文献检索一定要参考原始文献。

美国化学文摘(Chemical Abstracts,简称CA)

创刊于1907年,是由美国化学会化学文摘服务社编辑出版的大型文献检索工具。美国化学文摘CA包括两部分内容:①从资料来源刊物上将一篇文章按一定格式缩减为一篇文摘。再按索引词字母顺序编排,或给出该文摘所在的页码或给出它在第一卷的栏数及段落。一篇文摘占有一条顺序编号。②索引部分,其目的是用最简便、最科学的方法既全又快地找到所需资料的摘要,若有必要再从摘要列出的来源刊物寻找原始文献。

CA收录的文献资料范围广,报道速度快,索引系统完善,是检索化学文献信息最有效的工具。随着信息技术的发展,CA的全部编辑工作均使用计算机,文献处理流程科学化,通过长期的积累,形成了一套严格的文献加工体系,从主题标引、文摘编写、化学物质的命名和结构处理都有严格的规范。所以该文摘已成为当今世界上最有影响的检索体系,是获取化学信息必不可少的工具。

1.5.5 因特网的化学信息资源

在网络上搜索信息犹如大海捞针,究竟哪一网点有你感兴趣的信息不得而知,有时耗费了许多时间,结果一无所获。为此,可通过下面几种方法进行查找。

一、利用信息资源

由于因特网上的资源很分散,因此已有不少图书、信息咨询服务的专家专门从事网上信息资源的搜寻工作,编辑了一些指引性的资料,如"Some Chemistry Resources on the Internet"列出了因特网上有关化学方面的信息资源。我们可以下载这一文件:

www 方式

http://www.rpi.edu/dept/Chem/Cheminfo/Chemres. Html

下面根据这一材料列举一些有关的网址：

如：http//www. chemcenter. org；http//www. chem. com；http/probe. nalusda. gov.

二、Web 搜索引擎

要根据掌握的网址查找并不是好办法。根据这一实际问题，许多公司发展了网络搜索技术，把因特网的信息进行分类和编制关键词索引，建立起搜索引擎，如著名的 Yahoo。

搜索引擎非常重要，因为我们在因特网上搜索信息时根本不知道有关信息所在的网址，利用这些引擎，输入关键词就能获得线索，非常方便有效。搜索引擎中的信息往往是由哪些希望把自己的信息连上网站的公司或个人提供。建立连接后，搜索引擎会根据登录的网址自动去搜索，在引擎所在服务器建立一个庞大的索引系统。用户输入关键词后，引擎会自动连到有关网站取得数据。

三、Web 版期刊

因特网发展至今，不少出版社开始把它们出版的期刊以 Web 方式出版，这些先于印刷本与读者见面。由 ASC 新发出的 1999 年期刊的订购目录可见，它出版的 27 种期刊和与其他出版社合作出版的 6 种期刊除了印刷本以外，共有 30 种提供 Web 版。Web 版的出现，使期刊上的信息能以更快的速度传递。

第 2 章　化学实验基础知识及基本操作技术

2.1　化学实验室常用仪器介绍

2.1.1　常用玻璃仪器

图 2-1　常用玻璃仪器(一)

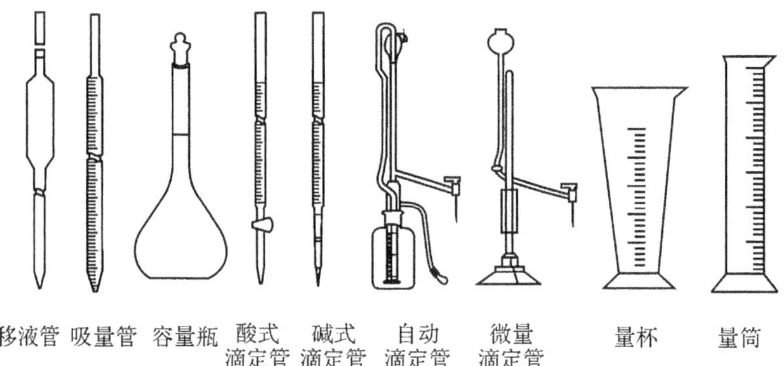

(d) 玻璃量器

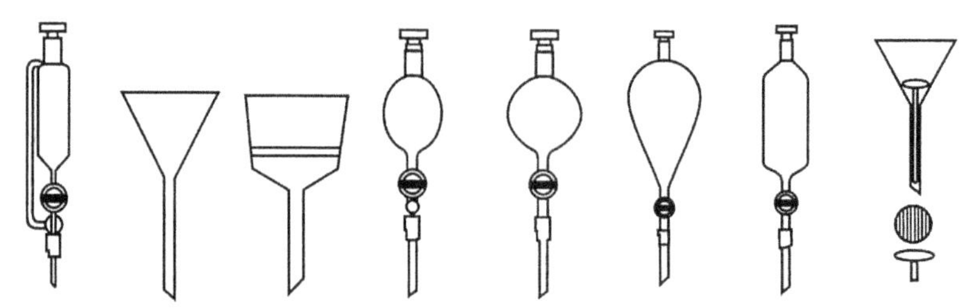

(e) 玻璃漏斗

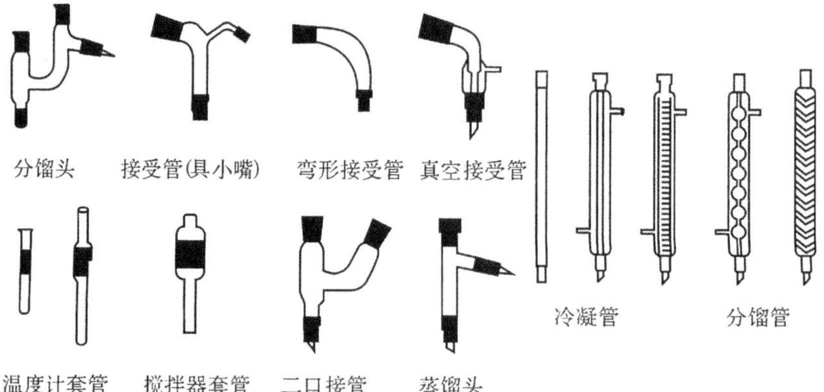

(f) 标准磨口仪器

图 2-2 常用玻璃仪器(二)

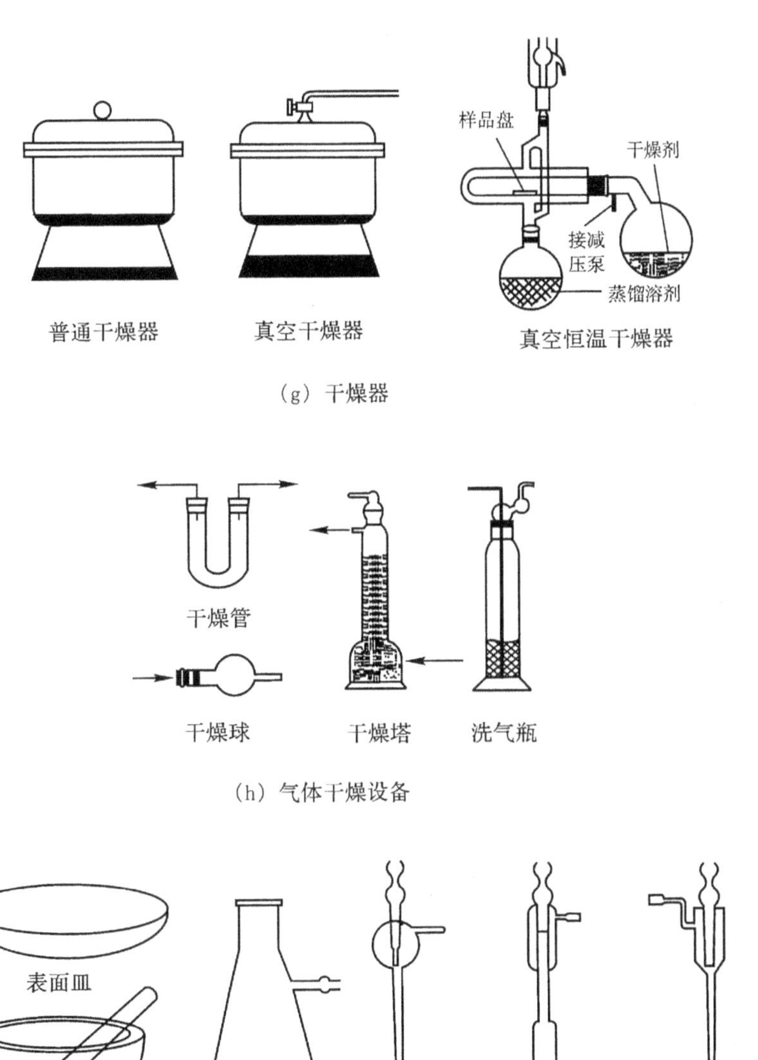

(g) 干燥器

(h) 气体干燥设备

(i) 玻璃杂品

图 2-3　常用玻璃仪器(三)

2.1.2 金属用具

实验室中常用的金属用具有:铁架,铁夹,铁圈,三脚架,水浴锅,镊子,剪刀,三角锉刀,圆锉刀,压塞机,打孔器,水蒸气发生器,煤气灯,不锈钢刮刀,升降台,老虎钳,台钳,扳手,螺丝刀等。

2.1.3 电学仪器及小型机电设备

一、电吹风

实验室中使用的电吹风应可吹冷风或热风,以供干燥玻璃仪器之用。电吹风宜放干燥处,防潮、防腐蚀;并定期加油润滑。

二、电热套(或叫电热帽)

它是由玻璃纤维包裹着的、电热丝织成帽状的加热器(图 2-4),在加热和蒸馏易燃有机物时,由于它不是明火,因此具有不易引起着火的优点,热效率也高。加热温度用调压变压器控制,最高加热温度可达 400℃左右,是有机化学实验中一种简便、安全的加热装置。电热套的容积一般与烧瓶的容积相匹配,从 50mL 起,各种规格均有。电热套主要用做回流加热的热源。用它进行蒸馏或减压蒸馏时,随着蒸馏的进行,瓶内物质逐渐减少,这时使用电热套加热,就会使瓶壁过热,造成蒸馏物被烤焦的现象。若选用稍大一号的电热套,在蒸馏过程中,不断降低电热套的升降台的高度,会减少烤焦现象。

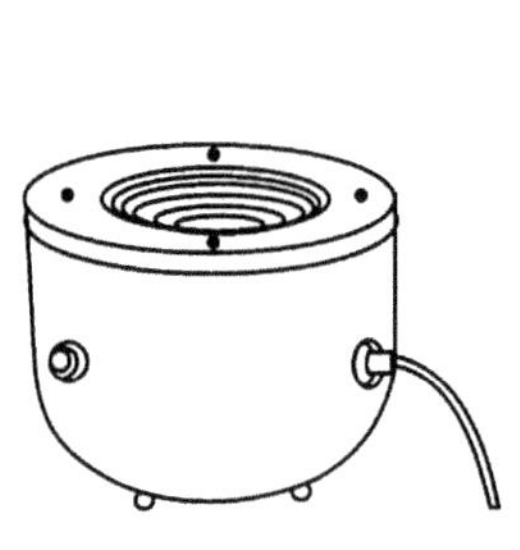

图 2-4 电热套

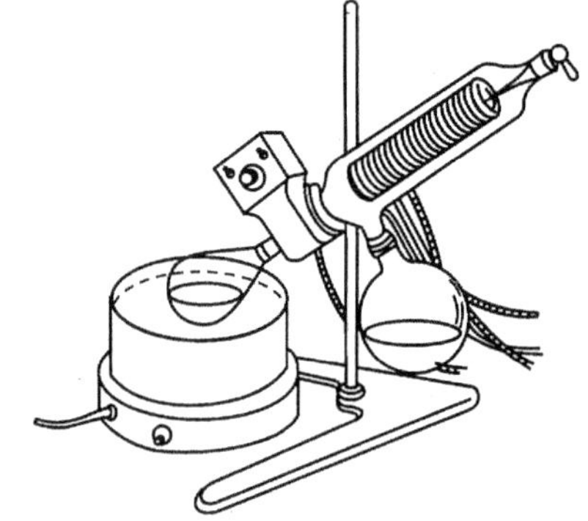

图 2-5 旋转蒸发仪

三、旋转蒸发仪

旋转蒸发仪是由马达带动可旋转的蒸发器(圆底烧瓶)、冷凝器和接受器组成(图 2-5),可在常压或减压下操作,可一次进料,也可分批吸入蒸发料液。由于蒸发器的不断旋转,可免加沸石而不会暴沸。蒸发器旋转时,会使料液的蒸发面大大增加,从而加快了蒸发速度。因此,它是浓缩溶液、回收溶剂的理想装置。

四、循环水多用真空泵

循环水多用真空泵是以循环水作为流体，利用射流产生负压的原理而设计的一种新型多用真空泵，广泛用于蒸发、蒸馏、结晶、过滤、减压、升华等操作中。由于水可以循环使用，避免了直排水的现象，节水效果明显，因此，它是实验室理想的减压设备。水泵一般用于对真空度要求不高的减压体系中。图 2-6 为 SHB-Ⅲ型循环水多用真空泵的外观示意图。

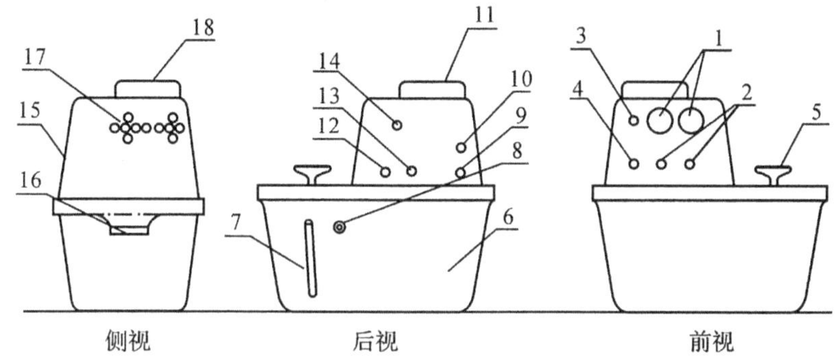

1—真空表；2—抽气嘴；3—电源指示灯；4—电源开关；5—水箱上盖手柄；
6—水箱；7—放水软管；8—溢水嘴；9—电源线进线孔；10—保险座；
11—电机风罩；12—循环水出水嘴；13—循环水进水嘴；14—循环水开关；
15—上帽；16—水箱把手；17—散热孔；18—电机风罩

图 2-6　SHB-Ⅲ型循环水多用真空泵外观示意图

使用时应注意：

(1)真空泵抽气口最好接一个缓冲瓶，以免停泵时水被倒吸入反应瓶中，使反应失败。

(2)开泵前，应先检查是否与体系接好，然后打开缓冲瓶上的旋塞。开泵后，用旋塞调至所需要的真空度。关泵时，先打开缓冲瓶上的旋塞，拆掉与体系的接口，再关泵。切忌相反操作。

(3)应经常补充和更换水泵的水，以保持水泵的清洁和真空度。

五、调压变压器

调压变压器是调节电源电压的一种装置，常用来调节加热电炉的温度，调整电动搅拌器的转速等。

六、电动搅拌器

电动搅拌器(或小马达连调压变压器)，可在恒温槽或有机实验中作搅拌用，一般适用于油、水等溶液或固液反应中，不适用于过粘的胶状溶液。若超负荷使用，很易发热而烧毁。使用时必须接上地线。平时应注意经常保持清洁干燥，防潮、防腐蚀。轴承应经常加油保持润滑。

七、磁力搅拌器

由一根以玻璃或塑料密封的软铁(磁棒)和一个可旋转的磁铁组成。将磁棒投入盛有欲搅拌反应物的容器中,将容器置于内有旋转磁场的搅拌器托盘上,接通电源,由于内部磁铁旋转,使磁场发生变化,容器内磁棒亦随之旋转,达到搅拌的目的。一般的磁力搅拌器都有控制磁铁转速的旋钮及可控制温度的加热装置。

八、烘箱

烘箱用以干燥玻璃仪器或烘干无腐蚀性、加热时不分解的物品。挥发性易燃物或刚用酒精、丙酮淋洗过的玻璃仪器切勿放入烘箱内,以免发生爆炸。

一般干燥玻璃仪器时应先沥干,等无水滴下时再放入烘箱,升温加热,将温度控制在 100~120℃。实验室中的烘箱是公用仪器,往烘箱里放玻璃仪器时应自上而下依次放入,以免残留的水滴流下使下层已烘热的玻璃仪器炸裂。取出烘干后的玻璃仪器时,应用干布衬手,防止烫伤。玻璃仪器取出后不能碰水,以防炸裂。取出后的热玻璃器皿,若任其自行冷却,则器壁上常会凝上水汽,可用电吹风吹入冷风助其冷却,以减少壁上凝聚的水汽。

2.1.4 其他仪器设备

一、钢瓶

是一种在加压下贮存或运送气体的容器,通常有铸钢的、低合金钢的等。氢气、氧气、氮气、空气等在钢瓶中呈压缩气状态,二氧化碳、氨、氯、石油气等在钢瓶中呈液化状态。乙炔钢瓶内装有多孔性物质(如木屑、活性炭等)和丙酮,乙炔气体在压力下溶于其中。为了防止各种瓶混用,全国统一规定了瓶身、横条以及标字的颜色,以资区别。现将常用的几种钢瓶的标色摘录于表 2-1 中。

表 2-1 常用的几种钢瓶的标色

气体类别	瓶身着色	横条颜色	标字颜色
氮	黑	棕	黄
空气	黑		白
二氧化碳	黑		黄
氧	天蓝		黑
氢	深绿	红	红
氯	草绿	白	白
氨	黄		黑
其他一切可燃气体	红		
其他一切不可燃气体	黑		

使用钢瓶时应注意：

(1)钢瓶应放置在阴凉、干燥、远离热源的地方，避免日光直晒。装氢气的钢瓶应放在与实验室隔开的气瓶房内。实验室中应尽量少放钢瓶。

(2)搬运钢瓶时，要旋上瓶帽，套上橡皮圈，轻拿轻放，防止摔碰或剧烈振动。

(3)使用钢瓶时，如直立放置应有支架或用铁丝绑住，以免摔倒；如水平放置应垫稳，防止滚动，还应防止油和其他有机物玷污钢瓶。

(4)钢瓶使用时要用减压表，一般装可燃性气体(氢、乙炔等)的钢瓶气门螺纹是反向的，装不燃或助燃性气体(氮、氧等)的钢瓶气门螺纹是正向的。各种减压表不得混用。开启气门时，应站在减压表的另一侧，以防减压表脱出而被击伤。

(5)钢瓶中的气体不可用完，应留有 0.5%表压以上的气体，以防止重新灌气时发生危险。

(6)使用可燃性气体时，一定要有防止回火的装置(有的减压表带有此种装置)。在导管中塞细铜丝网，管路中加液封可以起保护作用。

(7)钢瓶应定期进行试压检验(一般钢瓶三年检验一次)。逾期未经检验或锈蚀严重的钢瓶不得使用，漏气的钢瓶不得使用。

二、减压表

减压表由指示钢瓶压力的总压力表，控制压力的减压阀和减压后的分压力表三部分组成。使用时应注意，把减压表与钢瓶连接好(勿猛拧!!)后，将减压表的调压阀旋到最松位置(即关闭状态)。然后打开钢瓶上部气阀门，总压力表即显示瓶内气体总压。检查各接头(用肥皂水)不漏气后，方可缓慢旋紧调压阀门，将气体缓缓送入系统。使用完毕时，应首先关紧钢瓶总阀门，排空系统的气体，待总压力表与分压力表均指到 0 时，再旋松调压阀门。

2.2　有机化学实验常用装置

为了便于查阅和比较有机化学实验中常见的基本操作，在这一节里将集中讨论回流、蒸馏、气体吸收及搅拌等操作的仪器装置。

2.2.1　回流装置

很多有机化学反应需要在反应体系的溶剂或液体反应物的沸点附近进行，这时就要用回流装置，如图 2-7 所示。图 2-7(a)是可隔绝潮气的回流装置。如不需要防潮，可以去掉球形冷凝管顶端的干燥管。若回流中无不易冷却物放出，还可把气球套在冷凝管上口，来隔绝潮气的渗入；图 2-7(b)为带有吸收反应中生成气体的回流装置，适用于回流时有水溶性气体(如氯化氢、溴化氢、二氧化硫等)产生的实验。图 2-7(c)为回流时可以同时滴加液体的装置。回流加热前应先放入沸石,根据瓶内液体的沸腾温度,可选用水浴、油浴或石棉网直接加热等方式。在条件允许下,一般不采用隔石棉网直接用明火加热的方式。回流和速率应控制在液体蒸气浸润不超过两个球为宜。

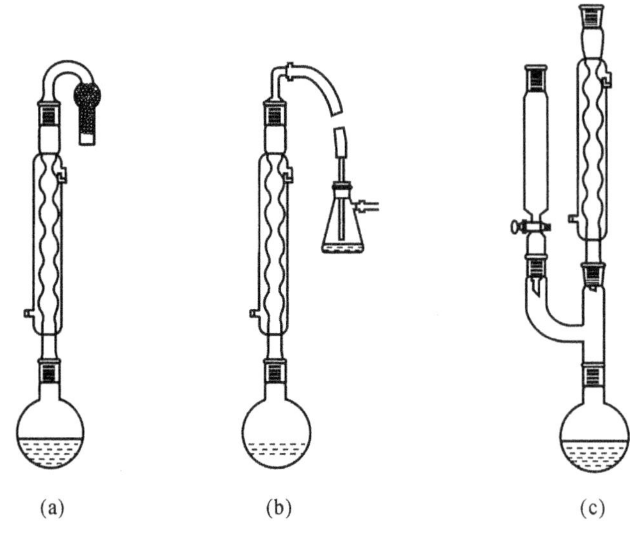

图 2-7 回流装置

2.2.2 蒸馏装置

蒸馏是分离两种以上沸点相差较大的液体和除去有机溶剂的常用方法。图 2-8 是几种常用的蒸馏装置,可用于不同要求的场合。图 2-8(a)是最常用的蒸馏装置。由于这种装置出口处与大气相通,可能逸出馏液蒸气,若蒸馏易挥发的低沸点液体时,需将接液管的支管连上橡皮管,通向水槽或室外。支管口接上干燥管,可用作防潮的蒸馏。图 2-8(b)是应用空气冷凝管的蒸馏装置,常用于蒸馏沸点在 140℃以上的液体。若使用直形水冷凝管,由于液体蒸气温度较高而会使冷凝管炸裂。图 2-8(c)为蒸除较大量溶剂的装置,由于液体可自滴液漏斗中不断地加入,既可调节滴入和蒸出的速度,又可避免使用较大的蒸馏瓶。

2.2.3 气体吸收装置

图 2-9 为气体吸收装置,用于吸收反应过程中生成的有刺激性和水溶性的气体(如氯化氢、二氧化硫等)。其中图(a)和(b)可作少量气体的吸收装置。图(a)中的玻璃漏斗应略微倾斜使漏斗口一半在水中,一半在水面上。这样,既能防止气体逸出,亦可防止水被倒吸至反应瓶中。若反应过程中有大量气体生成或气

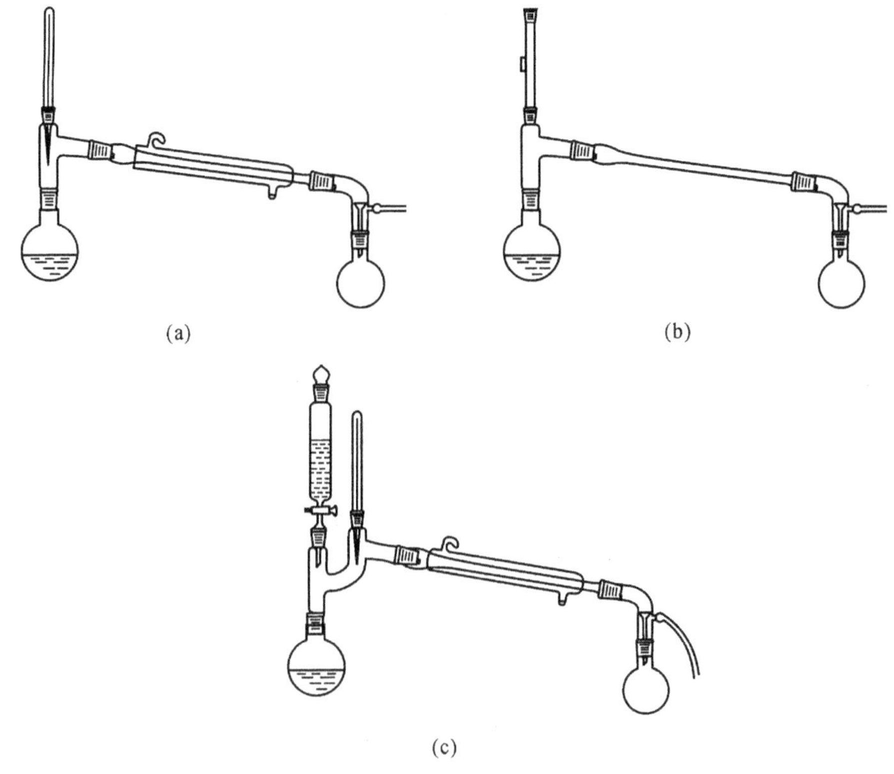

图 2-8　蒸馏装置

体逸出很快时，可使用图 2-9(c)的装置，水自上端流入(可利用冷凝管流出的水)抽滤瓶中，在恒定的平面上溢出。粗的玻璃管恰好伸入水面，被水封住，以防止气体逸入大气中。图中的粗玻璃管也可用 Y 形管代替。

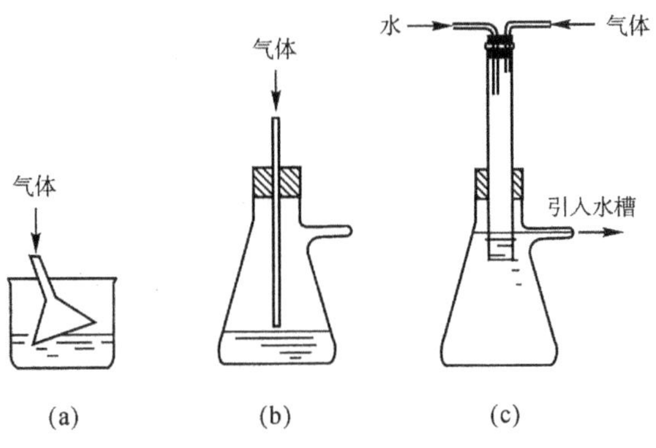

图 2-9　气体吸收装置

2.2.4 搅拌装置

当反应在均相溶液中进行时，一般可以不要搅拌，因为加热时溶液存在一定程度的对流，从而保持液体各部分均匀地受热。如果是非均相间反应，或反应物之一系逐渐滴加时，为了尽可能使其迅速均匀地混合，以避免因局部过浓、过热而导致其他副反应发生或有机物的分解；有时反应产物是固体，如不搅拌将影响反应顺利进行；在这些情况下均需进行搅拌操作。在许多合成实验中，若使用搅拌装置不但可以较好地控制反应温度，同时也能缩短反应时间和提高产率。常用的搅拌装置如图 2-10 所示。

图 2-10(a)是可同时进行搅拌，回流和自滴液漏斗加入液体的装置。图 2-10(b)的装置还可同时测量反应的温度。

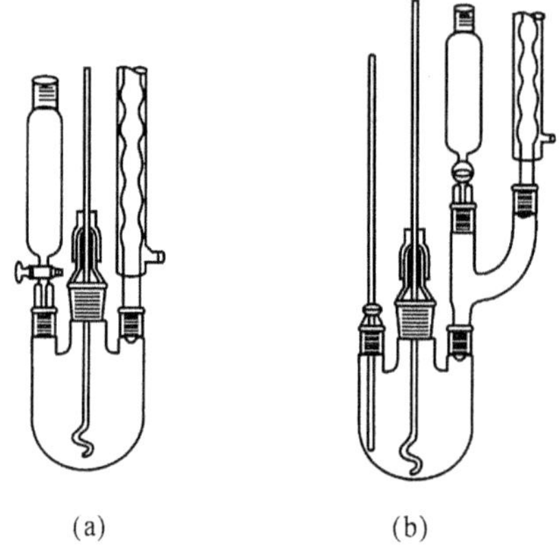

图 2-10 搅拌装置

图 2-10 中的搅拌器采用了简易密封装置，在加热回流情况下，进行搅拌可避免蒸气或生成的气体直接逸至大气中。

简易密封搅拌装置的制作方法（以 250mL 三颈瓶为例）：在 250mL 三颈瓶的中配置橡皮塞，打孔（孔洞必须垂直且位于橡皮塞中央），插入长 6～7cm、内径较搅拌棒略粗的玻璃管。取一段长约 2cm、内壁必须与搅拌棒紧密接触、弹性较好的橡皮管，套于玻璃管上端。然后自玻璃管下端的搅拌棒和橡皮管之间滴入少量甘油，对搅拌可起润滑和密闭作用。搅棒的上端用橡皮管与固定在搅拌器上的一短玻璃棒连接，下端接近三颈瓶底部，离瓶底适当距离，不可相碰。且在搅拌时要避免搅拌棒与塞中的玻璃管相碰。这种简易封装置（图 2-11(a)）在一般减压(1.33～1.6kPa)时也可使用。

在使用磨口仪器进行反应而密封要求又不高的情况下，可使用如图 2-11(b)所示的简易密封装置。

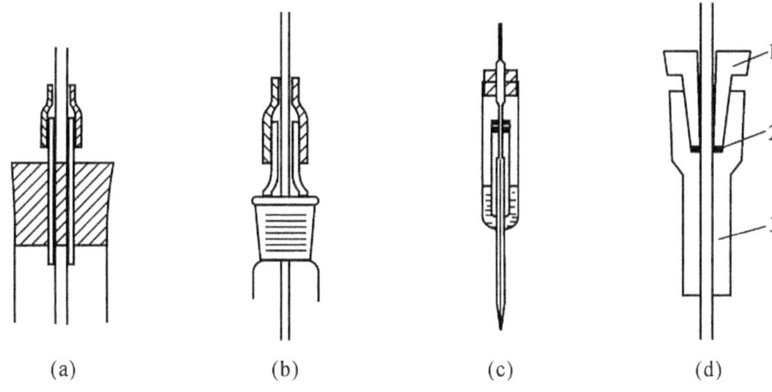

图 2-11　常用密封装置

另一种液封装置(图 2-11(c)),可用惰性液体(如石蜡油)进行密封。

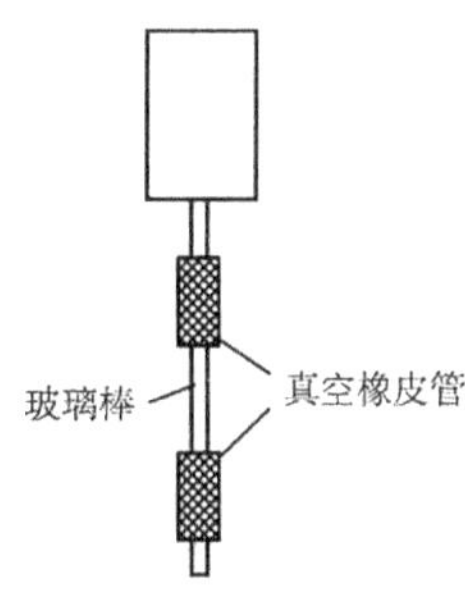

图 2-12　搅拌棒的连接

如图 2-11(d)所示,是由聚四氟乙烯制成的搅拌密封塞,由上面的螺旋盖 1,中间的硅橡胶密封垫圈 2 和下面的标准口塞 3 组成。使用时只需选用适当直径的搅拌棒插入标准口塞与垫圈孔中,在垫圈与搅拌棒接触处涂少许甘油润滑,旋上螺旋口至松紧合适,并把标准口塞紧在烧瓶上即可。

搅拌马达的轴头和搅拌棒之间还要通过两节真空橡皮管和一段玻璃棒连接,这样搅拌器导管不致磨损或折断(图 2-12)。

搅拌所用的搅拌棒通常由玻璃棒制成,式样很多,常用的见图 2-13。其中(a)、(b)两种可以容易地用玻璃棒弯制,(c)、(d)较难制,其优点是可以伸入狭颈

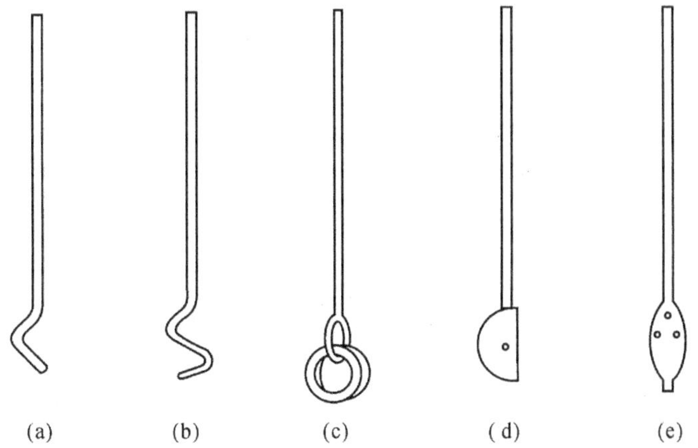

图 2-13　搅拌棒

的瓶中，且搅拌效果较好。(e)为筒形搅拌棒，适用于两相不混溶的体系，其优点是搅拌平稳，搅拌效果好。

在有些实验中还要用到磁力搅拌器。

2.2.5 仪器装置方法

有机化学实验常用的玻璃仪器装置，一般皆用铁夹将仪器依次固定于铁架上。铁夹的双钳应贴有橡皮、绒布等软性物质，或缠上石棉绳、布条等。若铁钳直接夹住玻璃仪器，则容易将仪器夹坏。

用铁夹夹玻璃器皿时，先用左手手指将双钳夹紧，再拧紧铁夹螺丝，待夹钳手指感到螺丝触到双钳时，即可停止旋动，做到夹物不松不紧。

2.3 仪器的洗涤与干燥

2.3.1 仪器的洗涤

化学实验中经常使用各种玻璃仪器和瓷器。如用不干净的仪器进行实验，往往由于污物和杂质的存在，而得不到准确的结果。因此，在进行化学实验时，必须把仪器洗涤干净。

一般说来，附着在仪器上的污物有尘土以及其他不溶性物质、可溶性物质、有机物和油垢。针对这些不同污物，可以分别用下列方法洗涤：

(1)用水刷洗。用水和试管刷刷洗，可除去仪器上尘土、不溶性物质和可溶性物质。

(2)用去污粉、洗衣粉和合成洗涤剂洗。这些洗涤剂可以洗去油污和有机物质。若油污和有机物质仍然洗不干掉，可用热的碱液洗。

(3)用洗液洗。坩埚、称量瓶、吸量管、滴定管等宜用洗液洗涤，必要时可加热洗液。洗液是浓硫酸和饱和重铬酸钾溶液的混合物，有很强的氧化性和酸性。使用洗液时，应避免引入大量的水和还原性物质(如某些有机物)，以免洗液冲稀或变绿而失效。洗液可反复使用。洗液具有很强的腐蚀性，用时必须特别注意。

洗液的配制：将 25g 粗 K_2CrO_7 研细，溶于 500cm^3 温热的浓硫酸中即成。

(4)用特殊的试剂洗。特殊的玷污应选用特殊试剂洗涤。如仪器上沾有较多 MnO_2，用酸性硫酸亚铁溶液或稀 H_2O_2 溶液洗涤，效果会更好些。

已洗净的仪器壁上，不应附着不溶物、油垢，这样的仪器可以被水完全湿润。把仪器倒转过来，如果水沿仪器壁流下，器壁上只留下一层既薄而又均匀的水膜，且不挂水珠，则表示仪器已经洗净。

已洗净的仪器不能再用布或纸擦，因为布或纸的纤维会留在器壁上而弄脏仪器。

在实验中洗涤仪器的方法，要根据实验的要求、脏物的性质和弄脏的程度等来选择。在定性、定量实验中，由于杂质的引进影响实验的准确性，对仪器洗净的要求比较高，除一定要求器壁上不挂水珠外，还要用蒸馏水荡洗三次。在有些情况下，如一般无机物或有机物制备，仪器的洗净要求可低一些，只要没有明显的脏物存在就可以了。

2.3.2 仪器的干燥

可根据不同的情况，采用下列方法将洗净的仪器干燥。

(1)晾干：实验结束后，可将洗净的仪器倒置在干燥的实验柜内(倒置后不稳定的仪器应平放)或在仪器架上晾干，以供下次实验使用。

(2)烤干：烧杯和蒸发皿可以放在石棉网上用小火烤干。试管可直接用小火烤干。操作时应将管口向下，并不时来回移动试管，待水珠消失后，将管口朝上，以便水气逸去。

(3)烘干：将洗净的仪器放进烘箱中烘干，放进烘箱前要先把水沥干，放置仪器时，仪器的口应朝下。

(4)用有机溶剂干燥：在洗净仪器内加入少量有机溶剂(最常用的是酒精和丙酮)，转动仪器使容器中的水与其混合，倾出混合液(回收)，晾干或用电吹风将仪器吹干(不能放烘箱内干燥)。

精确计量用的容器不能用加热的方法进行干燥，一般可采用晾干或有机溶剂干燥的方法，吹风时宜用冷风。

2.4 基本度量仪器的使用方法

2.4.1 液体体积的度量仪器

一、量筒

量筒是用来量取液体体积的仪器。读数时应使眼睛的视线和量筒内弯月面的最低点保持水平(图2-14)。

在进行某些实验时，如果不需要准确地量取液体试剂，不必每次都用量筒，可以根据在日常操作中所积累的经验来估量液体的体积。如普通试管容量是20mL，则4mL液体占试管总容量的1/5。又如滴管每滴出20滴约为1mL，可以用计算滴数的方法估计所取试剂的体积。

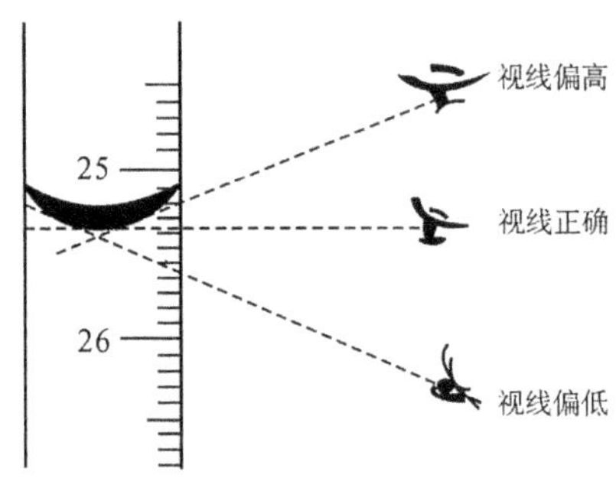

图 2-14 量筒的正确读数

二、滴定管

滴定管是在滴定过程中，用于准确测量滴定溶液体积的一类玻璃量器。滴定管一般分成酸式和碱式两种。酸式滴定管的刻度管和下端的尖嘴玻璃管之间是通过玻璃活塞相连，适用于装盛酸性或氧化性的溶液。碱式滴定管的刻度管与尖嘴玻璃管之间是通过橡皮管相连，在橡皮管中装有一颗玻璃珠，用以控制溶液的流出速度。碱式滴定管用于装盛碱性溶液，不能用来放置高锰酸钾、碘和硝酸银等能与橡皮起作用的溶液。

(1)洗涤：滴定管可用自来水冲洗或先用滴定管刷蘸肥皂水或其他洗涤剂洗刷(但不能用去污粉)，而后再用自来水冲洗。如有油污，酸式滴定管可直接在管中加入洗液浸泡，而碱式滴定管则先要去掉橡皮管，接上一小段塞紧短玻璃棒的橡皮管，然后再用洗液浸泡。总之，为了尽快而方便地洗净滴定管，可根据脏物的性质、弄脏的程度选择合适的洗涤剂和洗涤方法。脏物去除后需用自来水多次冲洗。若把水放掉以后，其内壁应该均匀地润上一薄层水。如管壁上还挂有水珠，说明未洗净，必须重洗。

(2)涂凡士林：使用酸式滴定管时，如果活塞转动不灵活或漏水，必须将滴定管平放于实验台上，取下活塞，用吸水纸将活塞和活塞窝擦干(图 2-15(a))，然后用右手指取少许凡士林，在左手掌心上润开后，用手指沾上少许凡士林，在活塞孔的两边沿圆周涂上一薄层(图 2-15(b))。注意不要把凡士林涂到活塞孔的近旁，以免堵塞活塞孔。把涂好凡士林的活塞插进活塞窝里，单方向地旋转活塞，直到活塞与活塞窝的接触处全部透明为止(图 2-15(c))。涂好的活塞转动要灵活，而且不漏水。把装好活塞的滴定管平放在桌上，让活塞的小头朝上，然后在小头上套上一小橡皮圈(可从橡皮管上剪下一小圈)以防活塞脱落。碱式滴定管要检查玻璃珠大小和橡皮管粗细是否匹配，即是否漏水，能否灵活控制液滴。

(3)检漏：检查滴定管是否漏水时，可将滴定管内装水至“0”刻度左右，并将其夹在滴定管管夹上，直立约 2min，观察活塞边缘和管端有无水渗出。将活塞旋

(a) 擦干活塞窝

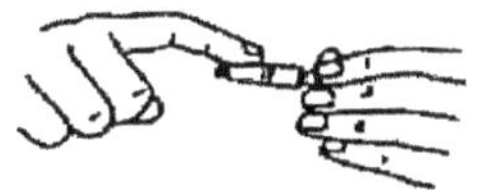

(b) 活塞涂凡士林

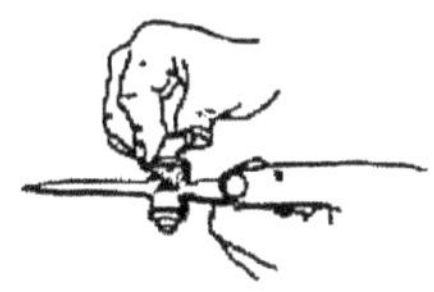

(c) 旋转活塞至透明

图 2-15　涂凡士林的方法

转 180°后，再观察一次，如无漏水现象，即可使用。

(4)加入操作溶液：加入操作溶液前，先用蒸馏水荡洗滴定管 3 次，每次约 10mL。荡洗时，两手平端滴定管，慢慢旋转，让水遍及全管内壁，然后从两端放出。再用操作溶液荡洗 3 次，用量依次为 10、5 和 5mL。荡洗方法与用蒸馏水荡洗时相同。荡洗完毕，装入操作液至"0"刻度以上，检查活塞附近(或橡皮管内)有无气泡。如有气泡，应将其排出。排出气泡时，酸式滴定管用右手拿住滴定管使它倾斜约 30°，左手迅速打开活塞，使溶液冲下将气泡赶掉；碱式滴定管可将橡皮管向上弯曲，捏住玻璃珠的右上方，气泡即随溶液排出(图 2-16)。

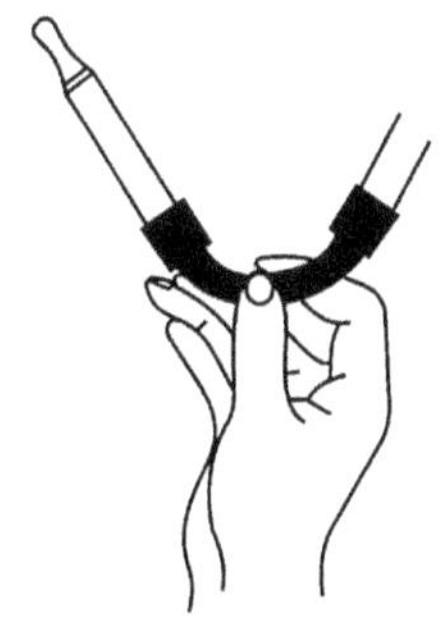

图 2-16　碱式滴定管赶出气泡

(5)读数：对于常量滴定管，读数应读至小数点后第二位。为了减少读数误差，应注意：

1)滴定管应垂直固定，注入或放出溶液后，需要静置 1min 左右后，再读数。每次滴定前应将溶液调节在"0"刻度或稍下的位置。

2)视线应与所读的液面处于同一水平面上，对无色(或浅色)溶液应读取溶液弯月面最低点处所对应的刻度，而对弯月面看不清的有色溶液，可读液面两侧的最高点处。初读数与终读数必须按同一方法读数。

3)对于乳白板蓝线衬背的滴定管，无色溶液面的读数应以两个弯月面相交的最尖部分为准(图 2-17(a))。深色溶液也是读取液面两侧的最高点。

4)为使弯月面显得更清晰，可借助读数卡。将黑、白两色的卡片紧贴在滴定管的后面，黑色部分放在弯月面下约 1mm 处，即可见到弯月面的最下缘映成的黑色。读取黑色弯月面的最低点(图 2-17(b))。

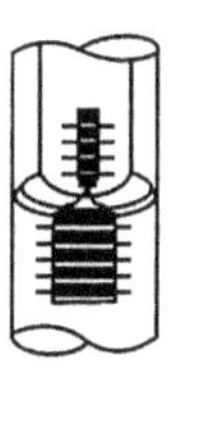

(a)

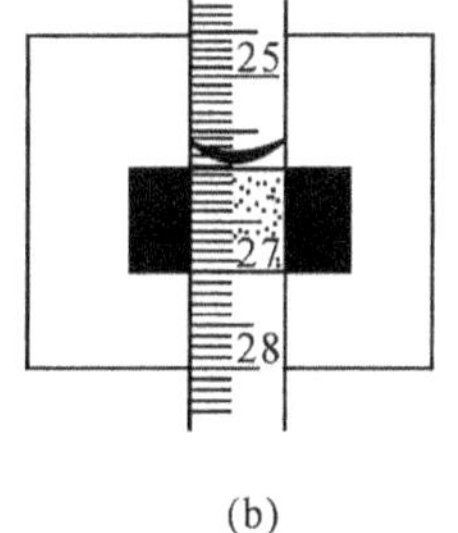

(b)

图 2-17　滴定管读数

(6)滴定:滴定前须去掉滴定管尖端悬挂的残余液滴,读取初读数,立即将滴定管尖端插入烧杯(或锥形瓶口)内约 1cm 处,管口放在烧杯的左侧,但不要靠杯壁(或锥形瓶颈壁),左手操纵活塞(或捏玻璃珠的右上方的橡皮管),使滴定液逐渐加入;同时,右手用玻璃棒顺着一个方向充分搅拌溶液(图 2-18(a)),但勿使玻璃棒碰击杯底与杯壁。在锥形瓶内进行滴定时,用右手拿住锥形瓶颈,使溶液单方向不断旋转(图 2-18(b))。使用碘量瓶滴定时,则要把玻璃塞夹在右手的中指和无名指之间(图 2-18(c))。

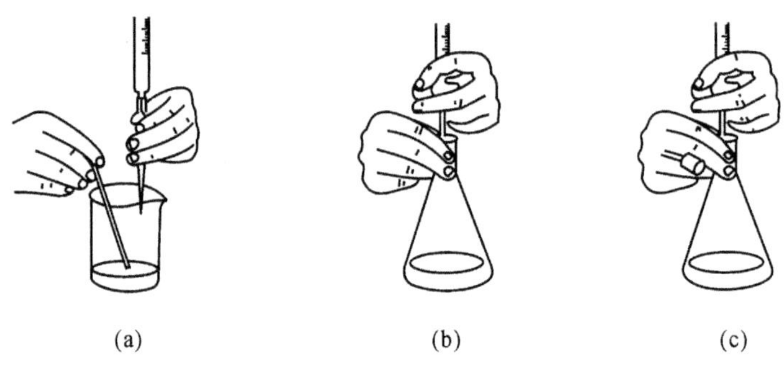

(a) (b) (c)

图 2-18 滴定操作

无论用哪种滴定管都必须掌握不同的加液速度,即开始时连续滴加(不超过每分钟 10mL),接近终点时,改为每加一滴搅几下(或摇匀),最后每加半滴搅匀(或摇匀)。用锥形瓶加半滴溶液时,应使悬挂的半滴溶液沿器壁流入瓶内,并用蒸馏水冲洗瓶颈内壁;在烧杯中滴定时,必须用玻璃棒碰接悬挂的半滴溶液,然后将玻璃插入溶液中搅拌。终点前,需要蒸馏水冲洗杯壁或瓶壁,再继续滴到终点。

实验完毕后,将滴定管中的剩余溶液倒出,洗净后装满水,再罩上滴定管盖备用。

三、容量瓶

容量瓶主要用来配制标准溶液或稀释溶液到一定的浓度。

容量瓶使用前,必须检查是否漏水。检漏时,在瓶中加水至标线附近,盖好瓶塞,用一只手的食指按住瓶塞,将瓶倒立 2min(图 2-19(a)),观察瓶塞周围是否渗水,然后将瓶直立(图 2-19(b)),把瓶塞转动 180°后再盖紧,再倒立,若仍不渗水,即可使用。

欲将固体物质准确配成一定体积的溶液时,需先把准确称量的固体物质置于一小烧杯中溶解,然后定量转移到预先洗净的容量瓶中。转移时一只手拿着玻璃棒,一只手拿着烧杯,在瓶口上慢慢将玻璃棒从烧杯中取出,并将它插入瓶口(但不要与瓶口接触),再让烧杯嘴贴紧玻璃棒,慢慢倾斜烧杯,使溶液沿着玻璃

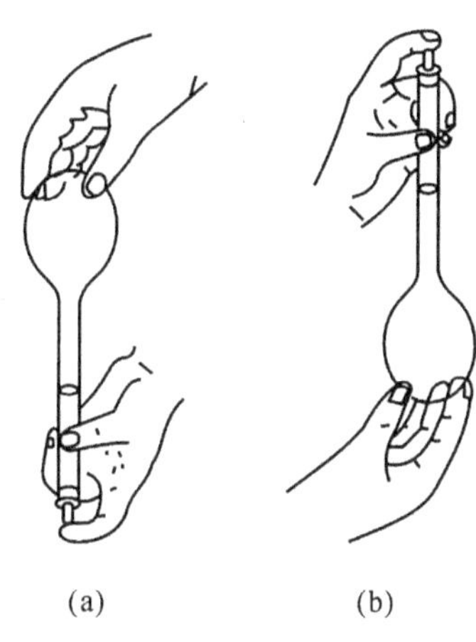

图 2-19 拿容量瓶的方法

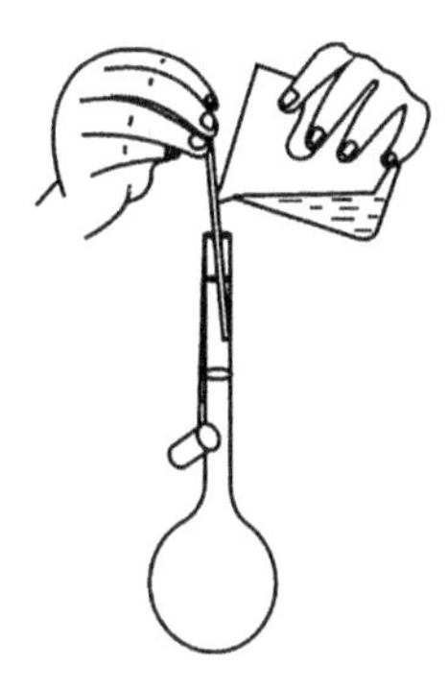

图 2-20 定量转移操作

棒流下(图 2-20)。当溶液流完后,在烧杯仍靠着玻璃棒的情况下慢慢地将烧杯直立,使烧杯和玻璃棒之间附着的液滴流回烧杯中,再将玻璃棒末端残留的液滴靠入瓶口内。在瓶口上方将玻璃棒放回烧杯内,但不得将玻璃棒靠在烧杯嘴一边。用少量蒸馏水冲洗烧杯 3～4 次,洗出液按上法全部转移入容量瓶中,然后用蒸馏水稀释。稀释到容量瓶容积的 2/3 时,直立旋摇容量瓶,使溶液初步混合(此时切勿加塞倒立容量瓶),最后继续稀释至接近标线时,改用滴管逐渐加水至弯月面恰好与标线相切(热溶液应冷至室温后,才能稀释至标线)。盖上瓶塞,按图 2-19 所示的拿法,将瓶倒立,待气泡上升到顶部后,再倒转过来,如此反复多次,使溶液充分混匀。按照同样的操作可将一定浓度的溶液准确稀释到一定的体积。

四、移液管和吸量管的使用

移液管和吸量管也是用来准确量取一定体积的仪器,其中吸量管是带有分刻度的玻璃管,用以吸取不同体积的液体。

用移液管或吸量管吸取溶液之前,首先应该用洗液洗净内壁,经自来水冲洗和蒸馏水荡洗 3 次后,还必须用少量待吸的溶液荡洗内壁 3 次,以保证溶液吸取后的浓度不变。

用移液管吸取溶液时,一般应先将待吸溶液转移到已用该溶液荡洗过的烧杯中然后再行吸取。吸取时,左手拿洗耳球,右手拇指及中指拿住管颈标线以上的地方,管尖插入液面以下,防止吸空(图 2-21(a))。当溶液上升到标线以上时,迅速用右手食指紧按管口,将管取出液面。左手改拿盛溶液的烧杯,使烧杯倾斜约 45°,右手垂直地拿住移液管使管尖紧靠液面以上的烧杯壁(图 2-21(b)),微微松开食指,直到液面缓缓下降到与标线相切时,再次按紧管口,使液体不再流出。把移液管慢慢地垂直移入准备接受溶液的容器内壁上方。倾斜容器使它的

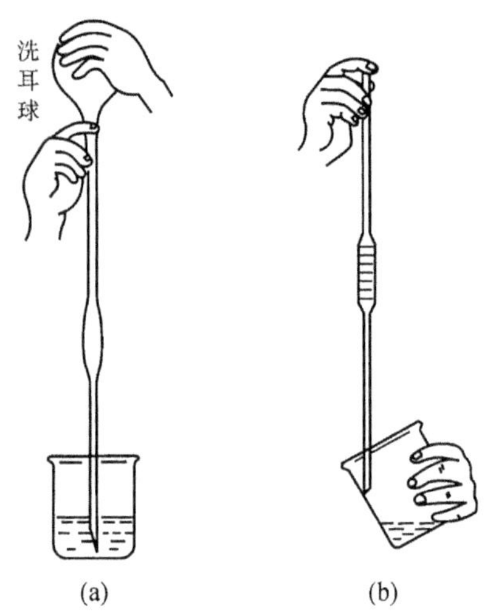

图 2-21 移液管的使用

内壁与移液管的尖端相接触(图 2-21(b))。松开食指让溶液自由流下。待溶液流尽后,再停 15s,取出移液管。不要把残留在管尖的液体吹出,因为在校准移液管体积时,没有把这部分液体算在内(如管上注有"快吹"字样的移液管,则要将管尖的液体吹出)。

吸量管使用方法类同移液管,但移取溶液时,应尽量避免使用尖端处的刻度。

2.4.2 温度计的使用

温度计是实验中用来测量温度的仪器,一般可测准至 0.1℃,刻度为 1/10℃ 的温度计可测准至 0.02℃。

测温度时,使温度计在液体内处于适中的位置,不能使水银球接触容器的底部或壁上,不能将温度计当搅拌棒使用,以免把水银球碰破。刚测量过高温物体的温度计不能立即用冷水冲洗,以免水银球炸裂。

如果要测量高温,可使用热电偶和高温计。

2.4.3 密度计的使用

密度计是测量液体密度的仪器。用于测定密度大于 $1g \cdot mL^{-1}$的液体的密度计称为重表:用于测定密度小于 $1g \cdot mL^{-1}$的液体的密度计为轻表。

使用密度计时,待测液体要有足够的深度,将密度计轻轻放入待测液体后,等它能平稳地浮在液面上,才能放开手。当密度计不再在液面上摇动并不与容器壁相碰时,开始读数,读数时视线要与弯月面的最低点相切。

2.5　试剂及其取用

化学试剂是纯度较高的化学制品。按杂质含量的多少，通常分成四个等级。我国化学试剂的等级见表 2-2。

表 2-2　化学试剂等级

等　级	一级试剂（保证试剂）	二级试剂（分析纯试剂）	三级试剂（化学纯试剂）	四级试剂（实验试剂）
表示的符号	GR	AR	CR	LR
标签的颜色	绿色	红色	蓝色	黄色或棕色
应用范围	精密分析及科学研究	一般分析及科学研究	一般定性及化学制备	一般的化学制备

我们应该根据节约的原则，按照实验的具体要求来选用试剂。不要以为试剂越纯越好，由于级别不同的试剂价格相差很大，如果在要求不是很高的实验中使用较纯的试剂，就会造成很大的浪费。

固体试剂应装在广口瓶内，液体试剂应盛放在细口瓶或滴瓶内，见光易分解的试剂应装在棕色瓶内。盛碱液的试剂瓶要用橡皮塞。每个试剂瓶上都要贴上标签，标明试剂的名称、浓度和纯度。

一、液体试剂的取用

(1)从滴瓶中取液体试剂时，必须注意保持滴管垂直，避免倾斜，尤忌倒立，防止试剂流入橡皮头内而将试剂弄脏。滴加试剂时，滴管的尖端不可接触容器内壁，应在容器口上方将试剂滴入；也不得把滴管放在原滴瓶以外的任何地方，以免被杂质玷污。

(2)用倾注法取液体试剂时，取出瓶盖应倒放在桌上，右手握住瓶子，使试剂标签朝上，以瓶口靠住容器壁，缓缓倾出所需液体，让液体沿着杯壁往下流。若所用容器为烧杯，则倾注液体时可用玻璃棒引入。用完后，即将瓶盖盖上。

加入反应器内所有液体的总量不得超过总容量的 2/3，如用试管则不能超过总容量的 1/2。

二、固体试剂的取用

(1)固体试剂要用干净的药匙取用。

(2)药匙两端分别为大小两个匙，取较多的试剂时用大匙，取少量试剂时用小匙。取试剂首先应该用吸水纸将药匙擦拭干净，取出试剂后，一定要把瓶塞盖严并将试剂瓶放回原处，再次将药匙洗净和擦干。

(3)要取一定质量的固体试剂时，可把固体放在纸上或表面皿上，再在台秤上称量。具有腐蚀性或易潮解的固体试剂不能放在纸上，而应放在玻璃容器内进行称量。要求准确称取一定质量的固体试剂时，可在分析天平上用直接法或减量法称取(见 2.9 电子天平的使用)。

2.6 溶解与结晶

2.6.1 试样的溶解

用溶剂溶解试样时，在加入溶剂时应先把烧杯适当倾斜，然后把量筒嘴靠近烧杯壁，让溶剂慢慢顺着杯壁流入；或通过玻璃棒使溶剂沿玻璃棒慢慢流入，以防杯内溶液溅出而损失。溶剂加入后，要用玻璃棒搅拌，使试样完全溶解。对溶解时会产生气体的试样，则应先用少量水将其润湿成糊状，用表面皿将杯盖好，然后用滴管将试剂自杯嘴逐滴加入，以防生成的气体将粉状的试样带出。对于需要加热溶解的试样，加热时要盖上表面皿，要防止溶液剧烈沸腾和崩溅。加热后要用蒸馏水冲洗表面皿和烧杯内壁，冲洗时也应使水顺杯壁流下。

在实验的整个过程中，盛放试样的烧杯要用表面皿盖上，以防脏物落入。放在烧杯中的玻璃棒，不要随意取出，以免溶液损失。

2.6.2 结晶

一、蒸发浓缩

蒸发浓缩应视溶质的性质可分别采用直接加热或水浴加热的方法进行。对于固态时带有结晶水或低温受热易分解的物质，由它们形成的溶液来蒸发浓缩，一般只能在水浴上进行。常用的蒸发容器是蒸发皿。蒸发皿内所盛液体的量不应超过其容量的 2/3。随着水分的蒸发，溶液逐渐被浓缩，浓缩的程度取决于溶质溶解度的大小及对晶粒大小的要求，一般浓缩到表面出现晶体膜，冷却后即可结晶出大部分溶质。

二、重结晶

用重结晶法提纯固体化合物是根据化合物在不同溶剂中及不同温度下的溶解度不同而进行的。具体操作过程为：将合适的溶剂加热至近沸点后，投入需纯化的晶体，使其溶解并成为热饱和溶液，趁热过滤热溶液去除不溶性杂质，滤液冷却后，即析出晶体，若析出的晶体纯度仍不符合要求，可多次反复操作，直至达到要求。

（一）溶剂的选择

选择溶剂时必须考虑到被溶物质的成分与结构，因为溶质往往易溶于结构与其近似的溶剂中，如极性物质较易溶于极性溶剂中，而难溶于非极性溶剂中。理想的溶剂必须具备下列条件：

（1）不与重结晶物质发生化学反应。

（2）在较高温度时能溶解较多的重结晶物质；而在室温或更低温度时，只能溶解很少量的重结晶物质。

（3）对杂质的溶解度或是很大（待重结晶物质析出时，杂质仍留在母液内）或是很小（待重结晶物质溶解在溶剂里，借过滤去除杂质）。

（4）溶剂的沸点较低，容易挥发，易与结晶分离去除。

（5）无毒或毒性很小，便于操作。

常用的重结晶溶剂有：水、冰乙酸、甲醇、乙醇、丙酮、乙醚、氯仿、苯、四氯化碳、石油醚、二硫化碳等。

当一种物质由于在一些溶剂中的溶解度太大，而在另一些溶剂中的溶解度又太小，不能选择到一种合适的溶剂时，常可用混合溶剂。即把对此物质溶解度很大的和溶解度很小的、而又能互溶的两种溶剂混合起来，这样可获得良好的溶解性能。常用混合溶剂有：乙醇—水、乙醚—甲醇、乙酸—水、乙醚—丙酮等。

要使重结晶得到的产品纯度和回收率均较高，溶剂用量是关键。溶剂用量太大会增加溶解损失，太小在热过滤时会提早析出结晶带来损失。一般可比需要量多加 20%左右的溶剂。

（二）固体溶解

固体颗粒较大时，溶解前应进行粉碎，粉碎可在干净的研钵中进行。研钵中的固体量不要超过研钵容量的 1/3。溶解时常用搅拌、加热等方法加速溶解。应根据被加热物质的热稳定性选用直接加热或水浴加热等不同的方式。对于有机物质往往在制备时因吸附杂质而带色，在溶液稍冷后（不能在沸腾时）加入少许活性炭吸附有色杂质而脱色。活性炭用量为干燥粗产品质量的 1%～5%，不能过量，否则，可能吸附一部分被纯化的物质而降低重结晶的产率。

（三）结晶

将滤液在冷水浴中迅速冷却并剧烈搅拌时，可得到颗粒很小的晶体。小晶体包含杂质较少，但其表面积较大，吸附于表面的杂质较多。若希望得到均匀而较大的晶体，可将滤液在室温或保温下静置使之缓慢冷却，这样可得到比较纯净的结晶。当晶体不易析出时，可用玻璃棒摩擦器壁或投入同一物质的晶体（称为晶种），促使晶体较快地析出。

2.7 沉淀与过滤

2.7.1 沉淀剂的加入

沉淀剂的浓度、加入量、温度及速度应根据沉淀类型而定。如果是一次加入的,则应沿烧杯内壁或沿玻璃棒加到溶液中,以免溶液溅出。加入沉淀剂时通常是左手用滴管逐滴加入,右手用玻璃棒轻轻搅拌溶液,使沉淀剂不至于局部过浓。

2.7.2 沉淀与溶液的分离

沉淀与溶液分离的方法有下列几种:

一、倾析法

当沉淀的相对密度较大或结晶的颗粒较大,静置后能沉降至容器底部时,可用倾析法进行沉淀的分离和洗涤。把沉淀上部的清液倾入另一容器内,然后加入少量洗涤液(如蒸馏水)洗涤沉淀,充分搅拌沉降,倾去洗涤液。如此重复操作三遍以上,即可洗净沉淀。

二、离心分离

少量沉淀与溶液进行分离时,可使用离心机。实验室中常用的离心仪器是电动离心机(图 2-22)。使用时应注意:

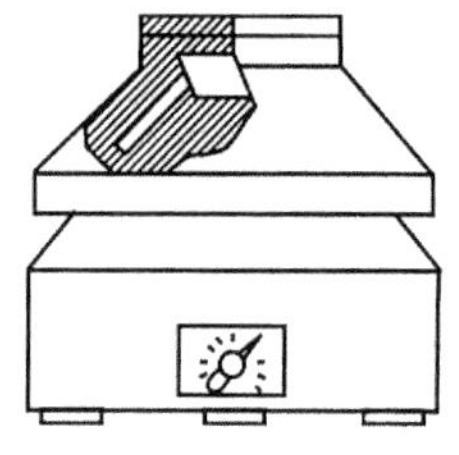

图 2-22 电动离心机

(1)离心管放入金属套管中,位置要对称,重量要平衡,否则易损坏离心机的轴。如果只有一只离心管的沉淀需要进行分离,则可取另一支空的离心管,盛以相应质量的水,然后把两支离心管分别装入离心机的对称套管中,以保持平衡。

(2)开旋钮,逐渐旋转变阻器,使离心机转速由小到大。数分钟后慢慢恢复变阻器到原来的位置,使其自行停止。

(3)离心时间和转速,由沉淀的性质来决定。结晶形的紧密沉淀,每分钟转速为 1000 转,1～2min 后即可停止。无定形的疏松沉淀,沉降时间要长些。转速可提高到每分钟 2000 转。如经 3～4min 后仍不能使其分离,则应设法(如加入电解质或加热等)促使沉淀沉降,然后再进行离心分离。

离心分离的操作步骤:

(1)沉淀。在溶液中边搅拌边加沉淀剂,等反应完全后,离心沉降。在上层清液中再加试剂一滴，如清液不变浑浊，即表示沉淀完全。否则必须再加沉淀剂直至沉淀完全，离心分离。

(2)溶液的转移。离心沉降后，用吸管把清液与沉淀分开。其方法是，先用手指捏紧吸管上的橡皮头，排除空气，然后将吸管轻轻插入清液(切勿在插入清液以后再捏橡皮头)，慢慢放松橡皮头，溶液则慢慢进入吸管中，随试管中溶液的减少，将吸管逐渐下移至全部溶液被吸入管内为止。吸管尖端接近沉淀时要特别小心，勿使其触及沉淀(图 2-23)。

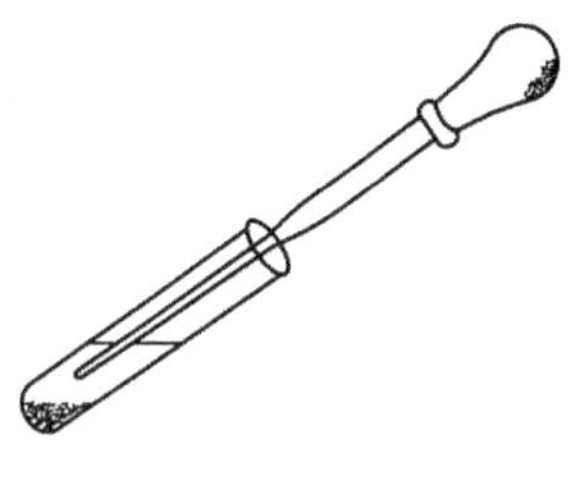

图 2-23　溶液与沉淀分离

(3)沉淀的洗涤。如果要将沉淀溶解后再做鉴定，必须在溶解之前，将沉淀洗涤干净。常用的洗涤剂是蒸馏水。加洗涤剂后，用搅拌棒充分搅拌，离心分离，清液用吸管吸出。必要时可重复洗几次。

三、过滤法

常用的过滤方法有减压过滤和常压过滤两种。

(一)减压过滤

减压可以加速过滤，还可以把沉淀抽吸得比较干燥。减压过滤操作过程如下：

(1)吸滤操作

1)先剪好一张比布氏漏斗底部内径略小、但又能把全部瓷孔都盖住的圆形滤纸。

2)把滤纸放入漏斗内，用少量水润湿滤纸。按图 2-24 装置连好(注意漏斗端的斜口应对着吸滤瓶的吸气嘴)，微开循环水泵或真空泵，滤纸便吸紧在漏斗上。

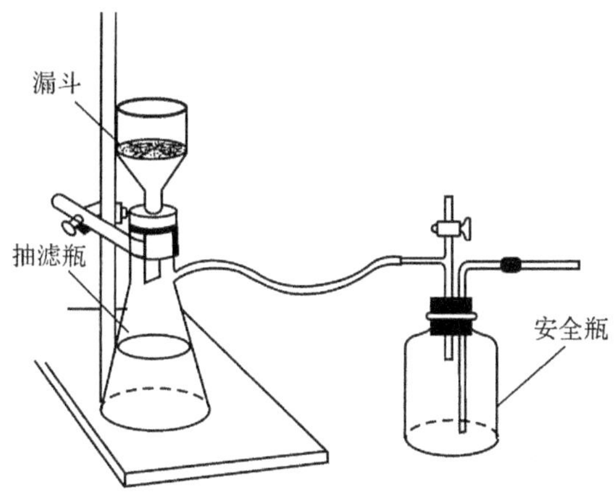

图 2-24　吸滤装置

3)过滤时,将溶液沿着玻璃棒流入漏斗(注意:溶液不要超过漏斗总容量的2/3),然后将水龙头开大,待溶液滤下后,转移沉淀,并将其平铺在漏斗中,继续抽吸,至沉淀比较干燥为止。在吸滤瓶中,滤液高度不得超过吸气嘴。吸滤过程中,不得突然关闭水泵,以免自来水倒灌。

4)当过滤完毕时,要记住先拔掉橡皮管,再关水泵,以防由于滤瓶内压力低于外界压力而使自来水吸入滤瓶,把滤液玷污(这一现象称为倒吸)。为了防止倒吸而使滤液玷污,也常在吸滤瓶与抽气水泵之间装一个安全瓶。

(2)沉淀洗涤

洗涤沉淀时要拔掉橡皮管,关掉水泵,加入洗涤液湿润沉淀。打开水泵,慢慢接紧橡皮管,让洗涤液慢慢透过全部沉淀,并抽干。如沉淀需洗涤多次则重复以上操作,直至达到要求为止。

(二)常压过滤

这是定量分析中常用的过滤方法,下面按定量分析的要求介绍常压过滤的步骤。

(1)漏斗做成水柱的操作

把滤纸对折再对折(暂不折死),然后展开成圆锥体后(图 2-25)放入漏斗中,若滤纸圆锥体与漏斗不密合,可改变滤纸折叠的角度,直到与漏斗密合为止(这时可把滤纸折死)。为了使滤纸三层的那边能紧贴漏斗,常把这三层的外面两层撕去一角(撕下来的纸角保存起来,以备擦烧杯或漏斗中残留的沉淀之用)。用手指按住滤纸中三层的一边,以少量的水润湿滤纸,使它紧贴在漏斗壁上。轻压滤纸,赶走气泡。加水至滤纸边缘使之形成水柱(即漏斗颈中充满水)。若不能形成完整的水柱,可一边用手指堵住漏斗下口,一边稍掀起三层那一边的滤纸,用洗瓶在滤纸和漏斗之间加水,使漏斗颈和锥体的大部分被水充满,然后一边轻轻

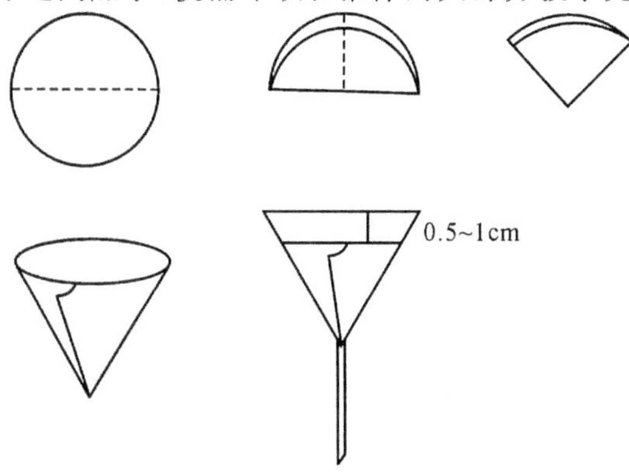

图 2-25 滤纸的折叠和安放

按下掀起的滤纸，一边断续放开堵在出口处的手指，即可形成水柱。将这种准备好的漏斗安放在漏斗板上盖上表面玻璃，下接一洁净烧杯，烧杯的内壁与漏斗出口尖处接触，然后开始过滤(图 2-26)。

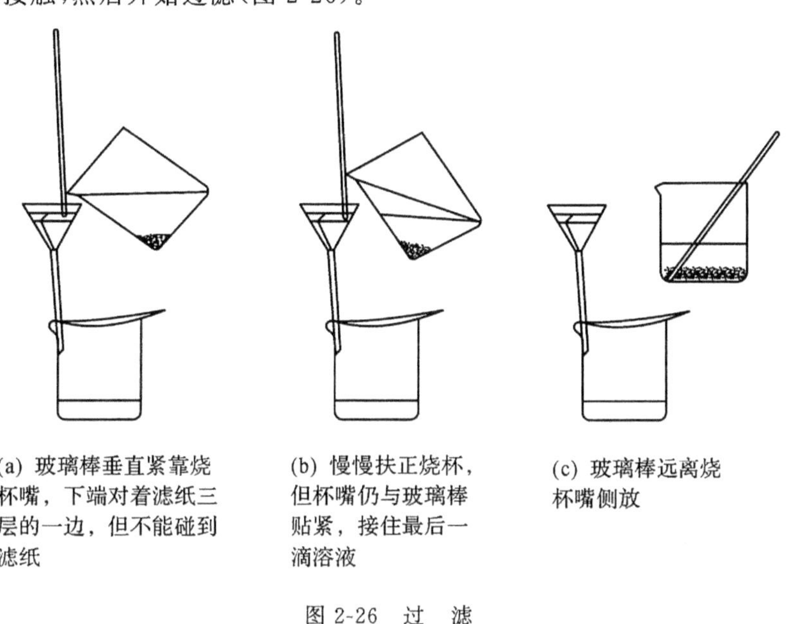

(a) 玻璃棒垂直紧靠烧杯嘴，下端对着滤纸三层的一边，但不能碰到滤纸

(b) 慢慢扶正烧杯，但杯嘴仍与玻璃棒贴紧，接住最后一滴溶液

(c) 玻璃棒远离烧杯嘴侧放

图 2-26　过　滤

(2)过滤操作

过滤分成三步。

第一步:用倾析法把清液倾入滤纸中留下沉淀。为此，在漏斗上将玻璃棒从烧杯中慢慢并直立于漏斗中，下端对着三层滤纸的那一边并尽可能靠近，但不要碰到滤纸(图 2-26)。将上层清液沿着玻璃棒倾入漏斗，漏斗中的液面至少要比滤纸边缘低 5mm，以免部分沉淀可能由于毛细管作用越过滤纸上缘而损失。上层清液过滤完后，用 15mL 左右洗涤液吹洗玻璃棒和杯壁并进行搅拌，澄清后，再按上法滤去清液。当倾析暂停时，要小心把烧杯扶正，玻璃棒不离杯嘴，到最后一液滴流完后，将玻璃棒收回放入烧杯中(此时玻璃棒不要靠在烧杯嘴处，因为烧杯嘴处可能沾有少量的沉淀)，然后将烧杯从漏斗上移开。如此反复用洗涤液洗 2～3 次，使粘附在杯壁的沉淀洗下，并将杯中的沉淀进行初步洗涤。

第二步:把沉淀转移到滤纸上。为此先用洗涤液冲下杯壁和玻璃棒上的沉淀，再把沉淀搅起，将悬浮液小心转移到滤纸上，每次加入的悬浮液不得超过滤纸锥体高度 2/3 的量。如此反复几次，尽可能地将沉淀转移到滤纸上。烧杯中残留的少量沉淀，则可按图 2-27 所示用左手将烧杯倾斜放在漏斗上方，杯嘴朝向漏斗。用左手食指按住架在烧杯嘴上的玻璃棒上方，其余手指拿住烧杯，杯底略朝上，玻璃棒下端对准三层滤纸处，右手拿洗瓶冲洗杯壁上所粘附的沉淀，使沉淀和洗液一起顺着玻璃棒流入漏斗中(注意勿使溶液溅出)。

第三步：洗涤烧杯和洗涤沉淀。粘着在烧杯壁上和玻璃棒上的沉淀可用淀帚自上而下刷至杯底，再转移到滤纸上。最后在滤纸上将沉淀洗至无杂质。洗涤时应先使洗瓶出口管充满液体后，用细小缓慢的洗涤液从滤纸上部沿漏斗壁螺旋向下吹洗，绝不可骤然浇在沉淀上。待上一次洗涤液流完后，再进行下一次洗涤。在滤纸上洗涤沉淀主要是洗去杂质并将粘附在滤纸上部的沉淀冲洗至下部。

图 2-27 残留沉淀的转移

2.7.3 沉淀的烘干、灼烧及恒重

一、瓷坩埚的准备

在定量分析中用滤纸过滤的沉淀，须在瓷坩埚中灼烧至恒重。因此要先准备好已知质量的坩埚。

将洗净的坩埚倾斜放在泥三角上(图 2-28(a))，斜放好盖子，用小火小心加热坩埚盖(图 2-28(c))，使热空气流反射到坩埚内部将其烘干。稍冷，用硫酸亚铁铵溶液(或硝酸钴等溶液)在坩埚和坩埚盖上编号，然后在坩埚底部(图 2-28(b))灼烧至恒重。灼烧温度和时间应与灼烧沉淀时间相同(沉淀灼烧所需的温度和时间，随沉淀而异)。在灼烧过程中要用热坩埚钳慢慢转动坩埚数次，使其灼烧均匀。

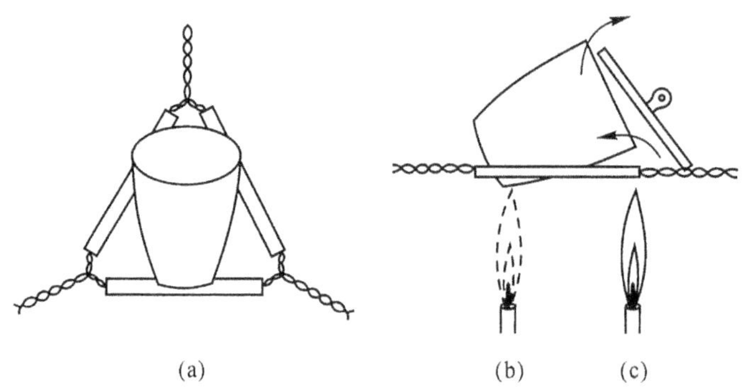

图 2-28 沉淀的烘干和灼烧

空坩埚第一次灼烧 30min 后，停止加热，稍冷却(红热退去，再冷 1min 左右)，用热坩埚钳夹取放入干燥器内冷却 45～50min，然后称量(称量前 10min 应

将干燥器拿到天平室)。第二次再灼烧15min,冷却后,称量(每次冷却时间要相同),直至两次称量相差不超过0.2mg,即为恒重。将恒重后的坩埚放在干燥器中备用。

二、沉淀的包裹

晶形沉淀一般体积较小,可按图2-29所示,用清洁的玻璃棒将滤纸的三层部分挑起,再用洗净的手将带沉淀的滤纸取出,打开成半圆形,自右边半径的1/3处向左折叠,再从上边向下折,然后自右向左卷成小卷,最后将滤纸放入已恒重的坩埚中,包卷层数较多的一面应朝上,以便于炭化和灰化。

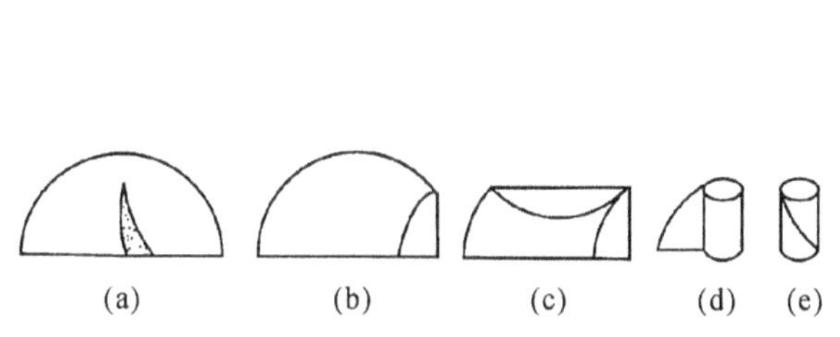

图2-29　包裹沉淀方法一

图2-30　包裹沉淀方法二

对于胶状沉淀,由于体积一般较大,不宜用上述包裹方法,而应用玻璃棒将滤纸边挑起(三层边先挑),再向中间折叠(单层边先折叠),将沉淀全部盖住(图2-30),再用玻璃棒将滤纸转移到已恒重的瓷坩埚中(锥体的尖头朝上)。

三、烘干、灼烧及恒重

将装有沉淀的坩埚放好(图2-28(c)),小心地用小火把滤纸和沉淀烘干直至滤纸全部炭化。炭化时如果着火,可用坩埚盖盖住并停止加热使火焰熄灭(切不可吹灭,以免沉淀飞扬而损失)。炭化后,将灯移至坩埚底部(图2-28(b)),逐渐升高温度,使滤纸灰化(将碳素氧化成二氧化碳而沉淀留下的过程)。滤纸全部灰化后,沉淀在与灼烧空坩埚相同的条件下进行灼烧、冷却,直至恒重。

使用马福炉煅烧沉淀时,可用上述方法灰化,然后,再将坩埚放入马福炉煅烧至恒重。

2.7.4　用玻璃砂芯坩埚减压过滤、烘干与恒重

只要经过烘干即可称量的沉淀通常用玻璃砂芯坩埚过滤。使用坩埚前先用稀HCl、稀HNO_3或氨水等溶剂泡洗(不能用去污粉以免堵塞孔隙),然后通过橡皮垫圈与吸滤瓶接上抽气泵,先后用自来水和蒸馏水抽洗。洗净的坩埚在烘干沉淀的条件下(沉淀烘干的温度和时间根据沉淀和种类而定)烘干,然后放在干

燥器中冷却(约需 0.5h),称量。重复烘干、冷却、称量,直至两次称量质量的差不大于 0.2mg。

用玻璃砂芯坩埚过滤沉淀时,把经过恒重的坩埚装在吸滤瓶上,先用倾析法过滤。经初步洗涤后,把沉淀全部转移到坩埚中,再将烧杯和沉淀用洗涤液洗净后,把装有沉淀的坩埚置于烘箱中,在与空坩埚相同的条件下烘干、冷却、称重、直至恒重。

2.8 干燥与干燥剂的使用

有机化合物在进行波谱分析或定性、定量化学分析之前以及固体有机物在测定熔点前,都必须使它完全干燥,否则将会影响结果的准确性。液体有机物在蒸馏前通常要先行干燥以除去水分,这样可以使液体在沸点以前的馏分(前馏分)大大减少;有时也是为了破坏某些液体有机物与水生成的共沸混合物。另外,很多有机化学反应需要在"绝对"无水条件下进行,不但所用的原料溶剂要干燥,而且还要防止空气中的潮气侵入反应容器。因此,在有机化学实验中,试剂和产品的干燥具有十分重要的意义。

2.8.1 基本原理

干燥方法大致可分为物理法和化学法两种。

物理法有吸附、分馏、利用共沸蒸馏将水分带走等方法。近年来,还常用离子交换树脂和分子筛等来进行脱水干燥。离子交换树脂是一种不溶于水、酸、碱和有机物的高分子聚合物。例如,苯磺酸钾型阳离子交换树脂是由苯乙烯和二乙烯基苯共聚后经磺化、中和等处理的细圆珠状粒子,内有很多空隙,可以吸附水分子。如果将其加热至 150℃以上,被吸附的水分子又将释出。分子筛是多水硅铝酸盐的晶体,晶体内部有许多孔径大小均一的孔道和占本身体积一半左右的许多孔穴,它允许小的分子"躲"进去,从而达到将不同大小的分子"筛分"的目的。例如,4A 型的分子筛是一种硅铝酸钠[$NaAl(SiO_3)_2$],微孔的表观直径约为 4.2 Å,能吸附直径为 4Å 的分子。5A 型的分子筛是硅铝酸钙钠[$Na_2SiO_3 \cdot CaSiO_3 \cdot Al_2(SiO_3)_3$],微孔的表观直径为 5Å,能吸附直径为 5Å 的分子(水分子的直径为 3Å,最小的有机分子 CH_4 的直径为 4.9Å)。吸附水分子后的分子筛可经加热至 350℃以上进行解吸后重新使用。

化学法是以干燥剂来进行去水,其去水作用又可分为两类:(1)能与水可逆地结合生成水合物,如氯化钙、硫酸镁等;(2)与水发生不可逆的化学反应而生成一个新的化合物,如金属钠、五氧化二磷。目前实验室中应用最广泛的是第一类干燥剂，下面以无水硫酸镁为例讨论这类干燥剂的作用。

若在装有压力计的真空容器中，放置一定量的无水硫酸镁，保持室温 25℃，缓缓加入水分，结果得到不同的水蒸气压力。这些结果可以用水蒸气压组成图（图 2-31）来表示。*A* 点为起始状态，当加入水后，水蒸气压力沿 *AB* 直线上升至

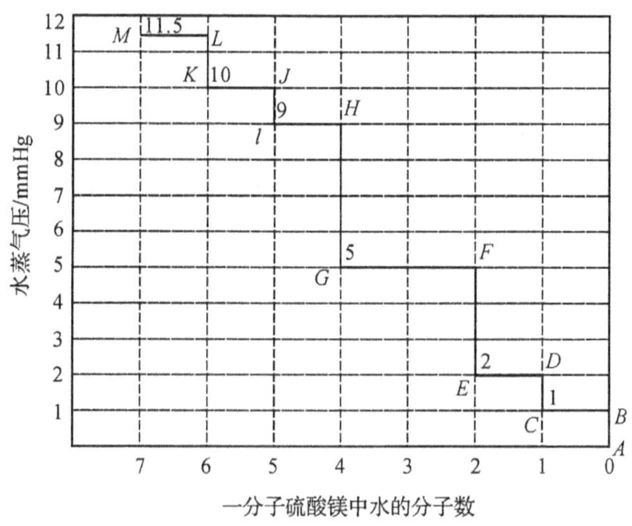

图 2-31　含有不同结晶水的硫酸镁的水蒸气压组成图

B 点，此时开始有硫酸镁一水合物（$MgSO_4 \cdot H_2O$）生成。在此体系中如再加入水，水蒸气压力沿 *BC* 可保持不变，一直到无水硫酸镁全部转变为硫酸镁一水合物为止。这种转变在 *C* 点开始形成硫酸镁的二水合物（$MgSO_4 \cdot 2H_2O$），此时存在着两种固相（$MgSO_4 \cdot H_2O$ 和 $MgSO_4 \cdot 2H_2O$）间的平衡，压力保持恒定，直至硫酸镁的一水合物全部转变为二水合物（*E* 点）为止，依此类推，压力上升至 *F* 点，开始形成四水合物（$MgSO_4 \cdot 4H_2O$），最后至 *M* 点全部形成了七水合物（$MgSO_4 \cdot 7H_2O$），如果七水合物在恒温（25℃）以下抽真空渐渐移去水分，也可获得相同的曲线。这些结果可用下面的平衡式来表示：

$MgSO_4 + H_2O = MgSO_4 \cdot H_2O$　　0.13kPa

$MgSO_4 \cdot H_2O + H_2O = MgSO_4 \cdot 2H_2O$　　0.27kPa

$MgSO_4 \cdot 2H_2O + 2H_2O = MgSO_4 \cdot 4H_2O$　　0.67kPa

$MgSO_4 \cdot 4H_2O + H_2O = MgSO_4 \cdot 5H_2O$　　1.2kPa

$MgSO_4 \cdot 5H_2O + H_2O = MgSO_4 \cdot 6H_2O$　　1.33kPa

$MgSO_4 \cdot 6H_2O + H_2O = MgSO_4 \cdot 7H_2O$　　1.5kPa

由上式可知，所谓 0.13kPa 的压力是指在 25℃时硫酸镁一水合物和无水硫镁存在平衡时的压力，它与两者的相对量没有关系，当温度在 50℃时，上述体系

的平衡水蒸气压力就要上升。

从上面所述可以看出应用这类干燥剂的一些特点。例如，用无水硫酸镁来干燥含水的有机液体时，无论加入多少量的无水硫酸镁，在25℃时所能达到最低的水蒸气压力为0.13kPa，也就是说全部除去水分是不可能的。如加入的量过多，将会使有液体的吸附损失增多，如加入的量不足，不能达到一水合物，则其水蒸气压力就要比0.13kPa高，这说明了在萃取时为什么一定要将水层尽可能分离除净，在蒸馏时为什么会有沸点前的馏分。通常这类干燥剂成为水合物需要一定的平衡时间，这就是液体有机物进行干燥时为什么要放置较久的道理。干燥剂吸收水分是可逆的，温度升高的水蒸气压力亦升高。因此，为了缩短生成水合物的平衡时间，干燥时常在水浴上加热，然后再在尽量低的温度放置，以提高干燥效果。这就是为什么液体有机物在进行蒸馏以前，必须将这类干燥剂滤去的原因。

2.8.2 液体有机化合物的干燥

一、干燥剂的选择

液体有机化合物的干燥，通常是用干燥剂直接与其接触，因而所用的干燥剂必须不与该物质发生化学反应或催化作用，不溶解于该液体中。例如，酸性物质不能用碱性干燥剂，而碱性物质则不能用酸性干燥剂。有的干燥剂能与某些被干燥的物质生成络合物，如氯化钙易与醇类、胺类形成络合物，因而不能用来干燥这些液体。强碱性干燥剂如氧化钙、氢氧化钠等能催化某些醛类或酮类发生缩合、自动氧化等反应，也能使酯类或酰胺类发生水解反应。氢氧化钾(钠)还能显著地溶解于低级醇中。

在使用干燥剂时，还要考虑干燥剂的吸水容量和干燥效能。吸水容量是指单位重量干燥剂所吸收的水量；干燥效能是指达到平衡时液体干燥的程度。对于形成水合物的无机盐干燥剂，常用吸水后结晶水的水蒸气压来表示。例如，硫酸钠形成10个结晶水的水合物，其吸水容量达1.25。氯化钙最多能形成6个结晶水的水合物，其吸水容量为0.97。两者在25℃时水蒸气压分别为0.26kPa及0.04kPa。因此，硫酸钠的吸水量较大，但干燥效能弱；而氯化钙的吸水量较小但干燥效能强。所以，在干燥含水量较多而又不易干燥的(含有亲水性基团)化合物时，常先用吸水量较大的干燥剂除去大部分水分，然后再用干燥性能强的干燥剂干燥。通常第二类干燥剂的干燥效能较第一类为高，但吸水量较小，所以都是用第一类干燥剂干燥后，再用第二类干燥剂除去残留的微量水分；而且只是在需要彻底干燥的情况下才使用第二类干燥剂。

此外，选择干燥剂还要考虑干燥速度和价格，常用的干燥剂的性能见表2-3。

表 2-3　常用干燥剂的性能与应用范围

干燥剂	吸水作用	吸水容量	干燥效能	干燥速度	应用范围
氯化钙	形成 $CaCl_2 \cdot nH_2O$ $n=1,2,4,6$	0.97 按 $CaCl_2 \cdot 6H_2O$ 计	中等	较快，但吸水后表面为薄层液体所覆盖，故放置时间要长些为宜	能与醇、酚、胺、酰胺及某些醛、酮形成络合物，因而不能用来干燥这些化合物。工业品中可能含氢氧化钙和碱或氧化钙，故不能用来干燥酸类
硫酸镁	形成 $MgSO_4 \cdot nH_2O$ $n=1,2,4,5,6,7$	1.05 按 $MgSO_4 \cdot 7H_2O$ 计	较弱	较快	中性，应用范围广，可代替 $CaCl_2$，并可用以干燥酯、醛、酮、腈、酰胺等不能用 $CaCl_2$ 干燥的化合物
硫酸钠	$Na_2SO_4 \cdot 10H_2O$	1.25	弱	缓慢	中性，一般用于有机液体的初步干燥
硫酸钙	$2CaSO_4 \cdot H_2O$	0.06	强	快	中性，常与硫酸镁(钠)配合，做最后干燥之用
碳酸钾	$K_2CO_3 \cdot \frac{1}{2}H_2O$	0.2	较弱	慢	弱碱性，用于干燥醇、酮、酯、胺及杂环等碱性化合物，不适于酸、酚及其他酸性化合物
氢氧化钾(钠)	溶于水	—	中等	快	强碱性，用于干燥胺、杂环等碱性化合物，不能用于干燥醇、酯、醛、酮、酸、酚等
金属钠	$Na+H_2O \rightarrow NaOH+\frac{1}{2}H_2$	—	强	快	限于干燥醚、烃类中的痕量水分。用时切成小块或压成钠丝
氧化钙	$CaO+H_2O \rightarrow Ca(OH)_2$	—	强	较快	适用于干燥低级醇类
五氧化二磷	$P_2O_5+3H_2O \rightarrow 2H_3PO_4$	—	强	快，但吸水后表面有粘浆液覆盖，操作不便	适用于干燥醚、烃、卤代烃、腈等中的痕量水分。不适用于醇、酸、胺、酮等
分子筛	物理吸附	约 0.25	强	快	适用于各类有机化合物的干燥

二、干燥剂的用量

以最常用的乙醚和苯两种溶液作为例子。水在乙醚中的溶解度室温时约为 1%～1.5%，如用无水氯化钙来干燥 100mL 含水的乙醚时，假定无水氯化钙全部转变成为六水合物，这时的吸水容量是 0.97，即 1g 无水氯化钙大约可吸去 0.97g 水，因此无水氯化钙的理论用量至少要 1g。但实际上则远较 1g 为多，这是因为萃取时，在乙醚层中的水分不可能完全分净，其中还有悬浮的微细水滴。另外，达到高水合物需要的时间很长，往往不能达到它应有的吸水容量，因而干燥剂的实际用量是大大过量的。例如，100mL 含水乙醚常需用 7～10g 无水氯化钙。水在苯中的溶解度极小(约 0.05%)，因此理论上讲只要很小量的干燥剂。由于上面的一些原因，实际用量还是比较多的，但可少于干燥乙醚时的用量。干燥其他的液体有机物时，可从溶解度手册查出水在其中的溶解度(若不能查到水的溶解度，则可从它在水中的溶解度来推测，难溶于水者，水在它里面的溶解度也不会大)，或根据它的结构(在极性有机物中水的溶解度较大，有机分子中若含有能与氧原子配位的基团时，水的溶解度亦大)来估计干燥剂的用量。一般对于含亲水性基团的(如醇、醚、胺等)化合物，所用的干燥剂要过量多些。由于干燥剂也能吸附一部分液体，所以干燥剂的用量应控制得严些。必要时，宁可先加入一些干燥剂干燥，过滤后再用干燥效能较强的干燥剂。一般干燥剂的用量为每 10mL 液体约需 0.5～1g，但由于液体中的水分含量不等，干燥剂的质量、颗粒大小和干燥时的温度等不同以及干燥剂也可能吸一些副产物(如氯化钙吸收醇)等诸多原因，因此很难规定具体的数量，上述数据仅供参考。操作者应细心地积累这方面的经验，在实际操作中，干燥一定时间后，要注意观察干燥剂的形态，若它的大部分棱角还清楚可辨，这表明干燥剂的量已足够了。

表 2-4　各类有机物常用的干燥剂

化合物类型	干燥剂
烃	$CaCl_2$、Na、P_2O_5
卤代烃	$CaCl_2$、$MgSO_4$、Na_2SO_4、P_2O_5
醇	K_2CO_3、$MgSO_4$、CaO、Na_2SO_4
醚	$CaCl_2$、Na、P_2O_5
醛	$MgSO_4$、Na_2SO_4
酮	K_2CO_3、$CaCl_2$、$MgSO_4$、Na_2SO_4
酸、酚	$MgSO_4$、Na_2SO_4
酯	$MgSO_4$、Na_2SO_4、K_2CO_3
胺	KOH、NaOH、K_2CO_3、CaO
硝基化合物	$CaCl_2$、$MgSO_4$、Na_2SO_4

三、实验操作

在干燥前，应将被干燥液体中的水分尽可能分离干净。宁可损失一些有机物，也不应有任何可见的水层。将该液体置于锥形瓶中，用骨勺取适量的干燥剂直接放入液体中(干燥剂颗粒大小要适宜，太大时因表面积小吸水很慢，且干燥剂内部不起作用；太小时则因表面积太大不易过滤，吸附有机物甚多)，用软木塞塞紧，振摇片刻。如果发现干燥剂附着瓶壁，互相粘结，通常是表示干燥剂不够，应继续添加;如果在有机液体中存在较多的水分,这时常有可能出现少量的水层(例如在用氧化钙干燥时),必须将此水层分去或用吸管将水层吸去,再加入一些新的干燥剂,放置一段时间(至少半小时,最好放置过夜),并时时加以振摇。有时在干燥前,液体呈浑浊,经干燥后变为澄清,这并不一定说明它已不含水分,澄清与否和水在该化合物中的溶解度有关。然后将已干燥的液体通过置有折叠滤纸的漏斗直接滤入烧瓶中进行蒸馏。对于某些干燥剂,如金属钠、石灰、五氧化二磷等,由于它们和水反应后生成比较稳定的产物,有时可不必过滤而直接进行蒸馏。

利用分馏或二元、三元共沸混合物来除去水分,属于物理方法。对于不与水生成共沸混合物的液体有机物,例如甲醇和水的混合物,由于沸点相差较大,用精密分馏即可完全分开。有时利用某些有机物可与水形成共沸混合物的特性,向待干燥的有机物中加入另一有机物,利用此有机物与水形成最低共沸点的性质,在蒸馏时逐渐将水带出,从而达到干燥的目的。例如,工业上制备无水乙醇的方法之一就是将苯加到95%乙醇中进行共沸蒸馏。近年来,在工业生产中多应用离子交换树脂脱水以制备无水乙醇。

2.8.3　固体有机化合物的干燥

在重结晶一节中已谈到了一些关于结晶的干燥方法,此处再介绍一下干燥器及干燥有机物时应注意的事项。

(1)普通干燥器(图 2-32),盖与缸身之间的平面经过磨砂,在磨砂处涂以润滑脂,使之密闭。缸中有多孔瓷板,瓷板下面放置干燥剂,上面放置盛有待干燥样品的表面皿等。

图 2-32　普通干燥器

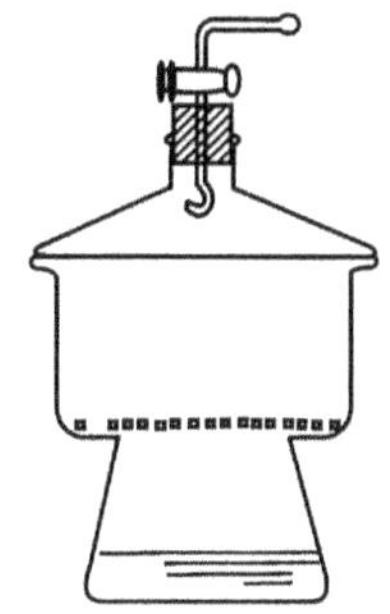

图 2-33　真空干燥器

(2)真空干燥器(图 2-33),它的干燥效率较普通干燥器好。真空干燥器上有玻璃活塞用以抽真空,活塞下端呈弯钩状,口向上。为防止在通向大气时,因空气流入太快将固体冲散,最好另用一表面皿覆盖盛有样品的表面皿。在水泵抽气过程中,干燥器外围最好能以金属丝(或用布)围住,以保证安全。

使用的干燥剂应按样品所含的溶剂来选择。例如，五氧化二磷可吸水；生石灰可吸水或酸；无水氯化钙可吸水或酸；石蜡片可吸收乙醚、氯仿、四氯化碳和苯等。有时在干燥器中同时放置两种干燥剂，如在底部放浓硫酸(在1L浓硫酸中溶有18g硫酸钡的溶液放在干燥器底部，如已吸收了大量水分，则硫酸钡就沉淀出来，表明已不再适用于干燥而需重新更换)。另用浅的器皿盛氢氧化钠放在磁板上，这样来吸收水和酸，效率更高。

(3)真空恒温干燥器(图2-34)，此设备适用于少量物质的干燥(若所需干燥物质的数量较大时，可用真空恒温干燥箱)，在2中放置五氧化二磷。将待干燥的样品置于3中，烧瓶A中放置有机液体，其沸点须与欲干燥温度接近，通过活塞1将仪器抽真空，加热回流烧瓶A中的液体，利用蒸汽加热外套4，从而使样品在恒定温度下得到干燥。

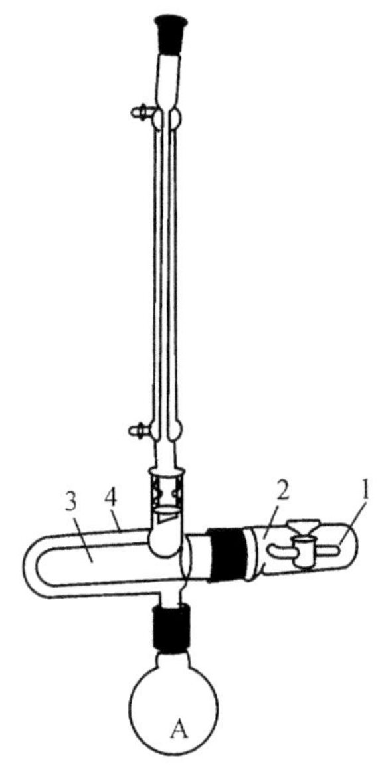

图2-34　真空恒温干燥器

2.9　天平的使用

天平是进行化学实验不可缺少的称量仪器。不同类型的天平尽管在结构以及称量的准确程度上有所不同，但都是根据杠杆原理设计而成的。实验中应根据对样品称量准确度的要求，而选用相应类型的天平。现就化学实验中最常用的天平分别介绍如下：

2.9.1　台秤的使用

台秤又叫托盘天平，其构造如图2-35所示。一般用于精确度不太高的称量，最大负荷为200g的台秤能称准至0.1g，最大负荷为500g的台秤能称准至0.5g。

称量前应检查零点(即在未放物体时，台秤指针在刻度盘上的位置)，零点最好在刻度中央，如偏离中央较大，可用托盘下的平衡调节螺丝，使指针停在中间位置。

称量时，左盘放称量物，右盘放砝码，用镊子夹取砝码。最大负荷为500g的台称，10g以下的砝码，用游码代替。当添加砝码到台秤的指针停在刻度盘的中间位置时，台秤处于平衡状态，此时指针所指位置为停点，当停点与零点重合(允许偏差一小格以内)时，砝码的质量就是称量物的质量。

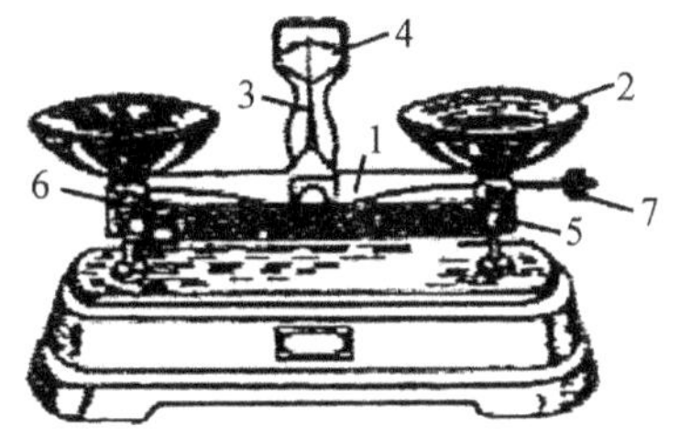

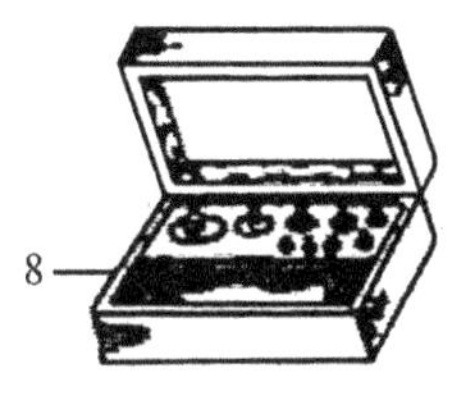

1—横梁；2—秤盘；3—指针；4—刻度盘；5—游码标尺；
6—游码；7—平衡调节螺丝；8—砝码盒
图 2-35　台　秤

使用台秤称量时，必须注意以下几点：

(1)不能称量热的物品。

(2)称量物不能直接放在秤盘上，应根据具体情况再决定放在已称量的、洁净的表面皿、烧杯或称量用纸上。

(3)称量完毕，砝码回盒，游码拨到“0”位，并将秤盘放在一侧(或用橡皮圈架起)，以免台秤摆动。

(4)保持台秤的整洁。沾有药品或其他污物时，应立即清除。

2.9.2　电子天平的使用

一、电子天平简介

电子天平是最新发展的一类天平。最大载荷分别为 100g、200g 和 2000g，最小读数分别为 0.01mg、0.1mg 和 0.1g 等几种。电子天平采用 PMOS 集成电路，有磁性阻尼装置，能在几秒内稳定读数。电子天平称量快捷，使用方法简便，是目前最好的称量仪器。

图 2-36 给出的是一种电子天平的外观图。

二、电子天平的使用方法

(1)轻按天平面板上的控制长键，电子显示屏上出现 0.0000g 闪动。待数字稳定下来，表示天平已稳定，进入准备称量状态。

(2)打开天平侧门，将样品放到物品托盘上(化学试剂不能直接接触托盘)。关闭天平侧门。待电子显示屏上闪动的数字稳定下来，读取数字，即为样品的质量。

(3)连续称量功能。当称量了第一个样品以后，若再轻按控制长键，电子显示屏上又重新返回 0.0000g 显示，表示天平准备称量第二个样品。重复操作②，即可直接读取第二个样品的质量。如此重复，可以连续称量，累加固定的质量。

电子天平的菜单可供使用者选择测量单位、校准天平、操作时让每个键发出声音和设置打印参数等。

电子天平在使用前，必须调节水平旋钮，使天平水平泡位于中央位置。

三、梅特勒－托利多(METTLER TOLEDO)B－N 型天平系列介绍

外观：

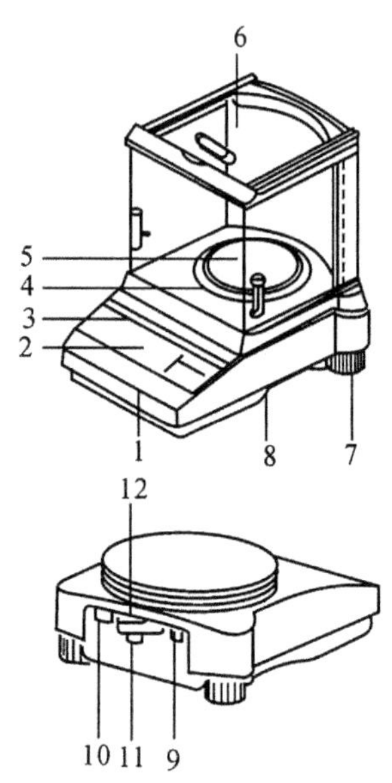

1—操作键；2—显示屏；3—型号标牌；4—防风圈；5—秤盘；6—防风罩；
7—水平调节脚；8—用于下挂称量方式的称钩(在天平底部)；
9—交流电源适配器插座；10—RS232C 接口；11—防盗锁连接；12—水平泡

图 2-36 B—N 系列天平外观

调节水平：

B—N 系列天平有一水平泡及两只水平调节脚，以弥补称量操作台面的细微不平整对称量结果的影响。当水平泡调节至中央时，天平就完全水平了。

开机和关机：

开机：接通电源后，天平进行自检。当天平出现“OFF”时，自检结束，再单击 On 键，天平处于待机状态，可以进行校准或称量。

关机：按住 Off 键直到显示出现“OFF”字样，再松开该键，即关机。

天平校准：

为了确保获得准确的称量结果，天平首次使用前或改变放置位置时都必须校准。

校准步骤

先让天平空载，按住“Cal/Menu”键不放，直到天平显示出现“Cal”字样后松开该键。此时会出现所需校准的砝码值，再将校准砝码置于秤盘中央。当"0.0000"闪现时移去砝码。再当天平闪现"CAL done"，接着又出现"0.0000"时，天平的校准结束，又回到称量状态。

称量：

称量分为简单称量法和去皮称量法两种。

简单称量法：将物品放在秤盘上，等待直到稳定指示符"O"（位于显示屏的左下角）消失，读取称量结果。

去皮称量法：将空容器，如烧杯等，放在天平秤盘上（此时将显示重量），然后单击 O/T 键（此时将显示 0.0000），再向空容器中加物料，此时将显示物料净重值。（如果将容器从天平上移去，去皮重量会以负值显示。）

注意点：

(1)电子分析天平是贵重仪器，应加以爱护，操作时应轻手开、关门；

(2)操作时不要将物料散落在秤盘和天平台面上，若有物料散落，应及清理干净；

(3)天平内应放少量干燥剂，以防天平受潮。

2.10　试纸的使用

在实验室经常使用某些试纸来定性检验一些溶液的性质或某些物质的存在。操作简单，使用方便。

试纸种类颇多，常用的有石蕊试纸、pH 试纸、淀粉－碘化钾试纸及醋酸铅试纸。

一、石蕊试纸的使用

石蕊试纸用于试验溶液的酸碱性。试验前先将石蕊试纸剪成小条，放在干燥洁净的表面皿上，再用玻璃棒蘸取要试验的溶液，滴在试纸上，然后观察石蕊试纸的颜色。切不可将试纸投入溶液中试验。

二、pH 试纸的使用

pH 试纸用于检验溶液的 pH 值，使用方法与石蕊试纸相同，但最后需将 pH 试纸所显示的颜色与比色板比较，才可知道溶液的 pH 值。

三、淀粉—碘化钾试纸的制取及使用

它主要用以定性地检验氧化性气体（Cl_2、Br_2 等）。在一张滤纸条上，滴加 1 滴淀粉溶液和 1 滴碘化钾溶液即成淀粉—碘化钾试纸，然后将试纸粘在玻璃棒一端悬放在试管口的上方。（若逸出的气体较少，可将试纸伸进试管，但要注意，切勿使试纸接触溶液或试管壁。）

四、醋酸铅试纸的制取及使用

醋酸铅试纸用以检验反应中是否有H_2S气体产生。

在滤纸条上，滴加一滴醋酸铅溶液即成醋酸铅试纸。使用方法同淀粉-碘化钾试纸。

2.11 蒸馏、水蒸气蒸馏、减压蒸馏

2.11.1 蒸馏

蒸馏是提纯液体物质和分离混合物的一种常用的方法。通过蒸馏还可以测出化合物的沸点，所以它对鉴定纯粹的液体有机化合物也具有一定的意义。

一、基本原理

液体分子由于分子运动有从表面逸出的倾向，这种倾向随着温度的升高而增大。如果把液体置于密闭的真空体系中，液体分子继续不断地逸出而在液面上部形成蒸气，最后使得分子由液体逸出的速度与分子由蒸气中回到液体中的速度相等，亦即使其蒸气保持一定的压力。此时液面上的蒸气达到饱和，称为饱和蒸气。它对液面所施的压力称为饱和蒸气压。实验证明，液体的蒸气压只与温度有关，即液体在一定温度下具有一定的蒸气压。这是指液体与它的蒸气平衡时的压力，与体系中存在的液体和蒸气的绝对量无关。

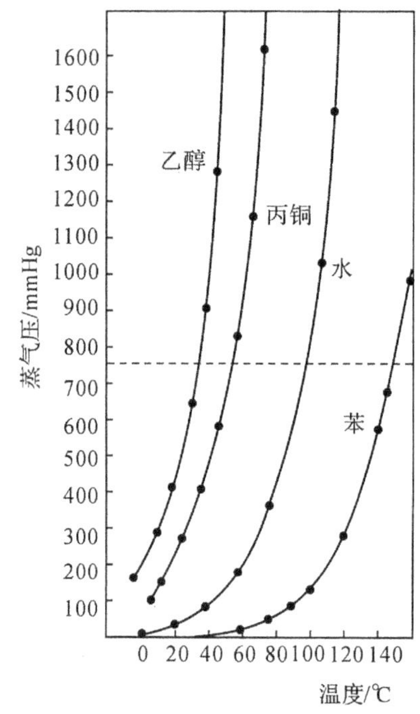

图 2-37 温度与蒸气压关系图

将液体加热，它的蒸气压就随着温度升高而增大，从图 2-37 中可以看出，当液体的蒸气压增大到与外界施于液面的总压力(通常是大气压力)相等时，就有大量气泡从液体内部逸出，液体即沸腾。这时的温度称为液体的沸点。显然沸点与所受外界压力的大小有关。通常所说的沸点是在 0.1MPa 压力下液体的沸腾温度。例如，水的沸点为 100℃，即是指在 0.1MPa 压力下，水在 100℃时沸腾。在其他压力下的沸点应注明压力大小。

将液体加热至沸腾，使液体变为蒸气，然后使蒸气冷却再凝结为液体，这两个过程的联合操作称为蒸馏。很明显，蒸馏可将易挥发和不易挥发的物质分离开

来，也可将沸点不同的液体混合物分离开来。但液体混合物各组分的沸点必须相差很大（至少 30℃以上）才能得到较好的分离效果。在常压下进行蒸馏时，由于大气压往往不是恰好为 0.1MPa，因而严格地说，应对观察到的沸点加上校正值，但由于偏差一般都很小，即使大气压相差 2.7kPa，这项校正值也不过±1℃左右，因此可以忽略不计。

例如，将盛有液体的烧瓶放在石棉网上，下面加热，在液体底部和玻璃受热的接触面上就有蒸气的气泡形成。溶解在液体内部的空气或以薄膜形式吸附在瓶壁上的空气有助于这种气泡的形成。玻璃的粗糙面也起促进作用。这样的小气泡（称为气化中心）即可作为大的蒸气气泡的核心。在沸点时，液体释放大量蒸气至小气泡中。待气泡中的总压力增加到超过大气压，并足够克服由于液柱所产生的压力时，蒸气的气泡就上升逸出液面。因此，假如在液体中有许多小空气泡或其他的气化中心时，液体就可平稳地沸腾。如果液体中几乎不存在空气，瓶壁又非常洁净和光滑，形成气泡就非常困难，这样加热时，液体的温度可能上升到超过沸点很多而不沸腾，这种现象称为“过热”，一旦有一个气泡形成，由于液体在此温度时的蒸气压已远远超过大气压和液柱压力之和，因此上升的气泡增大得非常快，甚至将液体冲溢出瓶外，这种不正常沸腾，称为“暴沸”。因而在加热前应加入助沸物以引入气化中心，保证沸腾平稳。助沸物一般是表面疏松多孔，吸附有空气的物体如素瓷片、沸石或玻璃沸石等，另外也可以用几根一端封闭的毛细管以引入气化中心（注意毛细管有足够的长度，使其上端可搁在蒸馏瓶的颈部；开口的一端朝下）。在任何情况下，切忌将助沸物加至已受热接近沸腾的液体中，否则常因突然放出大量蒸气而将大量液体从蒸馏瓶口喷出造成危险。如果加热前忘了加入助沸物，补加时必须先移去热源，待加热液体冷至沸点以下后方可加入。如果沸腾中途停止过，则在重新加热前应加入新的助沸物。因为起初加入的助沸物在加热时逐出了部分空气，在冷却时吸附了液体，因而可能已经失效。另外，如果采用溶液间接加热，保持浴温不要超过蒸馏液沸点 20℃，这种加热方式不但可大大减少瓶内蒸馏液中各部分之间的温差，而且可使蒸气的气泡，不单从烧瓶的底部上升，也可沿着液体的边沿上升，因而也可减小过热的可能。

纯粹的液体有机化合物在一定的压力下具有一定的沸点，但是具有固定沸点的液体不一定都是纯粹的化合物，因为某些有机化合物常和其他组分形成二元或三元共沸混合物，它们也有一定的沸点。不纯物质的沸点则要取决于杂质的物理性质以及它和纯物质间的相互作用。假如杂质是不挥发的，则溶液的沸点比纯物质的沸点略有提高。若杂质是挥发性的，则蒸馏时液体的沸点会改变；若由两种或多种物质组成了共沸点混合物，则蒸馏过程中温度保持不变，因此，沸点的恒定，并不一定意味着它是纯化合物。

二、实验操作

（一）蒸馏装置及安装

如图 2-38 所示为常用的蒸馏装置，由蒸馏瓶、温度计、冷凝管、接液管和接受瓶组成。蒸馏瓶与蒸馏头之间有时需借助于大小接头连接。磨口温度计可直接插入蒸馏头，普通温度计通常借助于温度计旋塞固定在蒸馏头的上口处。温度计水银球的上限应和蒸馏头侧管的下限在同一水平线上。冷凝水应从冷凝管的下口流入、上口流出，以保证冷凝管的套管中始终充满水。用不带支管的接液管时，接液管与接受瓶之间不可用塞子连接，以免造成封闭体系，使体系压力过大而发生爆炸。所用仪器必须清洁干燥，规格合适。

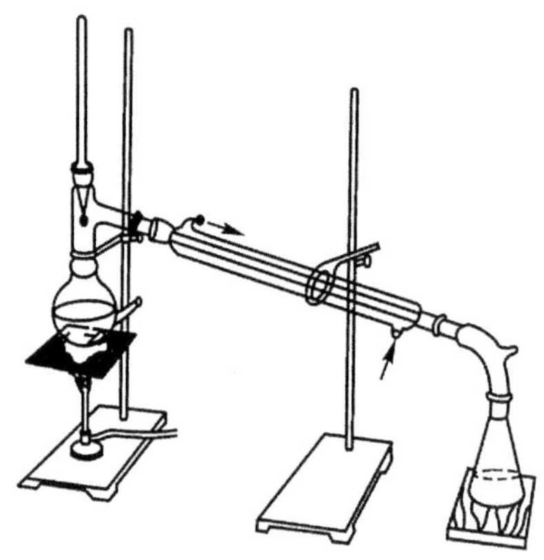

图 2-38 常用蒸馏装置

安装仪器之前，首先要根据蒸馏物的量，选择大小合适的蒸馏瓶。蒸馏物液体的体积，一般不要超过蒸馏瓶容积的 2/3，也不要少于 1/3。仪器的安装顺序一般是先从热源开始，先在架设仪器的铁台上放好电炉（油浴或水浴）或电热套，然后安装蒸馏瓶。注意瓶底应距石棉网 1～2mm，不要触及石棉网；用水浴或油浴时，瓶底应距水浴（或油浴）锅底 1～2cm。蒸馏瓶用铁夹垂直夹好。安装冷凝管时，应先调整它的位置使与已装好的蒸馏瓶高度相适应并与蒸馏头的侧管同轴，然后松开固定冷凝管的铁夹，使冷凝管沿此轴移动与蒸馏瓶连接。铁夹不应夹得太紧或太松，以夹住后稍用力尚能转动为宜。完好的铁夹内通常垫以橡皮等软性物质，以免夹破仪器。在冷凝管尾部通过接液管连接接受瓶（用锥形瓶或圆底烧瓶），正式接受馏液的接受瓶应事先称重并做记录。

安装仪器顺序一般都是自下而上、从左到右。要准确端正，横平竖直，无论从正面或侧面观察，全套仪器装置的轴线都要在同一平面内。铁架应整齐地置于仪器的背面。可将安装仪器概括为四个字，即：稳、妥、端、正。稳，即稳固牢靠；妥，即妥善安装，消除一切不安全因素；端，即端正好看，同时给人以美的享受；正，即正确地使用和选用仪器。

(二)蒸馏操作

加料:将待蒸馏液通过玻璃漏斗小心倒入蒸馏瓶中,注意不要使液体从支管流出。加入几粒助沸物,塞好带温度计的塞子。再一次检查仪器的各部分连接是否紧密和妥善。

加热:用水冷凝管时,先由冷凝管下口缓缓通入冷水,自上端流出引至水槽中,然后开始加热。加热时可以看见蒸馏瓶中液体逐渐沸腾,蒸气逐渐上升,温度计的读数略有上升,当蒸气的顶端达到温度计水银球部位时,温度计读数就急剧上升。这时应适当调小煤气灯的火焰或降低加热电炉或电热帽的电压,使加热速度略为减慢,蒸气顶端停留在原处,使瓶颈上部和温度计受热,让水银球上液滴和蒸气温度达到平衡。然后再稍稍加大火焰,进行蒸馏。控制加热温度,调节蒸馏速度,通常以每秒 1～2 滴为宜。在整个蒸馏过程中,应使温度计水银球上常有被冷凝的液滴。此时的温度即为液体与蒸气平衡时的温度,温度计的读数就是液体(馏出液)的沸点。蒸馏时加热的火焰不能太大,否则会在蒸馏瓶的颈部造成过热现象,使一部分液体的蒸气直接受到火焰的热量,这样由温度计读得的沸点会偏高;另一方面,蒸馏也不能进行得太慢,否则由于温度计的水银球不能为馏出液蒸气充分浸润而使温度计上所读得的沸点偏低或不规则。

观察沸点及收集馏液:进行蒸馏前,至少要准备两个接受瓶。因为在达到预期物质的沸点之前,带有沸点较低的液体先蒸出。这部分馏液称为“前馏分”或“馏头”。前馏分蒸完,温度趋于稳定后,蒸出的就是较纯的物质,这时应更换一个洁净干燥的接受瓶接受,记下这部分液体开始馏出时和最后一滴时温度计的读数,即是该馏分的沸程(沸点范围)。一般液体中或多或少地含有一些高沸点杂质,在所需要的馏分蒸出后,若再继续升高加热温度,温度计的读数会显著升高,若维持原来的加热温度,就不会再有馏液蒸出,温度会突然下降,这时就应停止蒸馏。即使杂质含量极少,也不要蒸干,以免蒸馏瓶破裂及发生其他意外事故。

蒸馏完毕,先应灭火,然后停止通水,拆下仪器。拆除仪器的顺序和装配的顺序相反,先取下接受器,然后拆下接液管、冷凝管、蒸馏头和蒸馏瓶等。

液体的沸程常可代表它的纯度。纯粹的液体沸程一般不超过 1～2℃,对于合成实验的产品,因大部分是从混合物中采用蒸馏法提纯,由于蒸馏方法的分离能力有限,故在普通有机化学实验中收集的沸程较宽。

2.11.2　水蒸气蒸馏

水蒸气蒸馏是分离和纯化有机物的常用方法之一,尤其是在反应产物中有大量树脂状杂质的情况下,效果较一般蒸馏或重结晶为好。使用这种方法时,被提纯物质应该具备下列条件：不溶（或几乎不溶）于水，在沸腾下长时间与水共存而不起化学变化；在100℃左右时必须具有一定的蒸气压（一般不小于1.33kPa）。

一、基本原理

当与水不相混溶的物质与水一起存在时，整个体系的蒸气压力，根据道尔顿(Dalton)分压定律，应为各组分蒸气压之和，即：

$$p=p_A+p_B$$

式中，p 代表总的蒸气压，p_A 为与水不相混溶物质的蒸气压。

当混合物中各组分蒸气压总和等于外界大气压时，这时的温度即为它们的沸点。此沸点必定较任一个组分的沸点都低。因此，在常压下应用水蒸气蒸馏，就能在低于100℃的情况下将高沸点组分与水一起蒸出来。此法特别适用于分离那些在其沸点附近易分解的物质；也适用于从不挥发物质或不需要的树脂状物质中分离出所需的组分。蒸馏时混合物的沸点保持不变，直至其中一组分几乎完全移去（因总的蒸气压与混合物中二者间的相对量无关），温度才上升至留在瓶中液体的沸点。由于混合物蒸气中各个气体分压（p_A，p_B）之比等于它们的物质的量之比（n_A，n_B 表示此两物质在一定容积的气相中的物质的量）。即：

$$n_A/n_B=p_A/p_B$$

而 $n_A=m_A/M_A$；$n_B=m_B/M_B$。其中 m_A、m_B 为各物质在一定容积中蒸气的质量。M_A、M_B 为物质 A 和 B 的相对分子质量。因此：

$$m_A/m_B=\frac{M_A\cdot n_A}{M_B\cdot n_B}=\frac{M_A\cdot p_A}{M_B\cdot p_B}$$

可见，这两种物质在馏液中的相对质量（就是它们在蒸气中的相对质量）与它们的蒸气压和相对分子质量成正比。

水具有低的相对分子质量和较大的蒸气压，它们的乘积 M_A、p_A 较小。这样就有可能来分离较高相对分子质量和较低蒸气压的物质。以溴苯为例，它的沸点为135℃，且和水不相混溶。当和水一起加热至95.5℃时，水的蒸气压为86.1kPa，溴苯的蒸气压为15.2kPa，它们的总压力为0.1MPa，于是液体就开始沸腾。水和溴苯的相对分子质量分别为18和157，代入上式得：

$$\frac{m_A}{m_B}=\frac{86.1\times18}{15.2\times157}=\frac{6.5}{10}$$

亦即蒸出6.5g水能够带出10g溴苯。溴苯在溶液中的组分占61%。上述关系式只适用于与水不相互溶的物质。而实际上很多化合物在水中或多或少有些溶解，因此这样的计算只是近似的。例如，苯胺和水在98.5℃时，蒸气压分别为5.73kPa和94.8kPa。从计算得到，馏液中苯胺的含量应占23%，但实际上所得到的比例比较低，这主要是苯胺微溶于水，导致水的蒸气压降低所引起。

从以上例子可以看出，溴苯和水的蒸气压之比约为 1∶6，而溴苯的相对分子质量较水大 9 倍，所以馏液中溴苯的含量较水多。那么是否相对分子质量越大越好呢？我们知道相对分子质量越大的物质，一般情况下其蒸气压也越低。虽然某些物质相对分子质量较水大几十倍，但它在 100℃左右时的蒸气压只有0.013 kPa 或者更低，因而不能应用水蒸气蒸馏。利用水蒸气蒸馏来分离提纯物质时，要求此物质在 100℃左右时的蒸气压至少在 1.33kPa 左右。如果蒸气压在0.13～0.67kPa，则其在馏液中的含量仅占 1%，甚至更低。为了要使馏液中的含量增高，就要想办法提高此物质的蒸气压，也就是说要提高温度，使蒸气的温度超过 100℃，即要用过热水蒸气蒸馏。例如，苯甲醛(沸点 178℃)进行水蒸气蒸馏时，在 97.9℃沸腾(这时 p_A=93.8kPa，p_B=7.5kPa)，馏液中苯甲醛占 32.1%，假如导入 133℃过热蒸气，这时苯甲醛的蒸气压可达 29.3kPa，因而只要有 72kPa 的水蒸气压，就可使体系沸腾。因此。

$$\frac{m_A}{m_B}=\frac{72\times18}{29.3\times106}=\frac{41.7}{100}$$

这样馏液中苯甲醛的含量就提高到 70.6%。

应用过热水蒸气还具有使水蒸气冷凝少的优点，这样可以省去在盛蒸馏物的容器下加热等操作。为了防止过热蒸气冷凝，可在盛物的瓶下以油浴保持和蒸气相同的温度。

在实验操作中，过热蒸气可应用于在 100℃时具有 0.13～0.67kPa 的物质。例如，在分离苯酚的硝化产物中，邻硝基苯酚可用一般的水蒸气蒸馏蒸出。在蒸完邻位异构体后，如果提高蒸汽温度，也可以蒸馏出对位产物。

二、实验操作

常用水蒸气蒸馏的简单装置如图 2-39 所示。A 是水蒸气发生器，通常盛水量以其容积的 3/4 为宜。如果太满，沸腾时水将冲至烧瓶。安全玻璃管 B 几乎插到发生器 A 的底部。当容器内气压太大时，水可沿着玻璃管上升，以调节内压。如果系统发生阻塞，水便会从管的上口喷出，此时应检查导管是否被阻塞。

蒸馏部分通常是用 500mL 以上的长颈圆底烧瓶。为了防止瓶中液体因跳溅而冲入冷凝管内，故将烧瓶的位置向发生器的方向倾斜 45°。瓶内液体不宜超过其容积的 1/3。蒸气导入管 E 的末端应弯曲，使之垂直地正对瓶底中央并伸到接近瓶底。蒸汽导出管 F(弯角约为 30°)孔径最好比管 E 大一些，一端插入双孔木塞，露出约 5mm，另一端和冷凝管连接。馏液通过接液管进入接受器 H。接受器外围可用冷水浴冷却。

水蒸气发生器与盛物的圆底烧瓶之间应装上一个 T 形管 C。在 T 形管下端连一个弹簧夹 G，以便及时除去冷凝下来的水滴。应尽量缩短水蒸气发生器与盛

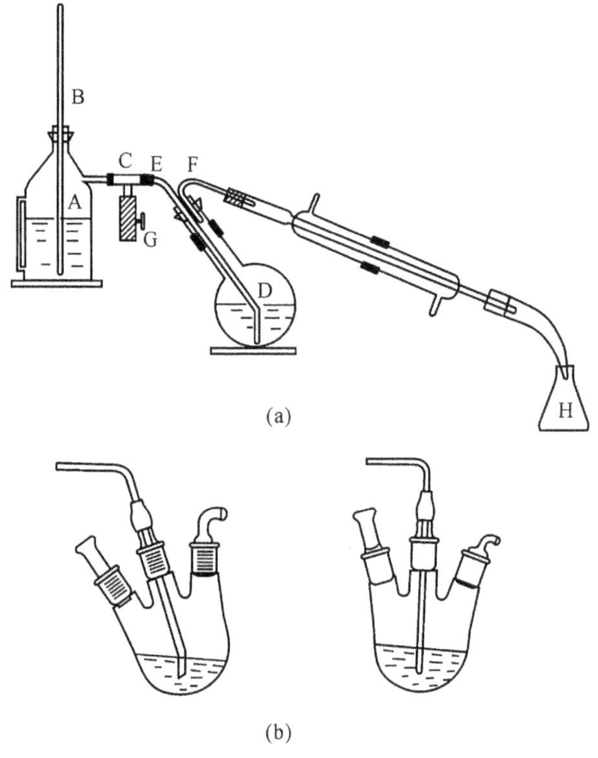

图 2-39 水蒸气蒸馏装置

物的圆底烧瓶之间距离，以减少水气的冷凝。

进行水蒸气蒸馏时，先将溶液（混合液或混有少量水的固体）置于 D 中，加热水蒸气发生器，直至接近沸腾后才将弹簧夹 G 夹紧，使水蒸气均匀地进入圆底烧瓶。为了使蒸汽不致在 D 中冷凝而积聚过多，必要时可在 D 下置一石棉网，用小火加热。必须控制加热速度，使蒸汽能全部在冷凝管中冷凝下来。如果随水蒸气挥发的物质具有较高的溶点，在冷凝后易于析出固体，则应调小冷凝水的流速，使它冷凝后仍然保持液态。假如已有固体析出。并且接近阻塞时，可暂时停止冷凝水的流通，甚至需要将冷凝水暂时放去，以使物质熔融后随水流入接受器中。必须注意当冷凝管夹套中要重新通入冷却水时，要小心而缓慢，以免冷凝管因骤冷而破裂。万一冷凝管已被阻塞，应立即停止蒸馏，并设法疏通（如用玻璃棒将阻塞的晶体捅出或用电吹风的热风吹化结晶，也可在冷凝管夹中灌以热水使之熔出）。

在蒸馏需要中断或蒸馏完毕后，一定要先打开螺旋夹 G 使通大气，然后方可加热，否则 D 中的液体将会倒吸到 A 中。在蒸馏过程中，如发现安全管 B 中的水位迅速上升，则表示系统中发生了堵塞，此时应立即打开螺旋夹，然后移去热源。待排除了堵塞后再继续进行水蒸气蒸馏。

在 100℃左右，蒸气压较低的化合物可利用过热蒸汽来进行蒸馏。例如可在 T 形管 C 和烧瓶之间串联一段铜管（最好是螺旋形的），铜管下用火焰加热，以提高蒸汽的温度。烧瓶再用油浴保温。也可用如图 2-40 所示的装置来进行。其中 A 是为了除去蒸汽中冷凝下来的液滴，B 处是用几层石棉纸裹住的硬质玻璃管，下面用鱼尾灯焰加热。C 是温度计套管，内插温度计。烧瓶外用油浴或空气浴维持和蒸汽一样的温度。

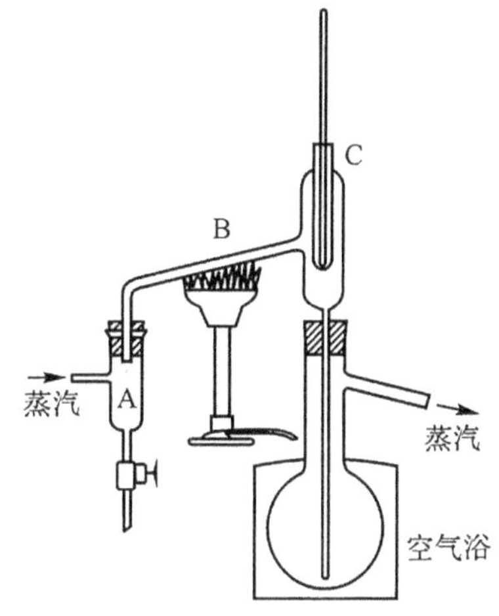

图 2-40　过热水蒸气蒸馏装置

少量物质的水蒸气蒸馏，可用克氏蒸馏瓶代替圆底烧瓶，装置如图 2-41 所示。有时也可直接利用进行反应的三颈瓶来代替圆底烧瓶更为方便，装置如图 2-39(b)所示。

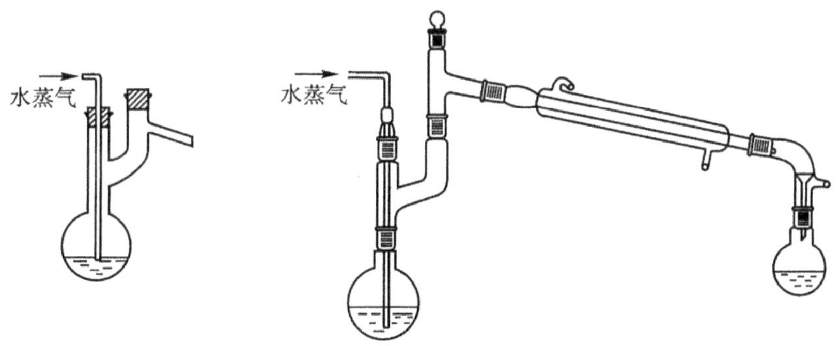

图 2-41　用克氏蒸馏瓶（头）进行少量物质的水蒸气蒸馏

2.11.3　减压蒸馏

减压蒸馏是分离和提纯有机化合物的一种重要方法。它特别适用于那些在常压蒸馏时未达沸点即已受热分解、氧化或聚合的物质。

一、基本原理

如前所述，液体沸腾的温度是随外界压力的改变而改变的。因此，如用真空泵使蒸馏体系液体表面上的压力降低，即可降低液体的沸点。这种在较低压力下进行蒸馏的操作称为减压蒸馏。

减压蒸馏时物质的沸点与压力有关，见前面的温度与蒸气压关系图（图2-37）。有时在文献中查不到与减压蒸馏选择的压力相应的沸点，则可根据下面的一个经验曲线（图2-42），找出该物质在此压力下的沸点（近似值），如二乙基丙二酸二乙酯常压下沸点为218～220℃，欲减压至2.67kPa(20mmHg)，它的沸点应为多少度？我们可以先在图2-42中间的直线上找出相当于218～220℃的点，将此点与右边直线上2.67kPa(20mmHg)处的点连成一直线，延长此直线与左边的直线相交，交点所示的温度就是2.67kPa(20mmHg)时二乙基丙二酸二乙酯的沸点，约为105～110℃。

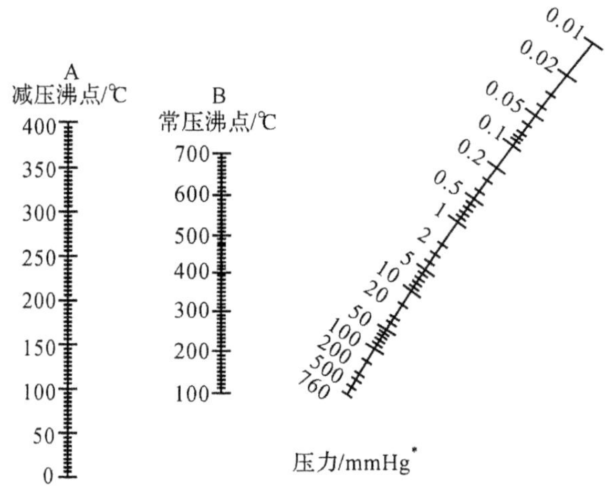

图2-42　液体在常压下的沸点与减压下的沸点的近似关系图

* 按国家标准，压力的单位应为Pa，1mmHg=0.133kPa

在给定压力下的沸点还可以近似地从下列公式求出：

$$\lg p = A + \frac{B}{T}$$

式中，p为蒸气压，T为沸点（绝对温度），A、B为常数。如以$\lg p$为纵坐标，$\frac{1}{T}$为横坐标作图，可以近似地得到一直线。因此可从两组已知的压力和温度算出A和B的数值。再将所选择的压力代入上式算出液体的沸点。

表2-5列出了一些有机化合物在常压与不同压力下的沸点。从中可以看出，当压力降低到2.67kPa(20mmHg)时，大多数有机物的沸点比常压0.1MPa(760mmHg)的沸点低100～120℃；当减压蒸馏在1.33～3.33kPa(10～25mmHg)进行时，大体上压力每相差0.133kPa(1mmHg)，沸点约相差1℃。当要进行减压蒸馏时，预先粗略地估计出相应的沸点，对具体操作和选择合适的温度计与热浴都有一定的参考价值。

表 2-5　某些有机化合物在常压和不同压力下的沸点(℃)

压力/mmHg* \ 化合物	水	氯苯	苯甲醛	水杨酸乙酯	甘油	蒽
760	100	132	179	234	290	345
50	38	54	95	139	204	225
30	30	43	84	127	192	207
25	26	39	79	124	188	201
20	22	34.5	75	119	182	194
15	17.5	29	69	113	175	186
10	11	22	62	105	167	175
5	1	10	50	95	156	159

* 1mmHg＝0.133kPa。

二、实验操作

(一)减压蒸馏的装置

如图 2-43(a)、(b)所示是常用的减压蒸馏系统。整个系统可分为蒸馏、抽气(减压)以及在它们之间的保护和测压装置三部分组成。

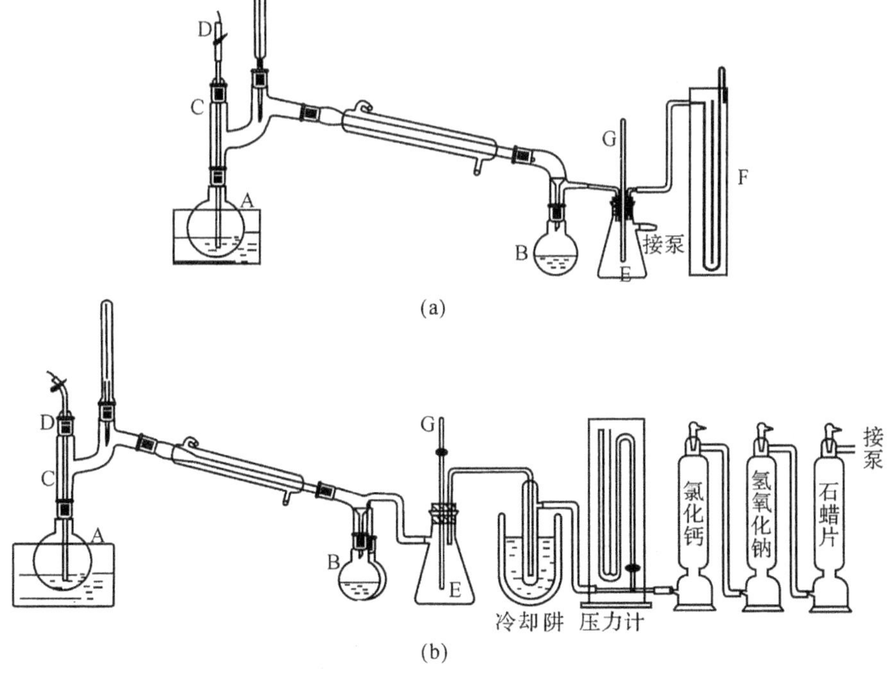

图 2-43　减压蒸馏装置

(1)蒸馏部分

A 是减压蒸馏瓶(又称克氏(Claisen)蒸馏瓶,在磨口仪器中用克氏蒸馏头配圆底烧瓶代替),有两个颈,其目的是为了避免减压蒸馏时瓶内液体由于沸腾而冲入冷凝管中。瓶的一颈中插入温度计,另一颈中插入一根毛细管 C,其长度恰好使其下端距瓶底 1～2cm;毛细管上端连有一段带螺旋夹 D 的橡皮管,螺旋夹用以调节进入空气的量,使有极少量的空气进入液体,呈微小气泡冒出,作为液体沸腾的气化中心,使蒸馏平稳进行。接受器可用蒸馏瓶或抽滤瓶充任,但切不可用平底烧瓶或锥形瓶。蒸馏时若要收集不同的馏分而又不中断蒸馏,则可用两尾或多尾接液管(图 2-44),转动多尾接液管,就可使不同的馏分进入指定的接受器中。

根据蒸出液体的沸点不同,选用合适的热浴和冷凝管。如果蒸馏的液体量不多而且沸点甚高,或是低熔点的固体,也可不用冷凝管,而将克氏瓶的支管通过接液管直接插入接受瓶的球形部分中(图 2-45)。蒸馏沸点较高的物质时,最好用石棉绳或石棉布包裹蒸馏瓶的两颈以减少散热。控制热浴的温度,使它比液体的沸点高 20～30℃。

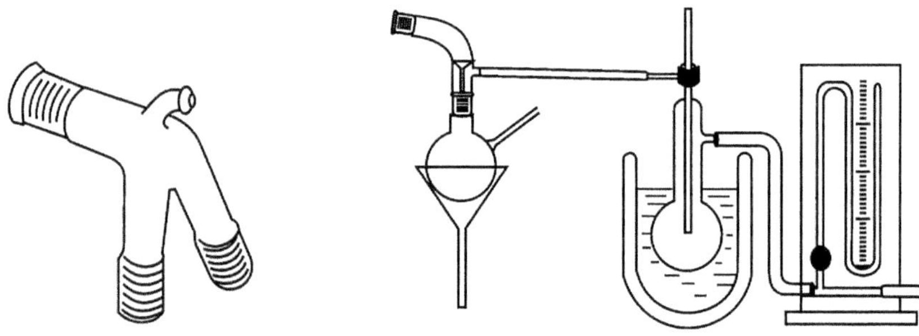

图 2-44 多尾接液管　　图 2-45 不用冷凝管的减压蒸馏装置

抽气部分:实验室通常用水泵或油泵进行减压。

(2)水泵

系用玻璃或金属制成(图 2-46),其效能与其构造、水压及水温有关。水泵所能达到的最低压力为当时室温下的水蒸气压。例如,在水温为 6～8℃时,水蒸气压为 0.93～1.07kPa;在夏天,若水温为 30℃,则水蒸气压为 4.2kPa 左右。

现在有一种水循环真空泵能代替简单的水泵,它还可提供冷凝水,这对用水不易保证的实验室更为方便、实用。

油泵:油泵的效能决定于油泵的机械结构以及真空泵油的好坏(油的蒸气压必须很低)。好的油泵能抽至真空度为 13.3Pa,油泵结构较精密,工作条件要求较严。蒸馏时,如果有挥发性的有机溶剂、水或酸的蒸气,都会损坏油泵。因为挥发性的有机溶剂蒸气被油吸收后，就会增加油的蒸气压，影响真空效能。而酸性蒸气会腐蚀油泵的机件。水蒸气凝结后与油形成浓稠的乳浊液，破坏了油泵的正常工作，因此使用时必须十分注意对油泵的保护。

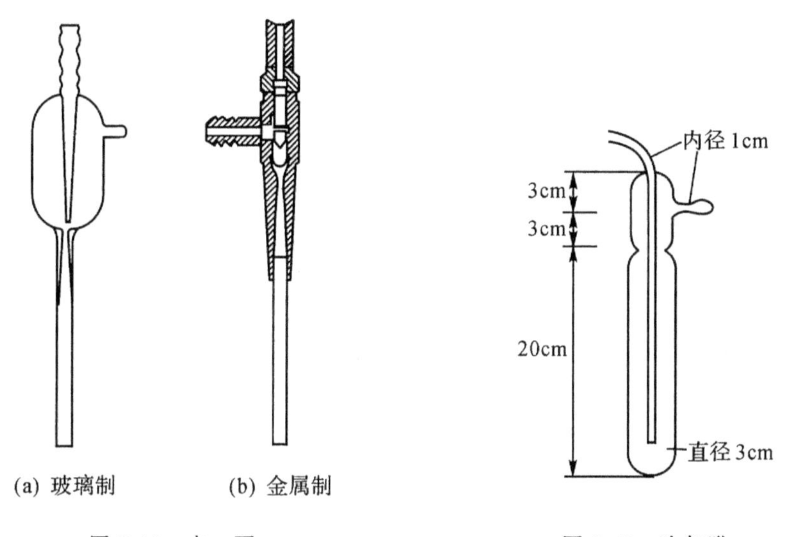

(a) 玻璃制　(b) 金属制

图 2-46　水　泵

图 2-47　冷却阱

(3)保护及测压装置部分

当用油泵进行减压时，为了防止易挥发的有机溶剂、酸性物质和水汽进入油泵，必须在馏液接受器与油泵之间顺次安装冷却阱和几种吸收塔，以免污染油泵用油，腐蚀机件致使真空度降低。冷却阱的构造如图 2-47 所示，将它置于盛有冷却剂的广口保温瓶中，冷却剂的选择随需要而定，例如可用冰一水、冰一盐、干冰与丙酮等。后者能使温度降至－78℃。若用铝箔将干冰—丙酮的敞口部分包住，能使用较长时间，十分方便。吸收塔(又称干燥塔)(图 2-48)通常设两个，前一个装无水氯化钙(或硅胶)，后一个装粒状氢氧化钠。有时为了吸除烃类气体，可再加一个装石蜡片的吸收塔。

实验室通常采用水银压力计来测量减压系统的压力。如图 2-49(a)所示为开口式水银压力计，两臂汞柱高度之差，即为大气压力与系统中压力之差。因此蒸馏系统内的实际压力(真空度)应是大气压力减去这一压力差。封闭式水银压力计(图 2-49(b))，两臂液面高度之差即为蒸馏系统中的真空度。目前不少实验室为了防止水银污染实验室环境，已采用精密数显式压力计代替 U 型水银压力计。

在真空泵前还应接上一个安全瓶 E(图 2-43)，瓶上的二通活塞 G 供调节系统压力及放气之用。减压蒸馏的整个系统必须保持密封不漏气，所以选用橡皮塞的大小及钻孔都要十分合适。所有橡皮管须用真空橡皮管，各磨口玻塞部位都应

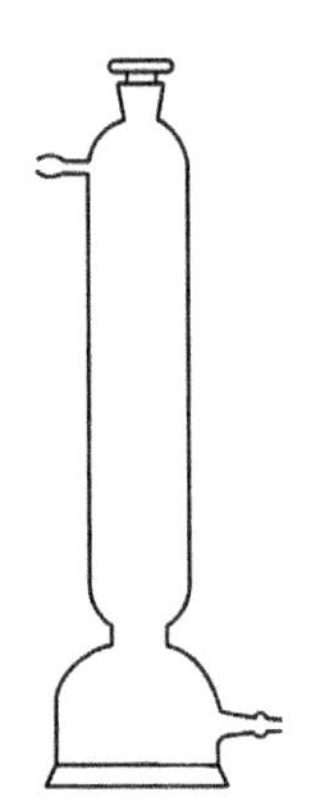

图 2-48 干燥塔

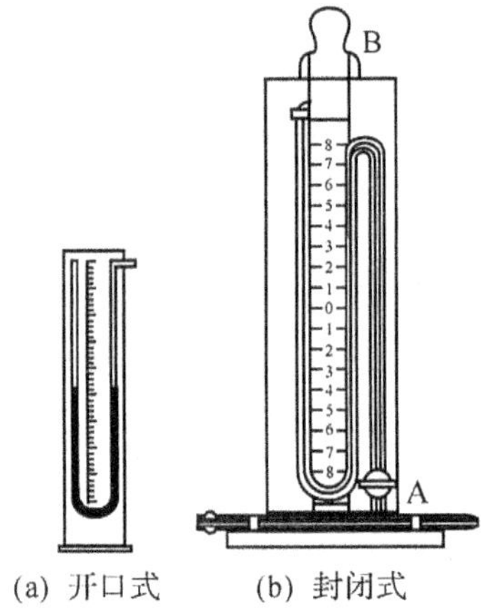

图 2-49 水银压力计

仔细涂好真空脂。

(二)减压蒸馏操作

当被蒸馏物中含有低沸点的物质时,应先进行普通蒸馏,然后用水泵减压蒸去低沸点物质,最后再用油泵减压蒸馏。

在克氏蒸馏瓶中,放置待蒸馏的液体(不超过容积的 1/2)。按图 2-43 装好仪器,旋紧毛细管上的螺旋夹 D,打开安全瓶上的二通活塞 G,然后开泵抽气(如用水泵,这时应开至最大流量),逐渐关闭 G,从压力计 F 上观察系统所能达到的真空度。如果是因为漏气(而不是因水泵、油泵本身效率的限制)而不能达到所需的真空度,可检查各部分塞子和橡皮管的连接是否紧密等。必要时可用熔融的固体石蜡密封(密封应在解除真空后才能进行)。如果超过所需的真空度,可小心地旋转活塞 G,慢慢地引进少量空气,以调节至所需的真空度。调节螺旋夹 D,使液体中有连续平稳的小气泡通过(如无气泡可能因毛细管已阻塞,应予更换)。开启冷凝水,选用合适的热浴加热蒸馏。加热时,克氏瓶的圆球部位至少应有 2/3 侵入热浴液中。在浴中放一温度计,控制浴温比待蒸馏液体的沸点约高 20～30℃,使每秒钟馏出 1～2 滴。在整个蒸馏过程中,都要密切注意瓶颈上的温度计和压力的读数,经常注意蒸馏情况和记录压力、沸点等数据。纯物质的沸点范围一般不超过 1～2℃,假如起始蒸出的馏液比要收集物质的沸点低,则在蒸至接近预期的温度时需要调换接受器。此时先移去热源,取下热浴,待稍冷后,渐渐打开二通活塞 G,使系统与大气相通(注意:一定要慢慢地旋开活塞,使压力计中的汞柱缓缓地恢复原状,否则,汞柱急速上升,有冲破压力计的危险。为此,可将 G 的上端拉成毛细管,即可避免)。然后松开毛细管上的螺旋夹 D(这样可防止液体吸入毛细管),切断油泵电源,卸下接受瓶,装上另一洁净的接受瓶。再重复前述操作:

开泵抽气，调节毛细管空气流量，加热蒸馏，收集所需产物。显然，如有多尾接液管，则只要转动其位置即可收集不同馏分，就可免去这些繁杂的操作。

要特别注意真空泵的转动方向。如果真空泵接线位置搞错，会使泵反向转动，导致水银冲出压力计，污染实验室。

蒸馏完毕或蒸馏过程需要中断时（例如调换毛细管、接受瓶），先灭去火源，撤去热浴，待稍冷后缓缓解除真空，使系统内外压力平衡后，方可关闭油泵。否则，由于系统中的压力较低，油泵中的油就有吸入干燥塔的可能。

2.12 升　华

升华是纯化固体有机化合物的一个方法，它所需的温度一般较蒸馏时低，但是只有在其熔点温度以下具有相当高（高于 2.67kPa）蒸气压的固态物质，才可用升华来提纯。利用升华可除去不挥发的杂质，或分离不同挥发度的固体混合物。升华常可得到较高纯度的产物，但操作时间长，损失也较大，在实验室里只用于较少量（1～2g）物质的纯化。

2.12.1　基本原理

严格地说，升华是指物质自固态不经过液态直接转变成气态的现象。对于萘及其他类似情况的化合物，除可在减压下进行升华外，也可以采用一个简单有效的方法：将化合物加热至熔点以上，使具有较高的蒸气压，同时通入空气或惰性气体带出蒸气，促使蒸发速度增快；并可降低被纯化物质的分压，使蒸气不经过液化阶段而直接凝成为固体。

2.12.2　实验操作

一、常压升华

最简单的常压升华装置如图 2-50(a)所示。在蒸发皿中放置粗产物，上面覆盖一张刺有许多小孔的滤纸（最好在蒸发皿的边缘上先放置大小合适的用石棉纸做成的窄圈，用以支持此滤纸）。然后将大小合适的玻璃漏斗倒盖在上面，漏斗的颈部塞有玻璃毛或脱脂棉花团，以减少蒸气逃逸。在石棉网上渐渐加热蒸发皿（最好能用砂浴或其他热浴），小心调节火焰，控制浴温低于被升华物质的熔点，使其慢慢升华。蒸气通过滤纸小孔上升，冷却后凝结在滤纸上或漏斗壁上。必要时外壁可用湿布冷却。

在空气或惰性气体流中进行升华的装置见图 2-50(b)，在锥形瓶上配有二孔塞，一孔插入玻璃管以导入空气或惰性气体；另一孔插入接液管，接液管的另

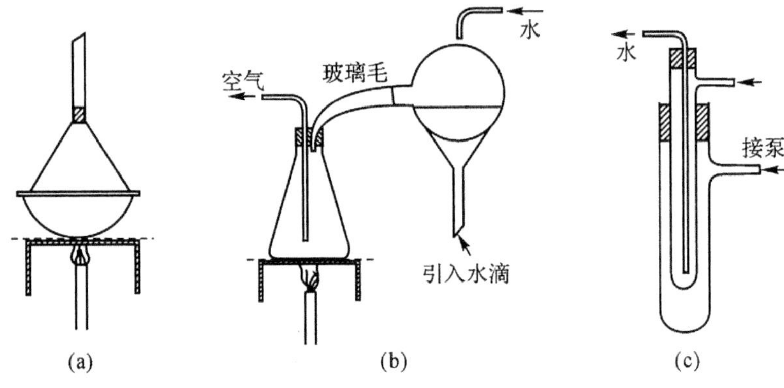

图 2-50 几种升华装置

一端伸入圆底烧瓶中，烧瓶口塞一些棉花或玻璃毛。当物质开始升华时，通入空气或惰性气体，带出的升华物质，遇到用冷水冷却的烧瓶壁就凝结在壁上。

二、减压升华

减压升华装置如图 2-50(c)所示，将固体物质放在吸滤管中，然后将装有“冷凝指”的橡皮塞紧密塞住管口，利用水泵或油泵减压，接通冷凝水，将吸滤管浸在水浴或油浴中加热，使之升华。

2.13 萃 取

萃取是有机化学实验中用来提取或纯化有机化合物的常用操作之一。应用萃取可以从固体或液体混合物中提出所需要的物质，也可以用来洗去混合物中少量杂质。通常称前者为“抽提”或“萃取”，后者为“洗涤”。

2.13.1 基本原理

萃取是利用物质在两种不互溶(或微溶)溶剂中溶解度或分配比的不同来达到分离、提取或纯化目的的一种操作。这可用与水不互溶(或微溶)的有机溶剂从水溶剂中萃取有机化合物来说明。将含有机化合物的水溶液用有机溶剂萃取时，有机化合物就在两液相间进行分配。在一定温度下，此有机化合物在有机相中和水相中的浓度之比为一常数，此即所谓“分配定律”。假如一物质在两液相 A 和 B 中的浓度分别为 c_A 和 c_B，则在一定温度下，$c_A/c_B=K$，K 是一常数，称为“分配系数”，它可以近似地看作为此物质在两溶剂中溶解度之比。

有机化合物在有机溶剂中的溶解度一般比在水中的溶解度大，所以可以将它们从溶液中萃取出来。但是除非分配系数极大，否则用一次萃取是不可能将全部物质移入新的有机相中的。在萃取时，若在水溶液中先加入一定量的电解质（如氯化钠），利用所谓“盐析效应”，以降低有机化合物和萃取溶剂在水溶液中的溶解度，常可提高萃取效果。

当用一定量的溶剂从水溶液中萃取有机化合物时，以一次萃取好呢还是多次萃取好呢？这可以利用分配定律来说明。设在 V mL 的水中溶解 W_0 g 的物质，每次用 S mL 与水不互溶的有机溶剂重复萃取。假如 W_1 g 为萃取一次后剩留在水溶液中的物质量，则在水中的浓度和在有机相中的浓度就分别为 W_1/V 和 $(W_0-W_1)/S$，两者之比等于 K，亦即：

$$\frac{W_1/V}{(W_0-W_1)/S}=K \text{ 或 } W_1=\frac{KV}{KV+S}\cdot W_0$$

令 W_2g 为萃取两次后在水中的剩留量，则有：

$$\frac{W_2/V}{(W_1-W_2)/S}=K \text{ 或 } W_2=W_1\frac{KV}{KV+S}=W_0\left(\frac{KV}{KV+S}\right)^2$$

显然，在萃取几次后的剩留量 W_n 应为

$$W_n=W_0\left(\frac{KV}{KV+S}\right)^n$$

当用一定量的溶剂萃取时，总是希望在水中的剩余量越少越好。因为上式中 $\frac{KV}{KV+S}$ 恒小于 1，所以 n 越大，W_n 就越小。也就是说，把溶剂分成几份作多次萃取比用全部量的溶剂作一次萃取为好。但必须注意，上面的式子只适用于几乎和水不互溶的溶剂，例如苯、四氯化碳或氯仿等。对于与水有少量互溶的溶剂，如乙醚等，上面的式子只是近似的，但也可以定性地指出预期的结果。

例如，在 100mL 水中含有 4g 正丁酸的溶液，在 15℃时用 100mL 苯来萃取。设已知在 15℃时正丁酸在水和苯中的分配系数 $K=\frac{1}{3}$，用苯 100mL 一次萃取后在水中的剩余量为：

$$W_1=4\times\frac{\frac{1}{3}\times 100}{\frac{1}{3}\times 100+100}=1.0(\text{g})$$

如果用 100mL 苯以每次 33.3mL 萃取三次后，则剩余量为：

$$W_3=4\left[\frac{\frac{1}{3}\times 100}{\frac{1}{3}\times 100+33.3}\right]^2=0.5(\text{g})$$

从上面的计算可以知道 100mL 苯一次萃取可以提出 3.0g(75%)的正丁酸，而分三次萃取时则可提出 3.5g(87.5%)正丁酸。所以，用同样体积的溶剂，分多次萃取比一次萃取的效率高，但是当溶剂的总量保持不变时，萃取次数 n 增

加，S 就要减小。例如，当 $n>5$ 时，n 和 S 这两个因素的影响就几乎相互抵消了，再增加 n，W_n/W_{n+1} 的变化很小。通过运算也可以证明这一结论。

上面的讨论也适合于由溶液中萃取出（或洗涤去）溶解的杂质。

2.13.2 实验操作

一、溶液中物质的萃取

在实验中用得最多的是水溶液中物质的萃取。最常使用的萃取器皿为分液漏斗。操作时应选择容积较液体体积大一倍以上的分液漏斗，把活塞擦干，在离活塞孔稍远处薄薄地涂上一层润滑脂（注意切勿涂得太多或使润滑脂进入活塞孔中，以免玷污萃取液），塞好后再把活塞旋转几圈，使润滑脂均匀分布，看上去透明即可。一般在使用前应于漏斗中放入水摇荡，检查塞子与活塞是否渗漏，确认不漏水时方可使用。然后将漏斗放在固定在铁架上的铁圈中，关好活塞，将要萃取的水溶液和萃取剂（一般为溶液体积的1/3）依次自上口倒入漏斗中，塞紧塞子（注意塞子不能涂润滑脂）。取下分液漏斗，用右手手掌顶住漏斗顶塞并握住漏斗，左手握住漏斗活塞处，大拇指压紧活塞，把漏斗放平前后摇振（图 2-51(a)）。在开始时，摇振要慢。摇振几次后，将漏斗的上口向下倾斜，下部支管指向斜上方（朝向无人处），左手仍握在活塞支管处，用大拇指和食指旋开活塞，从指向斜上方的支管口释放出漏斗内的压力，也称“放气”（图 2-51(b)）。以乙醚萃取水溶液中的物质为例，在振摇后乙醚可产生 40～66.7kPa 的蒸气压，加上原来空气和水蒸气压，漏斗中的压力就大大超过了大气压。如果不及时放气，塞子就可能被顶开而出现喷液。待漏斗中过量的气体逸出后，将活塞关闭再行振摇。如此重复至放气时只有很小压力后，再剧烈振摇 2～3min，然后再将漏斗放回铁圈中静置，待两层液体完全分开后，打开上面的玻塞，再将活塞缓缓旋开，下层液体自活塞放出。分液时一定要尽可能分离干净，有时在两相间可能出现一些絮状物也应同时放去。然后将上层液体从分液漏斗的上口倒出，切不可也从活塞处放出，以免被残留在漏斗颈上的第一种液体所玷污。将水溶液倒回分液漏斗中，再用新的萃取剂萃取。为了弄清哪一层是水溶液，可任取其中一层的少量液体，置于试管中，并滴加少量自来水，若分为两层，说明该液体为有机相。若加水后不分层，则是水溶

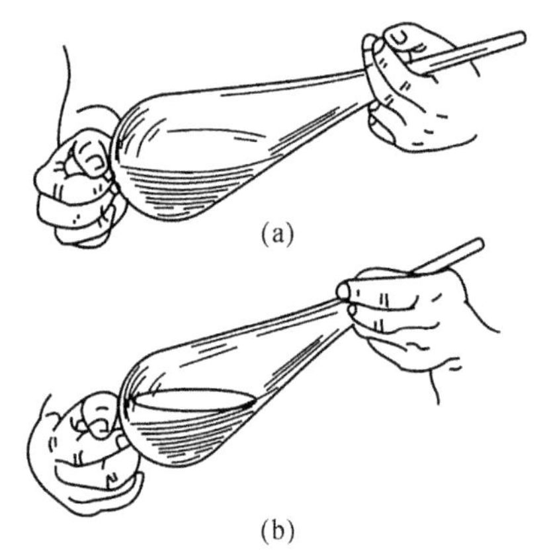

图 2-51 分液漏斗的振摇

液。萃取次数取决于分配系数，一般为 3～5 次。将所有的萃取液合并，加入过量的干燥剂干燥。然后蒸去溶剂，萃取所得的有机物视其性质可利用蒸馏、重结晶等方法纯化。

在萃取时，可利用“盐析效应”，即在水溶液中先加入一定量的电解质（如氯化钠），以降低有机物在水中的溶解度，提高萃取效果。

上述操作中的萃取剂是有机溶剂，它是根据“分配定律”使有机化合物从水溶液中被萃取出来。另外一类萃取原理是利用它能与被萃取物质起化学反应。这种萃取通常用于从化合物中移去少量杂质或分离混合物，操作方法与上面所述相同。常用的这类萃取剂如 5%氢氧化钠水溶液，5%或 10%的碳酸钠、碳酸氢钠溶液，稀盐酸、稀硫酸及浓硫酸等。碱性的萃取剂可以从有机相中移出有机酸，或从溶于有机溶剂的有机化合物中除去酸性杂质（使酸性杂质形成钠盐溶于水中）。稀盐酸及稀硫酸可从混合物中萃取出有机碱性物质或用于除去碱性杂质。浓硫酸可应用于从饱和烃中除去不饱和烃，从卤代烷中除去醇及醚等。

在萃取时，特别是当溶液呈碱性时，常常会产生乳化现象。有时由于存在少量轻质的沉淀、溶剂互溶、两液相的相对密度相差较小等原因，也可能使两液相不能很清晰地分开，这样很难将它们完全分离。用来破坏乳化的方法有：

（1）较长时间静置。

（2）若因两种溶剂（水与有机溶剂）能部分互溶而发生乳化，可以加入少量电解质（如氯化钠），利用盐析作用加以破坏；在两相相对密度相差很小时，也可以加入食盐，以增加水相的相对密度。

（3）若因溶液碱性而产生乳化，常可加入少量稀硫酸或采用过滤等方法除去。

此外，根据不同情况，还可以加入其他能破坏乳化的物质如乙醇、磺化蓖麻油等。

萃取溶剂的选择要根据被萃取物质在此溶剂中的溶解度而定，同时要易于和溶质分离开，所以最好用低沸点的溶剂。一般水溶性较小的物质可用石油醚萃取；水溶性较大的可用苯或乙醚萃取；水溶性极大的可用乙酸乙酯萃取等。第一次萃取时，使用溶剂的量常要较以后几次多一些，这主要是为了补足由于它稍溶于水而引起的损失。

当有机化合物在原溶剂中比在萃取剂中更易溶解时，就必须使用大量溶剂并多次萃取。为了减少萃取溶剂的量，最好采用连续萃取，其装置有两种：一种适用于自较重的溶液中用较轻溶剂进行萃取（如用乙醚萃取水溶液）；另一种适用于自较轻的溶液中用较重溶剂进行萃取（如用氯仿萃取水溶液）。它们的过程可以明显地从图 2-52(a)、(b)中看出，其中图 2-52(c)是兼具(a)、(b)功能的装置。

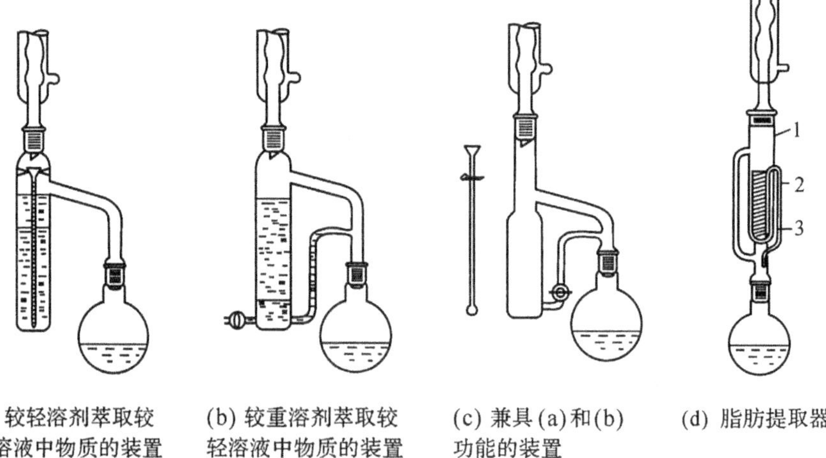

(a) 较轻溶剂萃取较重溶液中物质的装置　(b) 较重溶剂萃取较轻溶液中物质的装置　(c) 兼具(a)和(b)功能的装置　(d) 脂肪提取器

图 2-52　连续萃取装置

二、固体物质的萃取

固体物质的萃取，通常是用长期浸出法或采用脂肪提取器(索氏提取器)。前者是靠溶剂长期的浸润溶解而将固体物质中的需要物质浸出来。这种方法虽不需要任何特殊器皿，但效率不高，而且溶剂的需要量较大。

脂肪提取器(图 2-52(d))是利用溶剂回流及虹吸原理，使固体物质连续不断地为纯的溶剂所萃取，因而效率较高。萃取前应先将固体物质研细，以增加溶剂浸润的面积，然后将固体物质放在滤纸套 1 内，置于提取器 2 中。提取器的下端通过木塞(或磨口)和盛有溶剂的烧瓶连接，上端接冷凝管。当溶剂沸腾时，蒸气通过玻璃管 3 上升，被冷凝管冷凝成为液体，滴入提取器中，当溶剂液面超过虹吸管 4 的最高处时，即虹吸流回烧瓶，因而萃取出溶于溶剂的部分物质。就这样利用溶剂回流和虹吸作用，使固体的可溶物质富集到烧瓶中。然后用其他方法将萃取到的物质从溶液中分离出来。

2.14　色谱分离法

色谱法是分离、纯化和鉴定有机化合物的重要方法之一，具有极其广泛的用途。

早期用此法来分离有色物质时，往往得到颜色不同的色层。色层(谱)一词由此得名。但现在被分离的物质不管有色与否，都能适用。因此，色谱一词早已超出原来含义了。

色谱法的基本原理是利用混合物中各组分在某一物质中的吸附或溶解性能

(即分配)的不同,或其他亲和作用性能的差异,使混合物的溶液流经该种物质,进行反复的吸附或分配等作用,从而将各组分分开。流动的混合物溶液称为流动相,固定的物质称为固定相(可以是固体或液体)。根据组分在固定相中的作用原理不同,可分为吸附色谱、分配色谱、离子交换色谱、排阻色谱等;根据操作条件的不同,又可分为柱色谱、纸色谱、薄层色谱、气相色谱及高效液相色谱等类型。现分别介绍如下:

2.14.1　薄层色谱

薄层色谱(Thin Layer Chromatography)常用 TLC 表示,是近年来发展起来的一种微量、快速而简单的色谱法。它兼备了柱色谱和纸色谱的优点,一方面,适用于少量样品(几微克到几十微克,甚至 0.01μg)的分离;另一方面,若在制作薄层板时,把吸附层加厚,将样品点成一条线,则可分离多达 500mg 的样品,因此,又可用来精制样品。此法特别适用于挥发性较小或在较高温度易发生变化而不能用气相色谱分析的物质。

薄层色谱常用的有吸附色谱和分配色谱两类。一般能用硅胶或氧化铝薄层色谱分开的物质,也能用硅胶或氧化铝柱色谱分开;凡能用硅藻土和纤维素作支持剂的分配柱色谱能分开的物质,也可分别用硅藻土和纤维素薄层色谱展开,因此薄层色谱常用作柱色谱的先导。

薄层色谱是在洗涤干净的玻璃板(10cm×3cm)上均匀地涂一层吸附剂或支持剂,待干燥、活化后将样品溶液用管口平整的毛细管滴加于离薄层板一端约 1cm 处的起点线上,晾干或吹干后置薄层板于盛有展开剂的展开槽内,浸入深度为 0.5cm。待展开剂前沿离顶端约 1cm 附近时,将色谱板取出。干燥后喷以显色剂,或在紫外灯下显色。

记录原点至主斑点中心及展开剂前沿的距离,计算比移值(R_f):

$$R_f=\frac{\text{溶质的最高浓度中心至原点中心的距离}}{\text{溶剂前沿至原点中心的距离}}$$

一、薄层色谱用的吸附剂和支持剂

薄层色谱用的吸附剂最常用的是氧化铝和硅胶,分配色谱的支持剂为硅藻土和纤维素。

硅胶是无定形多孔性物质,略具酸性,适用于酸性物质的分离和分析。薄层色谱用的硅胶分为“硅胶 H”——不含粘合剂;“硅胶 G”——含煅石膏粘合剂;“硅胶 HF_{254}”——含荧光物质,可于波长为 254nm 紫外光下观察荧光,“硅胶 GF_{254}”——既含煅石膏粘合剂又含荧光剂等类型。

与硅胶相似,氧化铝也因含粘合剂或荧光剂而分为氧化铝 G、氧化铝 GF_{254}

及氧化铝 HF_{254}。

粘合剂除上述的煅石膏（$2CaSO_4 \cdot H_2O$）外，还可用淀粉、羟甲基纤维素钠。通常将薄层板按加粘合剂和不加粘合剂分为两种，加粘合剂的薄层板称为硬板，不加粘合剂的薄层板称为软板。

薄层色谱和柱色谱一样，化合物的吸附能力与它们的极性成正比，具有较大极性的化合物吸附较强，因而 R_f 值较小。因此，利用化合物极性的不同，用硅胶或氧化铝薄层色谱可将一些结构相近或顺、反异构体分开。

二、薄层板的制备

薄层板制备得好坏直接影响色谱的结果。薄层应尽量均匀而且厚度（0.25～1mm）要固定。否则，在展开时溶剂前沿不齐，色谱结果也不易重复。

薄层板分为干板和湿板。湿板的制法有以下两种：

（1）平铺法。用商品或自制的薄层涂布器（图 2-53）进行制板，它适合于科研工作中数量较大、要求较高的需要。如无涂布器，可将调好的吸附剂平铺在玻璃板上，也可得到厚度均匀的薄层板。

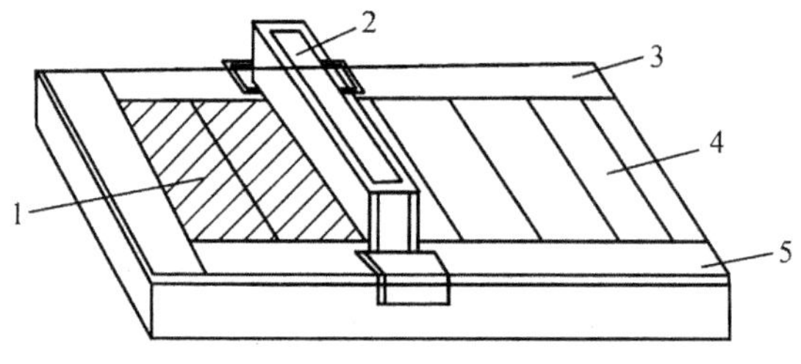

图 2-53　薄层涂布器

（2）浸渍法。把两块干净玻璃片背靠背贴紧，浸入调制好的吸附剂中，取出后分开、晾干。

适合于教学实验的是一种简易平铺法。取 3g 硅胶 G 与 6～7mL0.5%～1% 的羟甲基纤维素的水溶液在烧杯中调成糊状物，铺在清洁干燥的载玻片上，用手轻轻将玻璃板来回摇振，使表面均匀平滑，室温晾干后进行活化。3g 硅胶大约可铺 7.5cm×2.5cm 载玻片 5～6 块。

三、薄层板的活化

把涂好的薄层板置于室温晾干后，放在烘箱内加热活化，活化条件根据需要而定。硅胶板一般在烘箱中渐渐升温，维持 105～110℃活化 30min。氧化铝板在 200℃烘 4h 可得活性Ⅱ级的薄层，150～160℃烘 4h 可得活性Ⅲ—Ⅳ级的薄层。薄层板的活性与含水量有关，其活性随含水量的增加而下降。

氧化铝板活性的测定：将偶氮苯 30mg，对甲氧基偶氮苯、苏丹黄、苏丹红和对氨基偶氮苯各 20mg，溶于 50mL 无水四氯化碳中，取 0.02mL 此溶液滴加于氧化铝薄层板上，用无水四氯化碳展开，测定各染料的位置，算出比移值，根据表 2-6 中所列的各染料的比移值确定其活性。

表 2-6　氧化铝活性与各种偶氮染料比移值的关系

偶氮染料＼活性级	勃劳克曼活性级的 R_f 值			
	Ⅱ	Ⅲ	Ⅳ	Ⅴ
偶氮苯	0.59	0.74	0.85	0.95
对甲氧基偶氮苯	0.16	0.49	0.69	0.89
苏丹黄	0.01	0.25	0.57	0.78
苏丹红	0.00	0.10	0.33	0.56
对氨基偶氮苯	0.00	0.03	0.08	0.19

硅胶板活性的测定：取对二甲氨基偶氮苯、靛酚蓝和苏丹红三种染料各 10mg，溶于 1mL 氯仿中，将此混合液点于薄层上，用正己烷－乙酸乙酯（体积比 9∶1）展开。若能将三种染料分开，并且按比移值对二甲氨基偶氮苯＞靛酚蓝＞苏丹红，则与Ⅱ级氧化铝的活性相当。

四、点样

通常将样品溶于低沸点溶剂（丙酮、甲醇、乙醇、氯仿、苯、乙醚和四氯化碳）配成 1%溶液，用内径小于 1mm 管口平整的毛细管点样。点样前，先用铅笔在薄层板上距一端 1cm 处轻轻划一横线作为起始线，然后用毛细管吸取样品，在起始线上小心点样，斑点直径一般不超过 2mm；因溶液太稀，一次点样往往不够，如需重复点样，则应待前次点样的溶剂挥发后方可重点，以防样点过大，造成拖尾、扩散等现象，影响分离效果。点样要轻，不可刺破薄层。

在薄层色谱中，样品的用量对物质的分离效果有很大影响，所需样品的量与显色剂的灵敏度、吸附剂的种类、薄层厚度均有关系。样品太少时，斑点不清楚，难以观察；但是样品量太多时往往出现斑点大或拖尾现象，以致不容易分开。

五、展开

薄层色谱展开剂的选择和柱色谱一样，主要根据样品的极性、溶解度和吸附剂的活性等因素来考虑。凡溶剂的极性越大，则对一化合物的洗脱力也越大，也就是说值也越大（如果样品在溶剂中有一定溶解度）。薄层色谱用的展开剂绝大多数是有机溶剂，薄层色谱的展开，需要在密闭容器中进行。为使溶剂蒸气迅速达到平衡，可在展开槽内衬一滤纸。常用的展开槽有：长方形盒式和广口瓶式（图 2-54(a)和(b)），展开方式有下列几种：

(1)上升法。适用于含粘合剂的色谱板,将色谱板垂直于盛有展开剂的容器中。

(2)倾斜上行法。色谱板倾斜 15°角(图 2-54(a)),适用于无粘合剂的软板。含有粘合剂色谱板可以倾斜 45°～60°角。

(3)下降法(图 2-55)。展开剂放在圆底烧瓶中,用滤纸或纱布等将展开剂吸到薄层板的上端,使展开剂沿板下行,这种连续展开的方法适用于 R_f 值小的化合物。

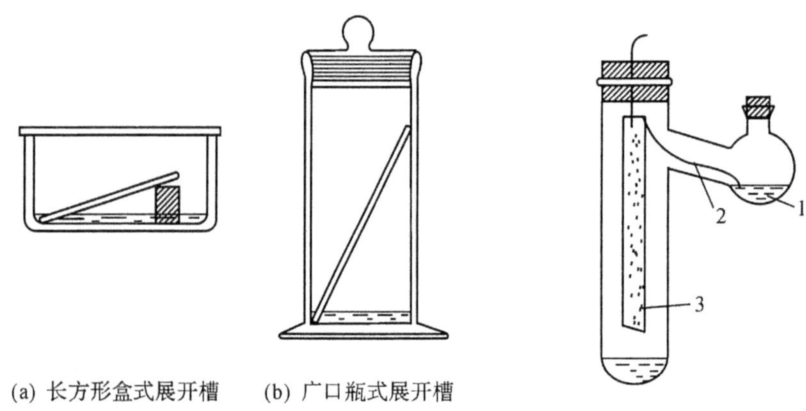

(a) 长方形盒式展开槽 (b) 广口瓶式展开槽

图 2-54 倾斜上行法展开

图 2-55 下降法展开

(4)双向色谱。使用方形玻璃板铺制薄层,样品点在角上,先向一个方向展开。然后转动 90°角的位置,再换另一种展开剂展开。这样,成分复杂的混合物可以得到较好的分离效果。

六、显色

凡可用于纸色谱的显色剂都可用于薄层色谱。薄层色谱还可使用腐蚀性的显色剂如浓硫酸、浓盐酸和浓磷酸等。对于含有荧光剂(硫化锌镉、硅酸锌、荧光黄)的薄层板在紫外下观察,展开后的有机化合物在亮的荧光背景上呈暗色斑点。另外,也可用卤素斑点试验法来使薄层色谱斑点显色,这种方法是将几粒碘置于密闭容器中,待容器充满碘的蒸气后,将展开后的色谱板放入,碘与展开后的有机化合物可逆地结合,在几秒钟到数分钟内化合物斑点的位置呈黄棕色,但是当色谱板上仍含有溶剂时,由于碘蒸气亦能与溶剂结合,致使色谱板显淡棕色而展开后的有机化合物则呈现较暗的斑点。色谱板自容器内取出后,呈现的斑点一般在 2～3s 消失,因此,必须立即用铅笔标出化合物的位置。

2.14.2　柱色谱

柱色谱和薄层色谱均属于吸附色谱。柱色谱法是把溶液或液体混合物流经装有吸附剂的长管，由于吸附剂表面对液体中各组分吸附能力不同，而按一定顺序吸附，从而将各组分分开。柱色谱法的装置如图 2-56 所示，玻璃管内装有经活化的吸附剂，如氧化铝或硅胶。液体试样从柱顶加入，流经吸附柱时，即被吸附在柱的上端，然后从柱顶加入洗脱溶剂，由于各组分吸附能力不同，以不同速度下移，形成若干色带。再用溶剂洗脱，吸附能力最弱的组分随溶剂首先流出，分别收集各组分，再逐个鉴定。若组分是有色物质，则在柱上可以直接看到色带；若是无色物质，可用紫外光照射，有些物质呈现荧光，可做检查。

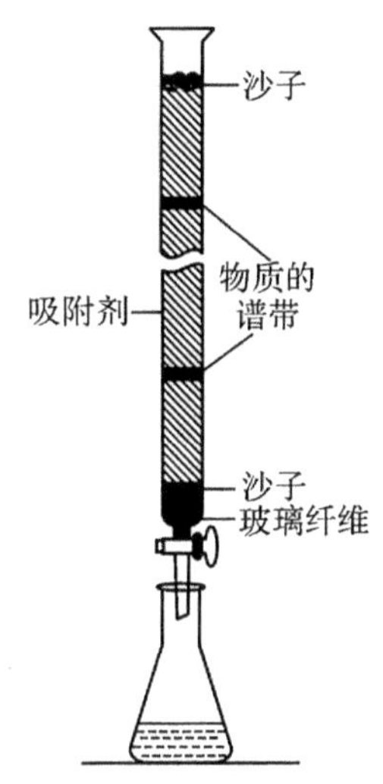

图 2-56　柱色谱法装置图

(1) 吸附剂：常用的吸附剂有氧化铝、硅胶、氧化镁、碳酸钙和活性炭等。选择吸附剂的首要条件是与被吸附物无化学反应。

化合物的吸附能力与分子极性有关，分子极性越强，吸附能力越大，分子中所含极性较大的基团，其吸附能力也较强，具有下列极性基团的化合物，其吸附能力按下列排列次序递增：

$$-CH_3 < C=C < Cl^-, Br^-, I^- < -OCH_3 < -CO_2R < C=O < -CHO <$$
$$-SH < NH_2 < -OH < -CO_2H$$

(2)溶剂：吸附剂的能力与吸附溶剂的性质有关，选择溶剂时还应考虑到被分离物各组分的极性和溶解度。非极性化合物用非极性溶剂。先将分离试样溶于非极性溶剂中，从柱顶流入柱中，然后用稍有极性的溶剂使谱带显色，再用极性更大的溶剂洗脱被吸附的物质。为了提高溶剂的洗脱能力，也可用混合溶剂洗提。溶剂的洗脱能力按下列次序递增：

己烷、四氯化碳、甲苯、苯、二氯甲烷、氯仿、已醚、乙酸乙酯、
丙酮、丙醇、乙醇、甲醇、吡啶、水

经洗脱出的溶液，可利用后述的纸色谱法、薄层色谱法或气相色谱法进一步鉴定各部分的成分。

色谱柱大小的选择，要视处理量而定，柱的长度与直径之比，一般为 7.5 : 1。先将玻璃管洗净干燥，柱底铺一层玻璃纤维或脱脂棉，再铺一层约 5mm 厚的沙子，然后将氧化铝装入管内，必须装填均匀，严格排除空气，吸附剂间不能有

缝隙。

装填方法有湿法和干法两种：湿法是先将溶剂装入管内，再将氧化铝和溶剂调成浆状，慢慢倒入管中，将管子下端旋塞打开，使溶剂流出，吸附剂渐渐下沉，加完氧化铝后，继续让溶剂流出，至氧化铝沉淀高度不变为止。干法是在管的上端放一漏斗，将氧化铝均匀装入管内轻敲管壁，使之填装均匀。然后加入溶剂，至氧化铝全部润湿，氧化铝的高度为管长的3/4。氧化铝顶部盖有一层约5mm厚的沙子。敲打柱子，使氧化铝顶端和沙子上层保持水平。先用纯溶剂洗柱，再将要分离的物质加入，溶液流经柱后，流速保持每秒1～2滴，可由柱下的旋塞控制。最后，用溶剂洗脱，整个过程都应使溶剂覆盖吸附剂。

2.15 物质的熔点

通常当结晶物质加热到一定的温度时，即从固态转变为液态，此时的温度可视为该物质的熔点。然而熔点的严格定义，应为固液两态在大气压力下成平衡时的温度。纯粹的固体有机化合物一般都有固定的熔点，即在一定压力下，固液两态之间的变化是非常敏锐的，自初熔至全熔（熔点范围称为熔程），温度不超过0.5～1℃。如该物质含有杂质，则其熔点往往较纯粹者为低，且熔程也较长。这对于鉴定纯粹的固体有机化合物来讲具有很大价值，同时根据熔程长短又可定性地看出该化合物的纯度。

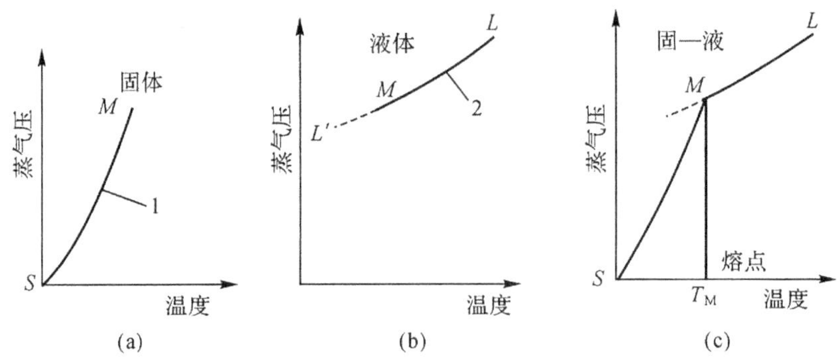

图2-57 物质的温度与蒸气压曲线图

如果在一定温度和压力下，将某物质的固液两相置于同一容器中，这时可能发生三种情况：固相迅速转化为液相（固体熔化），液相迅速转化为固相（液体固化），固相液相同时并存。为了决定在某一温度时哪一种情况占优势，我们可以从物质的蒸气压与温度的曲线图来理解。图2-57(a)表示固体的蒸气压随温度升高而增大的曲线。图2-57(b)表示该液态物质的蒸气压—温度曲线。如将曲线1

和曲线2加合，即得到图2-57(c)的曲线。由于固相的蒸气压随温度变化的速率较相应的液相大，最后两曲线就相交，在交叉点M处(只能在此温度时)固液两相可同时并存，此时的温度T_M即为该物质的熔点。当温度高于T_M时，这时固相的蒸气压已较液相的蒸气压大，因而就可使所有的固相全部转变为液相；若低于T_M时，则由液相转变为固相。只有当温度为T_M时，固液两相的蒸气压才是一致的，此时固液两相方可同时并存，这就是纯粹晶体物质所以有固定和敏锐熔点的道理。一旦温度超过T_M，甚至只有几分之一度时，如有足够的时间，固体就可全部转变为液体。所以要精确测定熔点，在接近熔点时加热速度一定要慢，温度的升高每分钟不能超过1～2℃。只有这样，才能使整个熔化过程尽可能接近于两相平衡的条件。

当有杂质存在时(假定两者不成固溶体)，根据拉乌耳(Raoult)定律可知，在一定的压力和温度下，在溶剂中增加溶质的物质的量，导致溶剂蒸气分压降低(图2-58中M_1L_1)，因此该化合物的熔点必较纯粹者为低。举例来说，纯粹的α-萘酚中，加入少量萘时将导致液相中α-萘酚的蒸气压下降，α-萘酚固液两相的平衡点被破坏，固相迅速地转变为液相。只有温度下降才能使固液两相重新达到平衡。从图2-58中可以看出，固体α-萘酚的蒸气压和萘—α-萘酚溶液中α-萘酚的

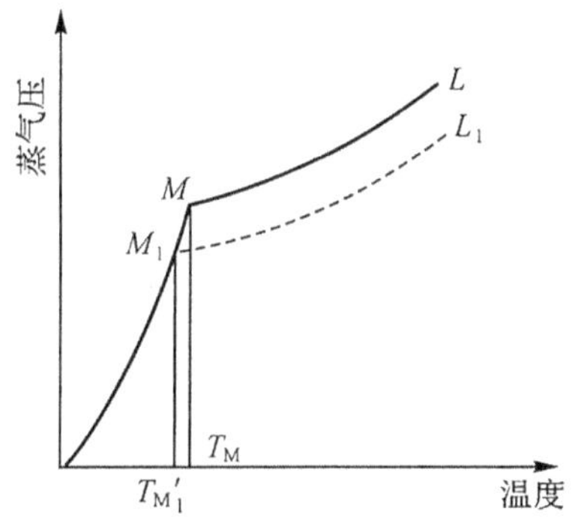

图2-58 α-萘酚混有少量萘时的蒸气压降低图

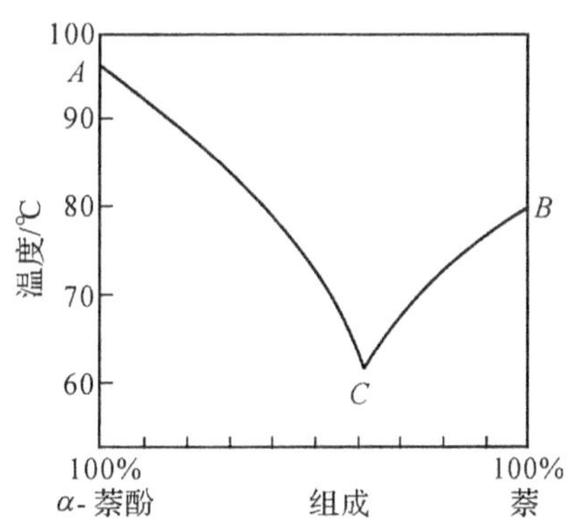

图2-59 α-萘酚与萘的摩尔组成与熔点的关系图

蒸气压依它们各自的曲线下降，在M_1处相交，此时液相中α-萘酚的蒸气压才能与其纯粹固相的蒸气压一致。一旦温度超过T_M(全熔点)时，即全部转变为液相，因此它较纯粹的α-萘酚的熔点为低。若将α-萘酚与萘以不同比例混合，测其熔点，可得一曲线(见图2-59，曲线上的点为全熔点)。曲线AC表示在α-萘酚中逐渐加入萘，直至萘的摩尔分数为0.605时α-萘酚熔点的降低情况。曲线BC表示在萘中逐渐加入α-萘酚，直至α-萘酚的摩尔分数为0.395时萘熔点的降低情况。在曲线中的交叉点C为最低共熔点，这时的混合物能像纯粹物质一样在一

定的温度时熔化。但要注意它不是一种化合物，因为在固体析出时可以从显微镜下观察到两个组分不同的晶体，所以它是一种均匀的机械混合物，称最低共熔混合物。

2.16 物质的沸点

2.16.1 原理

液体化合物的沸点，是它的重要物理常数之一。在使用、分离和纯化过程中，具有很重要的意义。

一个化合物的沸点，就是当它受热时其蒸气压升高，当达到与外界大气压相等时，液体开始沸腾，这时液体的温度就是该化合物的沸点。根据液体的蒸气压—温度曲线(图 2-60)可知，一个物质的沸点与该物质所受的外界压力(大气压)有关。外界压力增大，液体沸腾时的蒸气压加大，沸点升高；相反，若减小外界的压力，则沸腾时的蒸气压也下降，沸点就低。

作为一条经验规律，在 0.1MPa(760mmHg)附近时，多数液体当压力下降 1.33%kPa(10mmHg)，沸点约下降 0.5℃。在较低压力时，压力每降低一半，沸点约下降 10℃。

由于物质的沸点随外界大气压的改变而变化，因此，讨论或报道一个化合物的沸点时，一定要注明测定沸点时外界的大气压，以便与文献值相比较。

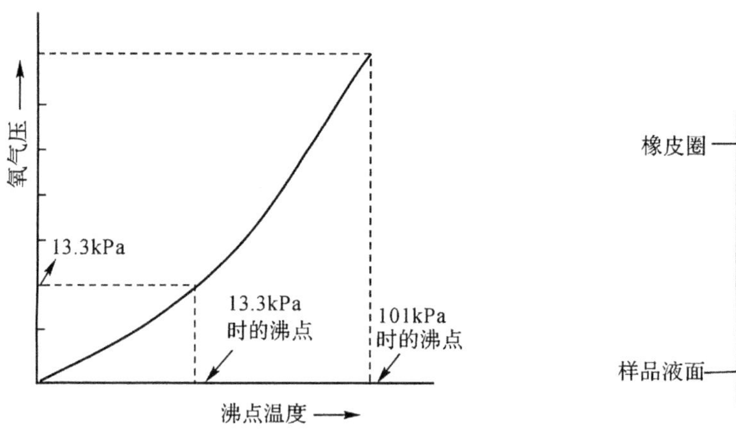

图 2-60 液体的蒸气压与温度曲线

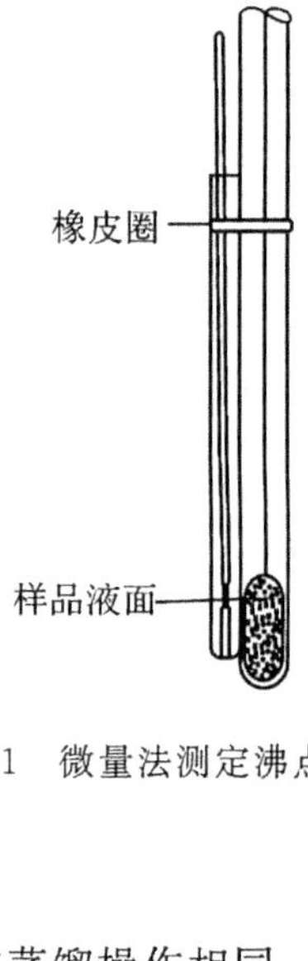

图 2-61 微量法测定沸点装置

2.16.2 微量测定沸点的方法

沸点测定分常量法与微量法两种。常量法的装置与蒸馏操作相同。液体不纯时沸程很长(常超过 3℃),在这种情况下无法测定液体的沸点,应先把液体用其他方法提纯后,再进行测定沸点。

微量法测定沸点可用如图 2-61 所示的装置。置 1～2 滴液体样品于沸点管的外管中,液柱高约 1cm。再放入内管,然后将沸点管用小橡皮圈附于温度计旁,放入浴中进行加热。加热时,由于气体膨胀,内管中会有小气泡缓缓逸出,在到达该液体的沸点时,将有一连串的小气泡快速逸出。此时可停止加热,使浴温自行下降,气泡逸出的速度即渐渐减慢。在气泡不再冒出而液体刚要进入内管的瞬间(即最后一个气泡刚欲缩回至内管中时),表示毛细管内的蒸气压与外界压力相等,此时的温度即为该液体的沸点。为校正起见,待温度降下几度后再非常缓慢地加热,记下刚出现大量气泡时的温度,两次温度计读数相差应该不超过 1℃。

2.17　折光仪及折光率的测定

2.17.1　原理

一般地说,光在两个不同介质中的传播速度是不相同的。所以光线从一个介质进入另一个介质,当它的传播方向与两个介质的界面不垂直时,则在界面处的传播方向会发生改变,这种现象称为光的折射现象。根据折射定律,波长一定的单色光线,在确定的外界条件(如温度、压力等)下,从一个介质 A 进入另一介质 B 时,入射角 α 与折射角 β(图 2-62)的正弦之比和这两个介质的折光率 N(介质 A 的)与 n(介质 B 的)成反比,即:

$$\frac{\sin\alpha}{\sin\beta}=\frac{n}{N}$$

若介质 A 是真空,则定其 $N=1$,于是

$$n=\frac{\sin\alpha}{\sin\beta}$$

所以一个介质的折光率,就是光线从真空进入这个介质时的入射角和折射角的正弦之比。这种折光率称为该介质的绝对折光率,通常测定的折光率,都是以空气作为比较的标准。

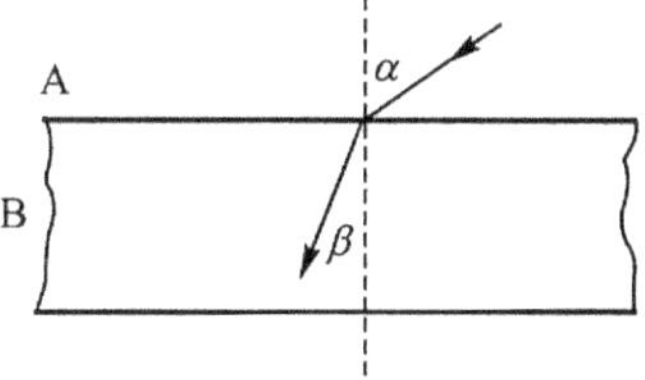

图 2-62　光通过界面时的折射

折光率是有机化合物最重要的物理常数之一,它能精确而方便地测定出来。作为液体物质纯度的标准,它比沸点更为可靠。利用折光率,可鉴定未知化合物。如果一个化合物是纯的,那么就可以根据所测得的折光率排除考虑中的其他化合物,而识别出这个未知物来。

折光率也用于确定液体混合物的组成。在蒸馏两种或两种以上的液体混合

物且当各组分的沸点彼此接近时，那么就可利用折光率来确定馏分的组成。因为当组分的结构相似和极性小时，混合物的折光率和物质的量组成之间常呈线性关系。例如，由 1mol 四氯化碳和 1mol 甲苯组成的混合物，n_D^{20} 为 1.4822，而纯甲苯和纯四氯化碳在同一温度下 n_D^{20} 分别为 1.4994 和 1.4651。所以，要分馏此混合物时，就可利用这一线性关系求得馏分的组成。

物质的折光率不但与它的结构和光线波长有关，而且也受温度、压力等因素的影响。所以折光率的表示须注明所用的光线和测定时的温度，常用 n_D^t 表示。D 是以钠灯的 D 线(5893Å)作光源，t 是测定折光率时的温度。例如 n_D^{20} 表示 20℃时，该介质对钠灯的 D 线的折光率。由于通常大气压的变化，对折光率的影响不显著，所以只在很精密的工作中，才考虑压力的影响。

一般地说，当温度增高 1℃时，液体有机化合物的折光率就减小 $3.5\times10^{-4}\sim5.5\times10^{-4}$。某些液体，特别是测求折光率的温度与其沸点相近时，其温度系数可达 7×10^{-4}。在实际工作中，往往把某一温度下测定的折光率换算成另一温度下的折光率。为了便于计算，一般采用 4×10^{-4} 为温度变化常数。这个粗略计算，所得的数值可能略有误差。但却有参考价值。

2.17.2 阿贝折光仪及操作方法

测定液体折光率的仪器构成原理见图 2-63。当光由介质 A 进入介质 B，如果介质 A 对于介质 B 是疏物质，即 $n_A<n_B$ 时，则折射角 β 必小于入射角 α，当入射角 α 为 90℃时，$\sin\alpha=1$，这时折射角达到最大值，称为临界角，用 β_0 表示。很明显，在一定波长与一定条件下，β_0 也是一个常数，它与折光率的关系是：

$$n=1/\sin\beta_0$$

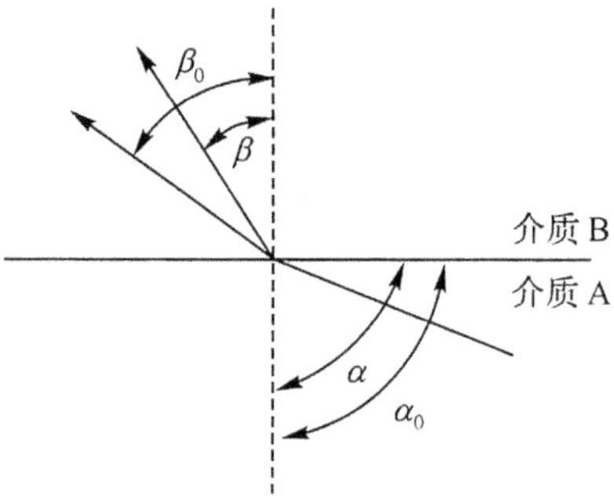

图 2-63 光的折射现象

可见通过测定临界角 β_0，就可以得到折光率，这就是通常所用阿贝(Abbe)折光仪的基本光学原理。

阿贝折光仪的结构见图 2-64。

为了测定 β_0 值，阿贝折光仪采用了“半明半暗”的方法，就是让单色光由 0°～90°的所有角度从介质 A 射入介质 B，这时介质 B 中临界角以内的整个区域均有光线通过，因而是明亮的；而临界角以外的全部区域没有光线通过，因而是暗的，明暗两区域的界线十分清楚。如果在介质 B 的上方用一目镜观测，就可看见一个界线十分清晰的半明半暗的像。

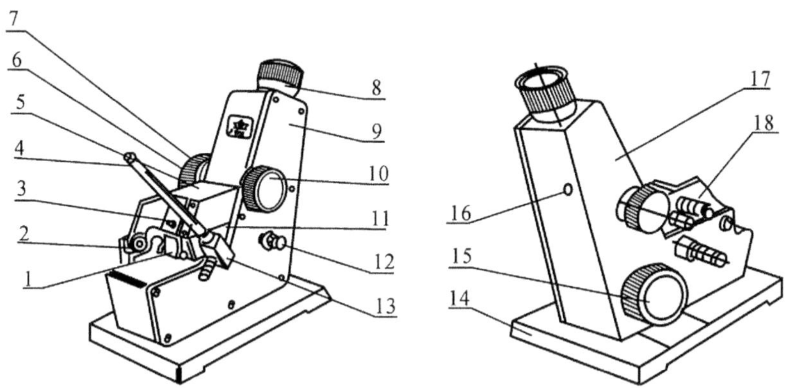

1—反射镜；2—转轴；3—遮光板；4—温度计；5—进光棱镜座；6—色散调节手轮；7—色散值刻度圈；8—目镜；9—盖板；10—棱镜锁紧手轮；11—折射棱镜座；12—照明刻度盘聚光镜；13—温度计座；14—折身仪底座；15—调节手轮；16—读数微调螺钉孔；17—壳体；18—进出水接头

图 2-64　ZWA-J 阿贝折光仪结构图

介质不同，临界角也就不同，目镜中明暗两区的界线位置也不一样。如果在目镜中刻上一“十”字交叉线，改变介质 B 与目镜的相对位置，使每次明暗两区的界线总是与“十”字交叉线的交点重合，通过测定其相对位置（角度），并经换算，便可得到折光率。而阿贝折光仪的标尺上所刻的读数即是换算后的折光率，故可直接读出。同时，阿贝折光仪有消色散装置，故可直接使用日光，经补偿调节后其测得的数字与钠光所测得的一样。这些都是阿贝折光仪的优点所在。

阿贝折光仪的使用方法：先使折光仪与恒温槽相连接，恒温后，分开直角棱镜，用擦镜纸沾少量乙醇或丙酮轻轻擦洗上下镜面。待乙醇或丙酮挥发后，加一滴蒸馏水于下面镜面上，关闭棱镜，调节反光镜使镜内视场明亮，转动棱镜直到镜内观察到有界线或出现彩色光带；若出现彩色光带，则调节色散，使明暗界线清晰，再转动直角棱镜使界线恰巧通过“十”字的交点。记录读数与温度，重复两次测得纯水的平均折光率与纯水的标准值（n_D^{20}：1.33299）比较，可求得折光仪的校正值，然后以同样方法测求待测液体样品的折光率。校正值一般很小，若数值太大时，整个仪器必须重新校正。

使用折光仪应注意下列几点：

（1）阿贝折光仪的量程从 1.3000 至 1.7000，精密度为±0.0001；测量时应注意保温套温度是否正确。如欲测准至±0.0001，则温度应控制在±0.1℃的范围内。

（2）仪器在使用或贮藏时，均不应曝于日光中，不用时应用黑布罩住。

（3）折光仪的棱镜必须注意保护，不能在镜面上造成刻痕。滴加液体时，滴管的末端切不可触及棱镜。

(4)在每次滴加样品前应洗净镜面；在使用完毕后，也应用丙酮或95%乙醇洗净镜面，待晾干后再闭上棱镜。

(5)对棱镜玻璃、保温套金属及其间的胶合剂有腐蚀或溶解作用的液体，均应避免使用。

表 2-7 不同温度下纯水与乙醇的折光率

温度/℃	水的折光率 n_D^t	乙醇(99.8%)的折光率 n_D^t
14	1.33348	
16	1.33333	1.36210
18	1.33317	1.36129
20	1.33299	1.36048
22	1.33281	1.35967
24	1.33262	1.35885
26	1.33241	1.35803
28	1.33219	1.35721
30	1.33192	1.35639
32	1.33164	1.35557
34	1.33136	1.35474

最后还应当指出，阿贝折光仪不能在较高温度下使用；对于易挥发或易吸水样品测量动作要迅速，另外对样品的纯度要求也较高。

2.18 旋光度及旋光仪

旋光度是指光学活性物质使偏振光的振动平面旋转的角度。旋光度的测定对于研究具有光学活性的分子的构型及确定某些反应机理具有重要的作用。在给定的实验条件下，将测得的旋光度通过换算，即可得知光学活性物质特征的物理常数比旋光度，后者对鉴定旋光性化合物是不可缺少的，并且可计算出旋光性化合物的光学纯度。

2.18.1 原理

从有机化学有关立体化学的学习中我们已经得知，化合物可以分为两类：一类能使偏光振动平面旋转一定的角度，即有旋光性，称为旋光物质或光学活性物质。另一类则没有旋光性。旋光分子具有实物与其镜像不能重叠的特点，即"手征性"(chirality)，大多数生物碱和生物体内的大部分有机分子都是光活性的。

定量测定溶液或液体旋光程度的仪器称为旋光仪，其工作原理见图 2-65。

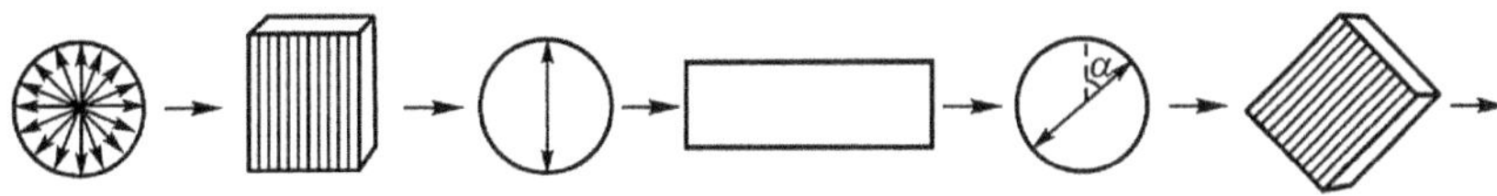

图 2-65　旋光仪工作原理

常用的旋光仪主要由光源、起偏镜、样品管和检偏镜几部分组成。光源为炽热的钠光灯。起偏镜是由两块光学透明的方解石黏合而成的，也称尼科尔棱镜，其作用是使自然光通过后产生所需要的平面偏振光。尼科尔棱镜的作用就像一个栅栏。普通光是在所有平面振动的电磁波，通过棱晶时只有和棱镜晶轴平行的平面振动的光才能通过。这种只在一个平面振动的光叫做平面偏振光，简称偏光。样品管装待测的旋光性液体或溶液，其长度有 1dm 和 2dm 等几种，对旋光度较小或溶液浓度较稀的样品，最好采用 2dm 长的样品管。当偏光通过盛有旋光性物质的样品管后，因物质的旋光性使偏光不能通过第二个棱晶（检偏镜），必须将检偏镜扭转一定角度后才能通过，因此要调节检偏镜进行配光。由装在检偏镜上的标尺盘上移动的角度，可指示出检偏镜转动角度，即为该物质在此浓度的旋光度。使偏振光平面向右旋转（顺时针方向）的旋光性物质叫做右旋体，向左旋转（反时针方向）的叫左旋体。

物质的旋光度与测定时所用溶液的浓度、样品管长度、温度、所用光源的波长及溶剂的性质等因素有关。因此，常用比旋光度[α]来表示物质的旋光性。当光源、温度和溶剂固定时，[α]等于单位长度、单位浓度物质的旋光度（α）。像沸点、熔点一样，比旋光度是一个只与分子结构有关的表征旋光性物质的特征常数。溶液的比旋光度与旋光度的关系为：

$$[\alpha]_\lambda^t=\frac{\alpha}{c\cdot l}$$

式中，$[\alpha]_\lambda^t$ 表示旋光性物质在 t℃，光源波长为 λ 时的比旋光度；

α 为标尺盘转动角度的读数，即旋光度；

l 为旋光管的长度，单位以分米(dm)表示；

c 为溶液浓度，以 1mL 溶液所含溶质的质量表示。

如测定的旋光性物质为纯液体，比旋光度可由下式求出：

$$[\alpha]_\lambda^t=\frac{\alpha}{d\cdot l}$$

式中，d 为纯液体的密度(g/mL)。

表示比旋光度时通常还需标明测定时所用的溶剂。

为了准确判断旋光度的大小，测定时通常在视野中分出三分视场（图2-66）。当检偏镜的偏振面与通过棱镜的光的偏振面平行时，我们通过目镜可观察到如

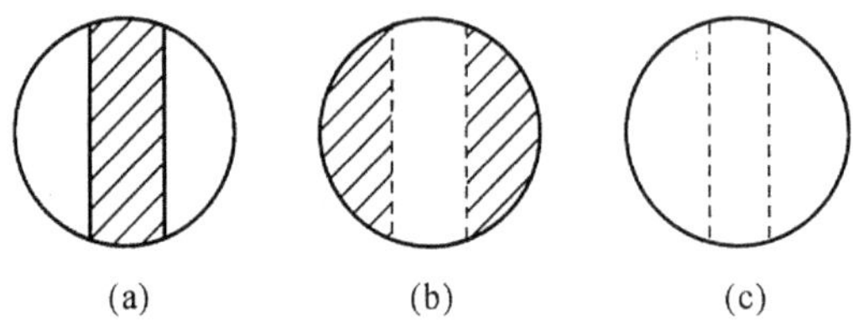

图 2-66 三分视场

图 2-66(b)所示的情形(当中明亮,两旁较暗);若检偏镜的偏振面与起偏镜偏振面平行时,可观察到如图 2-66(a)所示的情形(当中较暗,两旁明亮);只有当检偏镜的偏振面处于 1/2ϕ(半暗角)的角度时,视场内明暗相等(图 2-66(c)),这一位置作为零度,使标尺上 0℃对准刻度盘 0℃。

测定时,调节视场内明暗相等,以使观察结果准确。一般在测定时选取较小的半暗角,由于人的眼睛对弱照度的变化比较敏感,视野的照度随半暗角 ϕ 的减小而变弱,所以在测定中通常选几度到十几度的结果。

2.18.2 测定方法

(1)接通电源 5min 后,钠光灯发光正常,即可开始测定。

(2)校正仪器零点,即在旋光管充满蒸馏水或待测样品的溶剂时,观察零度视场是否一致,如不一致说明零点有误差,应在测量读数中减去或加上这一偏差值。

(3)测试使用仪器零点校正时同一长度的样品管,充满待测液,旋好螺丝盖帽使不漏水,螺帽不宜过紧,过紧使玻盖引起应力,影响读数。将旋光管拭净,放入旋光仪内。旋转粗调和微调旋钮,所得读数与零点之间的差值即为试样的旋光度。一般应测定几次,取其平均值为测定结果。

测定时要准确称量 0.1～0.5g 样品,选择适当溶剂在容量瓶中配制溶液;如因样品导致溶液不清亮时需用定性滤纸加以过滤。

(4)将测得的旋光度换算成比旋光度后,按下式求出样品的光学纯度(op)。光学纯度的定义是:旋光性产物的比旋光度除以光学纯试样在相同条件下的比旋光度。

$$op=\frac{[\alpha]_D^t\ \text{观测值}}{[\alpha]_D^t\ \text{理论值}}\times 100\%$$

第3章　化学基础训练实验

实验一　领洗化学实验仪器

实验目的

(1)熟悉化学实验室规则和要求。

(2)领取化学实验常用仪器，为化学实验做好仪器准备。

(3)学习并练习常用仪器的洗涤和干燥方法。

实验内容

(一)按照实验仪器单，领取玻璃仪器一套

领取仪器时应仔细清点，如发现不符合规格、数量以及有破损时应在洗涤前及时调换。

(二)配制 $K_2Cr_2O_7$-H_2SO_4 洗液 100mL

取 $K_2Cr_2O_7$5g 于 250mL 烧杯中，加水 10mL，加热使它溶解，冷却后，缓缓加入 90mL 浓 H_2SO_4，边加边搅拌，冷却后贮于磨口细瓶中。

(三)洗涤玻璃仪器

1. 仪器洗涤的目的

(1)保证玻璃仪器上没有杂质，避免干扰反应；

(2)保证测量体积的读数可靠。

2. 玻璃仪器洗涤的要求

清洁透明，水沿器壁自然流下后，均匀润湿，无水的条纹，且不挂水珠。

3. 洗涤玻璃仪器的方法

(1)刷洗。用自来水和长柄毛刷除去仪器上的尘土、不溶性物质和可溶性物质。

(2)用去污粉或洗衣粉、合成洗涤剂刷洗，除去油垢和有机物质，最后再用自来水清洗。若油垢和有机物质仍洗不干净，可用热的碱液洗。但滴定管、移液管等量器，不宜用强碱性的洗涤剂，以免玻璃被腐蚀而影响容积的准确性。

(3)用洗液洗。坩埚、称量瓶、洗瓶、容量瓶、移液管、滴定管等宜用合适的洗液洗涤，必要时可把洗液先加热，并浸泡一段时间。

为了不使玻璃器皿上的残渣污垢积聚，造成以后清洗困难，应该在每次实验结束后，立即清洗使用的仪器。

(4)用去离子水荡洗。刷洗或洗涤剂洗过后，再用水连续淋洗数次，最后再用去离子水或蒸馏水荡洗2～3次，以除去由自来水带入的钙、镁、钠、铁、氯等离子，洗涤方法一般是从洗瓶向仪器内壁挤入少量水，同时转动仪器或变换洗瓶水流方向，使水能充分淋洗内壁，每次用水量不需太多，以少量多次为原则。

(四)玻璃仪器干燥方法

玻璃仪器有时还需要干燥。一般将洗净的仪器倒置一段时间后，若没有水迹，即可使用。有些实验严格要求玻璃仪器无水，可将仪器放在烘箱中烘干(但容量器皿不能在烘箱中烘，以免影响体积准确度)。较大的仪器或者在洗涤后需立即使用的仪器，为了节省时间，可将水尽量沥干后，加入少量丙酮或乙醇摇洗(使用后的乙醇或丙酮应倒回专用的回收瓶中)，再用电吹风吹干，先吹冷风1～2min，当大部分溶剂挥发后，再吹入热风使干燥完全(有机溶剂蒸气易燃和易爆，故不宜先用热风吹)，吹干后再吹冷风使仪器逐渐冷却。

(五)将洗净的玻璃仪器放入实验台下指定柜子内，锁好自己保管。

思考题

(1)仪器洗净的标志是什么？不同类型的玻璃仪器应用什么方法洗涤？

(2)铬酸洗液配制时应注意什么？新配制的铬酸洗液应是什么状态及颜色？

(3)为什么说铬酸洗液不是万能的？应如何正确使用铬酸洗液？怎样知道铬酸洗液已经失效？

附：

1.仪器单(参考)

名称	规格	数量	名称	规格	数量
烧杯	600mL	1只	试管夹	/	1个
烧杯	400mL	1只	试管刷	/	1把
烧杯	250mL	1只	试管架	/	1个
烧杯	100mL	2只	滴管	/	2只
烧杯	50mL	1只	表面皿	9cm	2块
试管	15×150mm	12支	表面皿	6cm	1块
离心试管	5mL	6支	蒸发皿	60mL	1只
漏斗	6cm	1只	量筒	50mL	1只

续表

名　称	规　格	数　量	名　称	规　格	数　量
玻璃棒	/	2 根	量筒	10mL	1 只
石棉网	/	1 块	容量瓶	250mL	2 只
试剂瓶	1000mL	2 只	锥形瓶	250mL	3 只
洗瓶	500mL	1 只	移液管	10mL	1 支
酒精灯	/	1 只	称液管	25mL	1 支

2. 仪器污物的洗涤法

根据污物的性质，应“对症下药”，选用适当的洗涤剂（药品）来洗涤。

污　　物	常用洗涤剂
可溶于水的污物，灰尘等	自来水
不溶于水的污物	肥皂、合成洗涤剂
氧化性污物（如 MnO_2、铁锈等）	浓盐酸、草酸洗涤液
油污，有机物	碱性洗液（Na_2CO_3、NaOH 等） 有机溶剂，铬酸洗液
银迹	硝酸

3. 使用铬酸洗涤的注意点

（1）被洗涤的器皿不宜有水，以免冲稀洗液而失效。

（2）洗液可以反复使用，用后倒回瓶内。

（3）洗液具有强酸性和强氧化性，使用时要特别小心。

（4）装洗液的瓶塞要塞严，以防洗液吸水而失效。

实验二　简单玻璃管、棒加工

实验目的

掌握简单的玻璃工操作以及酒精喷灯的使用。

实验内容

领取直径 5～6mm、长约 70cm 的玻璃管 1～2 根，直径 8～12mm，长约 30cm 经清洗干燥过的薄壁玻璃管两根及玻璃棒若干，完成下列制作。注意刚烧制过的玻璃温度高且冷却慢，应小心操作，防止烫伤。烧制过的玻璃应放在石棉网上，切勿直接放在实验台面上。

1. 制作滴管

当拉玻璃管熟练后，用直径 5～6mm 的玻璃管制成总长度约为 15cm 的滴管3根，其细端内径为1.5mm、长3～4cm。细端口须在火焰中熔光，粗端口在火焰中烧软后在石棉网上按一下，使其外缘突出，冷后装上橡皮乳头即成。

2.拉制熔点管

用直径为8～12mm的薄壁玻璃管拉制成长约15cm、直径为1mm两端封口的毛细管30根，装入大试管，备用。

3.制作玻璃钉及搅拌棒

取直径为2～3mm、长为5～6cm的玻璃棒拉制小玻璃钉1只(放在小漏斗内即成玻璃钉漏斗，做抽滤少量晶体用)。

取直径为5mm、长为5～6cm的玻璃棒1根，一端用火焰烧软后在石棉网上按成大玻璃钉，做挤压或研细少量晶体用。

再用长为17～18cm的玻璃棒及12cm长的玻璃棒各1根，两端在火焰中烧圆，做搅拌用。

4.制作玻璃弯管

制作75°和30°角度的玻璃弯管各1支。

5.拉制玻璃沸石

取一段玻璃管，在火焰中反复熔拉(拉长后再对叠在一起，造成空隙，保留空气)几十次然后拉成毛细管精细的玻璃棒，截成长约为2～3cm的玻璃段，即成玻璃沸石。共拉制数十根，装在瓶中备用(蒸馏时助沸用，特别是当蒸馏少量物质时，它比一般沸石粘附的液体要少，并容易刮下吸附在它表面的固体物质)。

思考题

(1)为什么在拉制玻璃管及毛细管时，玻璃管必须均匀转动加热？

(2)在强热玻璃管(棒)之前，应先用小火加热。在加工完毕后，又需经小火"退火"，这是为什么？

实验三　熔点的测定

实验目的

掌握熔点测定的基本原理和测定方法。

实验原理

将某物质的固液两相置于同一容器中，在一定温度和压力下，可能发生固相迅速转化为液相(固体熔化)、液相迅速转化为固相(液体固化)或固相液相同时并存的三种情况。为了确定在某一温度时哪一种情况占优势，我们可以从物质的蒸气压与温度的曲线图来理解。图 3-1(a)是固体的蒸气压随温度升高而增大的曲线。图 3-1(b)是该液态物质的蒸气压—温度曲线。如将曲线(a)和(b)加合,即得图 3-1(c)曲线。由于固相的蒸气压随温度变化的速率较相应的液相大,最后两曲线就相交,在交叉点 M 处(只能在此温度时)固液两相可同时并存,此时的温度 T_M 即为该物质的熔点。当温度高于 T_M 时,固相的蒸气压已较液相的蒸气压大,因而就可使所有的固相全部转变为液相;若温度低于 T_M 时,则由液相转变为固相;只有当温度为 T_M 时,固液两相的蒸气压才相等,此时固液两相方可同时并存。这就是纯粹晶体物质所以有固定和敏锐熔点的原因。一旦温度超过 T_M,甚至只有几分之一度时,如有足够的时间,固体就可全部转变为液体。所以要精确测定熔点,在接近熔点时加热速度一定要慢,温度的升高每分钟一般不能超过 1～2℃。只有这样,才能使整个熔化过程尽可能接近两相平衡的条件。

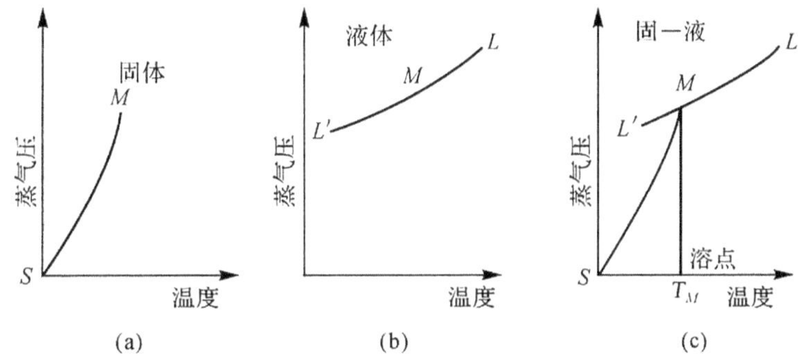

图 3-1　温度和蒸气压的关系

通常将熔点相同的两物质混合后测定熔点,如无降低现象即认为两物质相同(至少测定三种比例,即 1∶9 、1∶1 和 9∶1)。但有时(如形成新的化合物或固溶体)两种熔点相同的不同物质混合后熔点并不降低或反而升高。虽然混合熔点测定由于有少数例外情况而不绝对可靠,但对于鉴定有机化合物仍有很大的实用价值。

仪器和试剂

1. 仪器

提勒熔点管,毛细管,温度计,软木塞,表面皿,酒精喷灯。

2. 试剂

萘,苯甲酸,50%萘和 50%苯甲酸混合物,浓硫酸。

实验步骤

1. 熔点管的制备

用铬酸洗液和蒸馏水洗净玻璃管并烘干,将其平持在强氧化焰上旋转加热,待呈暗樱红色时将玻璃管移离火焰，开始慢拉，然后较快地拉长，同时往复地旋转玻璃管，直到拉成外径为 1～1.2mm 为止，截得 80mm 长的一段，将其两端用小火焰的边缘熔融，使之封闭(封闭的管底要薄)，以免有灰尘进入，需用时，把毛细管在中间截断，就成为两根各约为 40mm 长的熔点管。

2.样品的装入

取 0.1～0.2g 充分干燥的试样，置于干净的表面皿上，研成细末，聚成小堆，将熔点管的开口端插人试料中，样品被挤入管中，再把开口端向上，轻轻在桌面上敲击，使粉末落入管底，这样重复装试料几次。最后取一支长约 30～40cm 的玻璃管，垂直于一干净的表面皿上，将熔点管从玻璃管上端自由落下，以便使试样填紧管底。操作要迅速，以免样品受潮。样品中如有空隙，不易传热。

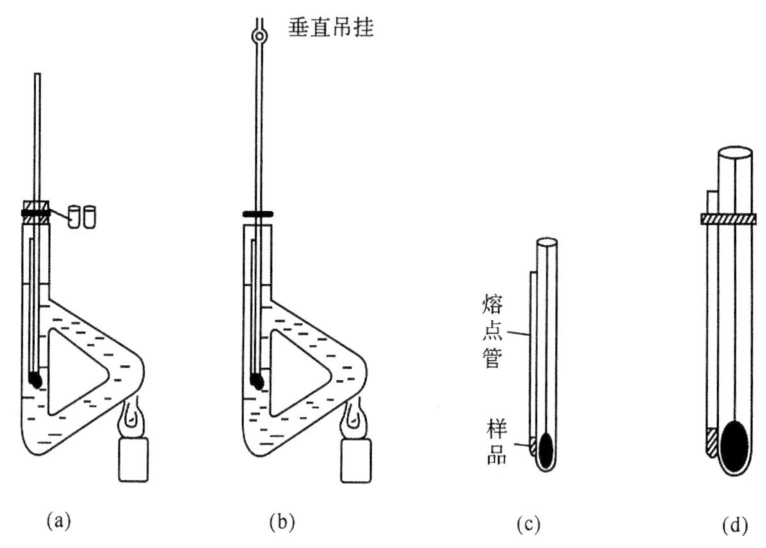

图 3-2 测熔点的装置

3.熔点的测定

毛细管熔点测定法为：将提勒熔点管垂直夹于铁架上，按前述方法装配完毕，以浓硫酸作为加热液体，用温度计水银球蘸取少许硫酸滴于熔点管上端外壁上，即可使之粘着，或剪取一小段橡皮管，将此橡皮圈套在温度计和熔点管的上部(图 3-2(c))。将粘附有熔点管的温度计小心地伸入浴液中。以小火在图 3-2(a)所示部位缓缓加热。开始时升温速度可以较快，到距离熔点 10～15℃时，调整火焰使每 lmin 上升约 1～2℃。愈接近熔点，升温速度应愈慢。这一方面是为了保证有充分的时间让热量由管外传至管内，以使固体熔化；另一方面，因观察者不能同时观察温度计所示度数和样品的变化情况，只有缓慢加热，才能使此误差减小。记录读数，即为该化合物的熔程。实验中应观察在初熔前是否有萎缩或软化、放出气体以及其他分解现象。例如，一物质在 120℃时开始萎缩，在 121℃时有液滴出现，在 122℃时全部液化，应记录如下：熔点 121～122℃，120℃时萎缩。

熔点测定至少要有 2 次重复的数据。每一次测定都必须用新的熔点管另装样品，因为有时某些物质会产生部分分解，有些会转变成具有不同熔点的其他结晶形式而影响测定结果。测定易升华物质的熔点时，应将熔点管的开口端烧熔封闭，以免升华。

如果要测定未知物的熔点，应先对样品粗测一次，加热速度可以稍快。已知大致的熔点范围后，待浴温冷至熔点以下约 30℃左右，再取另一根样品的熔点管作精密的测定。

一定要待熔点浴冷却后，方可将浓硫酸倒回瓶中。温度计冷却后，用废纸擦去硫酸，方可用水冲洗，否则温度计极易炸裂。

熔点测好后，温度计的读数也可根据所做温度计校正图进行校正。

熔点测定除用上述毛细管熔点测定法外，还可应用各种熔点测定仪如显微熔点测定仪和利用程序升温的电子熔点测定仪，它们具有操作方便、读数准确、测定迅速的特点（见附注（一）显微熔点测定仪）。

4. 依照上述方法测定萘、苯甲酸及两者的混合物（1∶1 配比）的熔点。

思考题

(1)三个瓶子分别装有 A、B、C 三种白色结晶的有机固体，每一种都在 149～150℃熔化。一种 A 与 B 的混合物(50∶50)在 130～139℃熔化；一种 A 与 C 的混合物(50∶50)在 149～150℃熔化。那么 50∶50 的 B 与 C 混合物在什么样的温度范围内熔化呢？A、B、C 是同一种物质吗？

(2)测定熔点时，若遇下列情况，将产生什么结果？

① 熔点管壁太厚；

② 熔点管底部未完全封闭，尚有一针孔；

③ 熔点管不洁净；

④ 样品未完全干燥或含有杂质；

⑤ 样品研得不细或装得不紧密；

⑥ 加热太快。

(3)装试样的熔点管可以重复使用吗？为什么？

附注：

（一）显微熔点测定仪

显微熔点测定仪可用于单晶或共晶等物质的分析，进行晶体的观察和熔点的测定，观察物质在加热状态下的形变、色变及物质三态转化等物理变化过程，在实际中有广泛的用途。

1. 构造原理

显微熔点测定仪的种类和型号较多。但基本上都是由显微镜、加热平台、温控装置及温度显示等几部分组成。具体的组成和使用可参见有关的说明书。图3-3为常见的显微熔点测定仪。

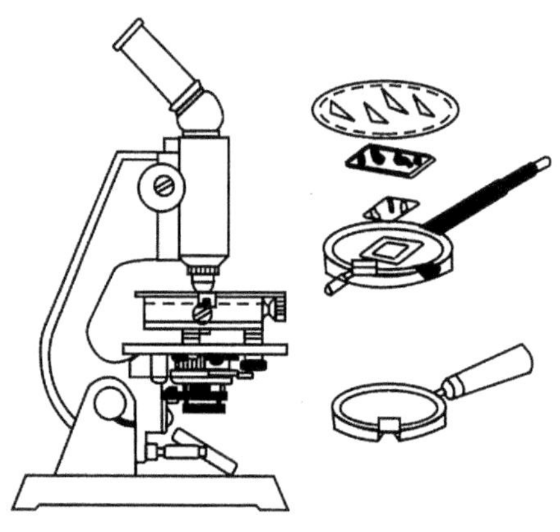

图3-3 显微熔点测定仪

2. 使用方法

测定熔点时，先将载玻片擦净，放入微量样品，再用一玻璃片盖住样品，一起放入加热台中央。加热时，用调热旋钮调节加热速度，当温度接近样品熔点时，控制升温速度为1～2℃/min。样品结晶棱角开始变圆时为初熔，结晶完全变为液滴时为全熔。

测定结束后，停止加热。稍冷后用镊子取出载玻片，可借助降温板加速冷却加热平台。用溶剂清洗载玻片，以备再用。

(二)温度计的校正

测熔点时，温度计上的熔点读数与真实熔点之间常有一定的偏差。这可能由于以下原因：

(1)温度计的制作质量差，如毛细管孔径不均匀，刻度不准确。

(2)普通温度计的刻度是在温度计全部均匀受热的情况下刻出来的。但我们在测定温度时，常常仅将温度计的一部分插入热液中，有一端水银线露在液面外，这样测定的温度比温度计全部浸入液体中所得的结果偏低。

(3)经长期使用的温度计，玻璃也可能发生体积变形而使刻度不准。因此，若要精确测定物质的熔点，就需校正温度计。

温度计的校正方法为：选择数种已知熔点的纯化合物为标准，测定它们的熔点，以观察到的熔点作纵坐标，测得熔点与已知熔点差值作横坐标，画成曲线，即可从曲线上读出任一温度的校正值。校正温度计的标准化合物的熔点见表 3-1。

表 3-1 标准化合物的熔点

化合物	熔点/℃	化合物	熔点/℃
H_2O—冰(蒸馏水制)	0	苯甲酸	122
α-萘胺	50	尿素	133
二苯胺	53	二苯基羟基乙酸	151
苯甲酸苯酯	69.5～71	水杨酸	158
萘	80	对苯二酚	173～174
间二硝基苯	90.02	3,5-二硝基苯甲酸	205
二苯乙二酮	95～96	蒽	216.2～216.4
乙酰苯胺	114	酚酞	262～263

实验四 沸点的测定

实验目的

掌握微量法测定沸点的方法。

实验原理

液体分子由于分子运动有从表面逸出的倾向，这种倾向随着温度的升高而增大。如果把液体置于密闭的真空系统中，液体分子继续不断地逸出而在液面上部形成蒸气，最后使得分子由液体逸出的速度与分子由蒸气中回到液体中的速度相等，亦即使其蒸气保持一定的压力。此时液面上的蒸气达到饱和，称为饱和蒸气。它对液面所施的压力称为饱和蒸气压。实验证明，液体的蒸气压只与温度有关，即液体在一定温度下具有一定的蒸气压。蒸气压的大小与系统中存在的液体和蒸气的绝对量无关。

将液体加热，它的蒸气压就随着温度升高而增大，当液体的蒸气压增大到与外界施于液面的总压力(通常是大气压力)相等时，就有大量气泡从液体内部逸出，即液体沸腾。这时的温度称为液体的沸点。显然沸点与所受外界压力的大小有关，通常所说的正常沸点是 101.325kPa 压力下液体的沸腾温度。例如，水的沸点为 100℃，即是指在 101.325kPa 压力下，水在 100℃时沸腾。在其他压力下的沸点应注明压力。例如，在 85.3kPa 时，水在 95℃沸腾，这时水的沸点可以表示为 95℃/85.3kPa。

在常压下进行测定时，由于大气压往往不是恰好为 101.325kPa，因而严格地说，应对观察到的沸点加上校正值，但由于偏差一般都很小，即使大气压相差

2.7kPa，这项校正值也不过士1℃左右，因此一般可以忽略不计。

纯的液体有机化合物在一定的压力下具有一定的沸点。但具有固定沸点的液体有机化合物不一定都是纯的有机化合物。因为某些有机化合物常常和其他组分形成二元或三元共沸混合物，它们也有一定的沸点。

测定液体沸点就是测定液体的蒸气压与外界施于液面的总压力相等时所对应的温度。测定方法有两种：常量法（蒸馏）和微量法，本实验采用微量法。

仪器和试剂

1. 仪器

温度计，酒精灯，酒精喷灯，提勒熔点管，玻璃管。

2. 试剂

95%乙醇，甘油，橡皮圈，软木塞。

实验内容

1. 沸点管的制作

用玻璃管拉成内径约为3mm的细管，截取长约为6～8cm的一段，将其一端封闭（管底要簿），作为装试料的外管。

另取一根内径约为1mm的毛细管，在中间部位封闭，自封闭处一端截取约4～5cm，此端作为沸点管内管的下端，8cm长的另一端作为沸点管内管的上端。

2. 装试样

把外管略微温热，迅速把开口端插入95%乙醇待测液中，则有少量液体吸入管内。将管直立，使待测液流入管底，液体高度应约为6～8mm。也可用细吸管把待测液装入外管，然后把内管插入外管里。将外管用橡皮圈或细铜丝固定在温度计上（图3-4），像熔点测定时一样，把沸点管和温度计放入提勒熔点管内。

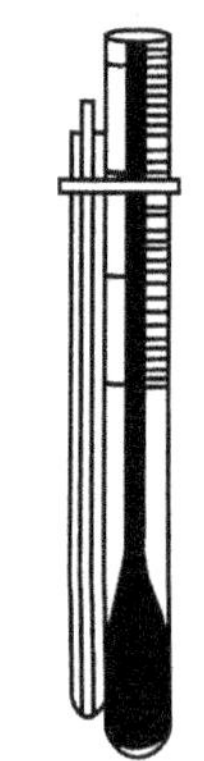

图3-4 微量法沸点测定管

3. 加热测定

试样装好后，开始加热提勒管。由于沸点内管里气体受热膨胀，很快有小气泡缓缓地从液体中逸出，当气泡由缓缓逸出变成快速而且连续不断地往外冒时立即停止加热，随着温度的降低，气泡逸出的速度也明显减慢。当看到气泡不再冒出而液体刚要进入沸点内管时（外液面与内液面等高）的一瞬间，立即记下此时的温度。两液面相平，说明沸点内管里的蒸气压与外界压力相等，这时的温度即为该液体的沸点。

注意事项

测定沸点时沸点内管里的空气要赶尽。

思考题

(1)什么叫沸点？液体的沸点和外界压力有什么关系？

(2)如果液体具有恒定的沸点，那么能否认为它一定是单纯物质？

实验五　滴定操作与浓度标定

实验目的

(1)掌握常规玻璃仪器的清洗方法；

(2)学习电子分析天平的使用方法；

(3)掌握有效数字的概念；

(4)掌握滴定操作和浓度标定的原理与方法。

实验原理

常用邻苯二甲酸氢钾($KHC_8H_4O_4$)来标定未知浓度的 NaOH 溶液，在分析天平上准确称取一定量的 $KHC_8H_4O_4$ 配制成标准熔液，用移液管移取标准溶液，用 NaOH 溶液滴定至呈微红色半分钟内不褪色为反应终点。从用去 NaOH 溶液的体积，计算 NaOH 溶液的浓度。

$$c_{NaOH}=1000\times\frac{m}{M}\times\frac{V_1}{V_2}\Big/V_{NaOH}\qquad(\mathrm{mol\cdot L^{-1}})$$

式中，m 为 $KHC_8H_4O_4$ 质量(g)；M 为 $KHC_8H_4O_4$ 摩尔质量($g\cdot mol^{-1}$)；V_1 为 $KHC_8H_4O_4$ 溶液的体积(mL)；V_2 为配制 $KHC_8H_4O_4$ 溶液总体积(mL)；V_{NaOH}为 NaOH 溶液体积(mL)。

经标定的 NaOH 溶液(标准溶液)用于测定其他酸(如 HAc)溶液的准确浓度。

$$c_{HAc}=c_{NaOH}\times V_{NaOH}/V_{HAc}$$

仪器和试剂

1. 仪器

电子分析天平。

2. 试剂

NaOH($0.1mol\cdot L^{-1}$)，HAc($0.1mol\cdot L^{-1}$)，$KHC_8H_4O_4$(AR)。

实验内容

(一)配制 $KHC_8H_4O_4$ 标准溶液

(1)配制 100mL0.1mol·L^{-1} $KHC_8H_4O_4$ 溶液，计算需用固体 $KHC_8H_4O_4$ (AR)多少克?

(2)在分析天平上，用减量法准确称取固体 $KHC_8H_4O_4$ 置于 100mL 洁净烧杯中。及时记录称量数据，设减量前的称量为 m_1/g，减量后的质量为 m_2/g，直至(m_1-m_2)在 1.8～2.2g 范围内。

(3)加适量去离子水，在石棉网上微热，溶解烧杯中的 $KHC_8H_4O_4$，冷却后，将溶液转移到 100mL 容量瓶中。

(4)用少量去离子水洗涤烧杯 3 次，洗涤液一并加入容量瓶中。

(5)加水至容量瓶的刻度线，摇匀。

(6)计算出标准 $KHC_8H_4O_4$ 溶液的浓度。

(二)NaOH 溶液浓度的标定

1. 准备工作

(1)洗净碱式滴定管，在滴定管中装少量(～5mL)未知 NaOH 溶液，润洗 3 次，即每次都要将滴定管执平、转动，最后从尖嘴放出碱液。

(2)将 NaOH 溶液装满碱式滴定管至“0”刻度以上，去除橡皮管和尖端部分气泡，调整管内液面的位置恰好为“0”刻度处。

(3)从容量瓶倾出～100mL 已配制好的 $KHC_8H_4O_4$ 溶液于洁净、干燥的小烧杯中，用 25mL 移液管从烧杯中吸取少量 $KHC_8H_4O_4$ 溶液润洗移液管两次，弃去润洗后的 $KHC_8H_4O_4$ 溶液。

(4)用移液管准确移取 25mL $KHC_8H_4O_4$ 两份，分别置于两只洁净的锥形瓶中，再各加两滴酚酞指示剂，摇匀。

2. 滴定操作

(1)挤压橡皮管内的玻璃球，使滴定管内的液体滴入锥形瓶中。边滴边摇，不使碱液滴在瓶壁上。否则应及时用洗瓶中少量水冲洗内壁。

(2)开始滴加的速度可以快一些，但必须成滴而不能成水流。此时，瓶中随碱液的滴入，局部出现的粉红色会很快消失。

(3)当粉红色消失缓慢时，说明反应接近终点，这时必须逐滴加入碱液，即必须待粉红色消失后再滴加碱液。最后应控制液滴悬而不落，以锥形瓶内壁把液滴沾下，用洗瓶冲洗锥形瓶内壁，摇匀，半分钟内粉红色不消失，即为滴定终点。

(4)及时记下滴定管液面位置的读数。

(5)每次平行滴定操作，滴定前，应重新装液并调整至“0”刻度处。

将实验记录的数据(两次用去 NaOH 溶液的体积)，及计算所得 NaOH 溶液的平均浓度报告给指导教师。不合格者，再另取 25mL $KHC_8H_4O_4$ 溶液，重新测定一次，如实记录全部实验数据。

(三)HAc 溶液浓度的测定

按以上操作，测定未知 HAc 溶液的浓度。

数据记录与处理

1. 配制 $KHC_8H_4O_4$ 标准溶液

用减量法称量 $KHC_8H_4O_4$ 固体：

减量前称量瓶＋ $KHC_8H_4O_4$ ____________ g

减量后称量瓶＋ $KHC_8H_4O_4$ ____________ g

$KHC_8H_4O_4$ 质量 $m_{KHC_8H_4O_4}$____________ g

$KHC_8H_4O_4$ 溶液体积 $V_{KHC_8H_4O_4}$____________ mL

$KHC_8H_4O_4$ 溶液浓度 $c_{KHC_8H_4O_4}$____________ $mol \cdot L^{-1}$

2. NaOH 溶液浓度的标定

$KHC_8H_4O_4$ 溶液浓度 $c_{KHC_8H_4O_4}$____________ $mol \cdot L^{-1}$

$KHC_8H_4O_4$ 溶液用量 $V_{KHC_8H_4O_4}$____________ mL

滴定实验序号	1	2	3
滴定管液面读数(滴定后)			
滴定管液面读数(滴定前)			
NaOH 溶液用量/mL			
NaOH 溶液浓度/$mol \cdot L^{-1}$			
NaOH 溶液平均浓度/$mol \cdot L^{-1}$			

3. HAc 溶液浓度的测定

未知 HAc 溶液用量　$V_{HAc}=25.00mL$

已知 NaOH 溶液浓度　$c_{NaOH}=$____________ $mol \cdot L^{-1}$

滴定实验序号	1	2	3
滴定后 NaOH 液面读数 V_2/mL			
滴定前 NaOH 液面读数 V_1/mL			
用去 NaOH 溶液体积(V_2-V_1)/mL			
c_{HAc}/$mol \cdot L^{-1}$			

$\bar{c}_{HAc}$(平均浓度)=　　$mol \cdot L^{-1}$

思考题

(1)怎样提高 NaOH 溶液浓度测定的准确度?

(2)要求称出的 $KHC_8H_4O_4$ 应在 1.8~2.2g 范围内。若过多或过少,有什么不好?

(3)每次平行滴定,NaOH 溶液应装满至滴定管零刻度,为什么?

(4)洗净的碱式滴定管,为什么要用未知浓度的 NaOH 溶液润洗?锥形瓶要用 $KHC_8H_4O_4$ 溶液润洗吗?为什么?

(5)我们一般是依据什么来选用台式天平或者电子分析天平?

实验六　物质的纯化

实验目的

(1)通过硝酸钾的提纯,练习溶解、过滤、蒸发、结晶等基本操作。

(2)了解有机物纯化的方法——重结晶。

(3)初步掌握熔点的测定。

实验原理

碱金属是周期系第Ⅰ类主族元素。这类元素之所以称为碱金属元素,是由于它们的氢氧化物都是易溶于水的强碱。碱金属元素原子的价电子结构为 ns^1,第一电离势在同一周期中为最低。因此,碱金属是活泼性很高的金属。

碱金属的原子半径,从上至下顺序增大,电离势和电负性依同样顺序而减小。因此,金属活泼性也从上至下依次增强。

碱金属的氢氧化物在水中的溶解度很大(LiOH 例外),并全部电离。同族元素的氢氧化物的溶解度从上至下是逐渐增大的。随着离子半径的增大,氢氧化物的碱性也依次增强。

碱金属盐类的最大特征之一,是它们一般易溶于水,并且在水中完全电离,仅有极少数的盐较为难溶。它们的难溶盐一般都是由大的阴离子组成,而且碱金属离子越大,难溶盐的数目越多。难溶的钠盐有六羟基锑酸钠 $Na[Sb(OH)_6]$、醋酸铀铣锌钠 $NaZn(UO_2)_3(Ac)_9 \cdot 6H_2O$;难溶的钾盐稍多,有高氯酸钾 $KClO_4$、酒石酸氢钾 $KHC_4H_4O_4$、钴亚硝酸钠钾 $K_2Na[Co(NO_2)_6]$等,钠、钾的一些难溶盐常用于鉴定钠、钾离子。

碱金属挥发性的化合物在灼烧时,都能产生焰色反应,锂盐呈红色,钠盐呈黄色,钾盐呈紫色。

由于碱金属盐类一般都易溶于水，所以不能通过沉淀反应的方法来制备，但是可以利用盐类在不同温度时的溶解度差别来制备碱金属盐。例如，工业上常采用转化法制备硝酸钾晶体，反应如下：

$$NaNO_3+KCl=NaCl+KNO_3$$

反应是可逆的，根据 NaCl 的溶解度随温度变化不大，而 $NaNO_3$、KCl 和 KNO_3 在较高温度时则具有较大或很大的溶解度的这种差别，将一定浓度的 $NaNO_3$ 和 KCl 混合液加热浓缩。当溶液体积减少到其中所含的 NaCl 超过它的溶解度时就有一部分 NaCl 析出，随即将 NaCl 滤出（少量制备时可用热滤漏斗过滤）。继续将溶液蒸发，其中过量的 NaCl 又继续析出，使溶液中 KNO_3 与 NaCl 的含量比不断增大。当溶液浓缩到一定体积，析出较多的 NaCl 并分离后，将此溶液冷却至室温，即有大量 KNO_3 析出，NaCl 仅有少量析出。从而得到 KNO_3 的粗产品。再经过重结晶提纯，得到纯品。

表 3-2　硝酸钾等四种盐在不同温度下的溶解度表(g/100gH_2O)

温度/℃	0	10	20	30	40	60	80	100
KNO_3	13.3	29.9	31.6	45.8	63.9	110.9	160	246
KCl	27.6	31.0	34.0	37.0	40.0	45.5	51.1	56.7
$NaNO_3$	73	80	80	96	104	124	148	180
NaCl	35.7	35.8	36.0	36.3	36.6	37.3	38.4	39.8

仪器和试剂

1. 仪器

熔点仪，水循环泵，烧杯，量筒，热滤漏斗，吸滤瓶，布氏漏斗，离心试管，石棉网，台天平，试管，坩埚钳，pH 试纸

2. 试剂

KCl（工业级），$NaNO_3$（工业级），苯甲酸（工业级），萘（工业级），NaCl（1mol·L^{-1}），KCl（1mol·L^{-1}），$AgNO_3$（0.1mol·L^{-1}），乙醇（70%）

实验内容

一、硝酸钾的制备与提纯

1. 硝酸钾的制备

称取 17.0g$NaNO_3$ 和 15.0gKCl，放在 100mL 烧杯内，加入 30mL 水，并在烧杯外壁液面处做一记号。将烧杯放在石棉网上，用小火加热，使其中的盐全部溶解，再继续加热，蒸发至原有液体体积的 2/3，这时烧杯内有晶体析出。趁热吸

滤(将晶体保留,作钠离子鉴定用),滤液中即有晶体析出。另取 15mL 沸水,倒入滤瓶中,则结晶又复溶解。将滤瓶中的热溶液倒入烧杯中,再用小火加热,蒸发至原有体积的 2/3。将此溶液静置冷却,则结晶再析出。吸滤,将晶体尽量抽干后,称重,计算理论产量和产率、保留少量此粗产品供纯度检验,其余粗产品全部用于下面重结晶。

2. 硝酸钾的重结晶

按 KNO_3 : H_2O = 2 : 1(质量比)的比例,将粗产品溶于所需的蒸馏水中,在搅拌下加热,使晶体溶解。一旦溶液沸腾,晶体溶解后,立即停止加热(若溶液沸腾时,晶体还未全部溶解,可适量加些蒸馏水),冷至室温后,抽滤。将晶体尽量抽干后,称重。计算重结晶后产品产率。

3. 产品纯度的检验

各取少许粗品和纯品 KNO_3 晶体,用蒸馏水分别于两个试管中配成溶液,然后滴入几滴 0.1mol · L^{-1} $AgNO_3$ 溶液,观察现象,做出结论。

二、有机化合物的纯化

1. 用水重结晶苯甲酸

称取 3g 粗苯甲酸,放入 150mL 烧杯中,加入 80mL 水和几粒沸石。在石棉网上加热至沸腾,并用玻璃棒不断搅动,使固体溶解。这时若尚有未溶解的固体,可继续加入少量热水,直到全部溶解为止[1]。移去火源,稍冷后加入少许活性炭[2],稍加搅拌后继续加热微沸 5~10min。

事先在烘箱中烘热无颈漏斗[3],过滤时趁热从烘箱中取出,把漏斗安置在铁圈上,于漏斗中放一预先叠好的折叠滤纸,并用少量热水润湿。将上述热溶液通过折叠滤纸迅速地滤入 150mL 烧杯中,每次倒入漏斗中的液体不要太满,也不要等溶液全部滤完后再加。在过滤过程中应保持溶液的温度,为此将未过滤的部分继续用小火加热,以防冷却。待所有溶液过滤完毕后,用少量热水洗涤烧杯和滤纸。

滤毕,用表面皿将盛滤液的烧杯盖好,放置一旁,稍冷后,用冷水冷却以使结晶完全。如要获得较大颗粒的结晶,可在滤完后将滤液中析出结晶重新加热溶解,于室温下放置,让其慢慢冷却。

结晶完成后,用布氏漏斗抽滤(滤纸用少量冷水润湿、吸紧),使结晶和母液分离。并用玻璃塞挤压,使母液尽量除去。拔下吸滤瓶上的橡皮管(或打开安全瓶上的活塞)停止抽气。加入少量冷水于布氏漏斗中,使晶体润湿(可用刮刀使结晶松动),然后重新抽干,如此重复 1~2 次,最后用刮刀将结晶移至表面皿上,摊开成薄层置空气中晾干或在干燥器中干燥。测定干燥后精制产物的熔点,并与粗产物熔点作比较。称重并计算回收率。

2. 用70%乙醇重结晶萘

在装有回流冷凝管的100mL圆底烧瓶或锥形瓶中，放入3g粗萘，加入20mL70%乙醇和1～2粒沸石。接通冷凝水后，在水浴上加热至沸[4]，并不断振摇瓶中物，以加速溶解。若所加的乙醇不能使粗萘完全溶解，则应从冷凝管上端继续加入少量70%乙醇(注意添加易燃溶剂时应先灭去火源)。每次加入乙醇后应略为振摇并继续加热，观察是否可完全溶解，待完全溶解后，再多加几毫升70%乙醇，灭去火源，移去水浴，稍冷后加入少许活性炭，并稍加摇动。再重新在水浴上加热煮沸数分钟，趁热用预热好的无颈漏斗和折叠滤纸过滤，用少量热的70%乙醇润湿折叠滤纸后，将上述萘的热溶液滤入干燥的100mL锥形瓶中(注意这时附近不应有明火!)，滤完后用少量热的70%乙醇洗涤容器和滤纸，盛滤液的锥形瓶用软木塞塞好，任其冷却。最后再用冰水冷却，用布氏漏斗抽滤(滤纸应先用70%乙醇润湿、吸紧)，用少量70%乙醇洗涤。抽干后将结晶移至表面皿上，放在空气中晾干或放在干燥器中，待干燥后测其熔点。称重并计算回收率。

注意事项

(1)每次加入3～5mL热水，若加入溶剂加热后并不使未溶物减少，则可能是不溶性杂质，这时可不必再加溶剂。但为防止过滤时有晶体在漏斗中析出，溶剂用量可比沸腾时饱和溶液所需的用量适当多一些。

(2)活性炭绝对不可加到正在沸腾的溶液中，否则将造成暴沸现象！加入活性炭的量，约相当于样品量的1%～5%。

(3)无颈漏斗，即截去颈的普通玻璃漏斗，也可用预热好的热水漏斗，漏斗夹套中充水约为其容积的2/3左右。

(4)萘的熔点较70%乙醇的沸点为低，因而加入不足量的70%乙醇加热至沸腾后，萘呈熔融状态而非溶解，这时应继续都加溶剂直至完全溶解。

思考题

(1)在硝酸钾的提纯实验中涉及到哪些基本操作？操作方法和注意事项为何？

(2)制备硝酸钾晶体时，为什么要对溶液进行加热和热过滤？

(3)加热、溶解待重结晶粗产物时，为何要先加入比计算量(根据溶解度数据)略少的溶剂，然后渐渐添加至恰好溶解，最后再多加少量溶剂？

(4)为什么活性炭要在固体物质完全溶解后加入？为什么不能在溶液沸腾时加入？

(5)将溶液进行热过滤时，为什么要尽可能减少溶剂的挥发？如何减少其挥发？

(6)用抽气过滤收集固体时，为什么在关闭水泵前，先要拆开水泵和吸滤瓶之间的联系。

(7)在布氏漏斗中用溶剂洗涤固体时应注意些什么？

(8)用有机溶剂重结晶时，在哪些操作上容易着火？应该如何防止？

(9)选择重结晶溶剂时应考虑什么条件？

实验七　醋酸电离常数的测定

实验目的

(1)掌握 pH 法测定醋酸电离常数的原理和方法；

(2)熟悉数字式酸度计的使用方法；

(3)加深对弱电解质电离平衡的理解。

实验原理

醋酸在水溶液中存在下列电离平衡：

$$HAc = H^+ + Ac^-$$

其电离常数的表达式为：

$$K_{HAc} = \frac{[H^+][Ac^-]}{[HAc]} \qquad ①$$

若醋酸的起始浓度为 c，平衡时 $[H^+]=[Ac^-]$，$[HAc]=c-[H^+]$代入式①，可以得到：

$$K_{HAc} = \frac{[H^+]^2}{c-[H^+]} \qquad ②$$

当电离度 $\alpha = \frac{[H^+]}{c} < 0.05$ 时，

$$K_{HAc} \approx \frac{[H^+]^2}{c} \qquad ③$$

在一定温度下，用酸度计测定一系列已知浓度的 pH 值，则$[H^+]=10^{-pH}$，代入式②或③中，可求得一系列对应的 K 值，取其平均值，即为该温度下醋酸的电离常数。

仪器和试剂

1. 仪器

酸度计。

2. 试剂

NaOH(0.2000mol · L^{-1}), HAc(0.2000mol · L^{-1})。

实验内容

(一)HAc 溶液浓度(~0.2mol · L^{-1})的测定

以酚酞为指示剂,用已知浓度(~0.2mol · L^{-1})的 NaOH 溶液测定 HAc 溶液的浓度。

NaOH 溶液的准确浓度由实验室提供。

(二)配制不同浓度的 HAc 溶液

1. 配制~0.1~0.04mol · L^{-1}HAc 溶液

用移液管分别移取 25.00mL 和 10.00mL 已测定浓度的 HAc 溶液,把它们分别放到编号为 1、2 号的两只干燥洁净的烧杯中,并从酸式滴定管分别准确放入 25.00mL 和 40.00 mL 去离子水,使总体积为 50.00mL。

2. 配制~0.02mol · L^{-1}HAc 溶液

用移液管移取 25.00mL 已测定浓度的 HAc 溶液,把它放入 250mL 容量瓶中,再用去离子水稀释至刻度,摇匀。倾出约 50 mL 溶液放入编号为 3 号干燥洁净的烧杯中。

3. 配制~0.01~0.004mol · L^{-1}HAc 溶液

用另一套移液管从容量瓶中分别移取 25.00mL 和 10.00mLHAc 溶液,把它们分别放入编号为 4、5 号干燥洁净的烧杯中,再从酸式滴定管分别准确放入 25.00mL 和 40.00 ml 去离子水。

用玻璃棒按由稀到浓的顺序将各小烧杯中的溶液搅拌均匀。算出 1~5 号各烧杯中 HAc 溶液的准确浓度。

(三)测定 1~5 号各 HAc 溶液的 pH 值

按由稀到浓的顺序在 pH 计上依次测定它们的 pH 值,记录数据并计算电离度和电离常数。

四、未知弱酸电离常数的测定

由弱酸(HA)与其共轭碱(A^-)组成缓冲溶液,$[H^+]$的计算公式:

$[H^+]=K_{HA}\dfrac{[HA]}{[A^-]}\approx K_{HA}\dfrac{c(HA)}{c(A^-)}$。请你设计一测定方案,用未知浓度的一元弱酸(HA)溶液、未知浓度的 NaOH 溶液、酚酞指示剂及 pH 计,测定出弱酸(HA)的电离常数。写出测定步骤及测定结果。

数据记录和处理

HAc 溶液浓度的测定 c(HAc)= mol·L^{-1}

HAc 电离常数的测定室温温度____________℃

溶液编号	$\frac{c\times10^2}{mol\cdot L^{-1}}$	pH	$\frac{[H^+]\times10^4}{mol\cdot L^{-1}}$	α	电离常数 k
1					
2					
3					
4					
5					

电离常数 K_{HAC}(平均)=

思考题

(1)实验的关键是 HAc 溶液的浓度要配准,pH 值要读准。

(2)改变被测 HAc 溶液的浓度或温度,则电离度和电离常数如何变化?

(3)配制不同浓度的 HAc 溶液时,玻璃器皿是否要干燥,为什么?

(4)"电离度越大,酸度就越大"。这句话是否正确?根据本实验结果加以说明。

(5)若 HAc 溶液的浓度极稀,是否能用 $K\approx\frac{[H^+]^2}{c}$求电离常数?为什么?

(6)测定不同浓度 HAc 溶液的 pH 值时,测定顺序应由稀至浓。为什么?

实验八 化学平衡常数的测定

实验目的

(1)熟悉分光光度计的使用方法;

(2)掌握用比色法测定化学平衡常数的原理和方法。

实验原理

有色物质溶液颜色的深浅与浓度有关,溶液越浓,颜色越深,因而可以用比较溶液颜色的深浅来测定溶液中该种有色物质的浓度,这种测定方法叫做比色分析。用分光光度计进行比色分析的方法称为分光光度法。

比色分析的原理是,当一束一定波长的单色光通过有色溶液时,被吸收的光量和溶液的浓度、溶液的厚度以及入射光的强度等因素有关(图 3-5)。

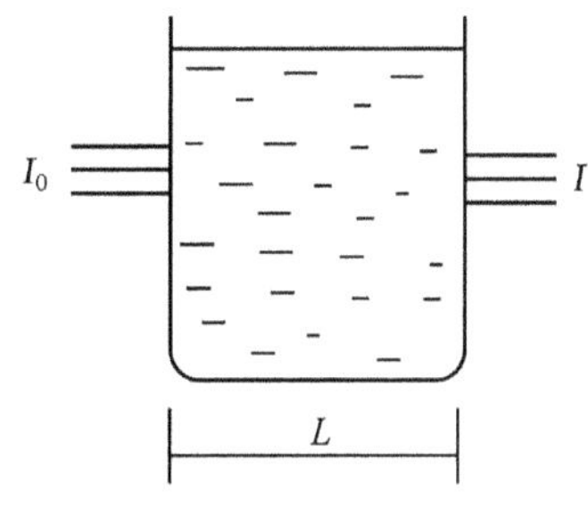

图 3-5　光的吸收示意图

设　c 为溶液的浓度；

L 为溶液的厚度；

I_0 为入射光的强度；

I 为透过溶液后光的强度。

对光的吸收和透过强度，通常有两种表示方法：一种是用透光率 T 来表示，即透过光的强度 I 与入射光 I_0 的强度之比。

$$T=\frac{I}{I_0}$$

另一种是用吸光度 A（又称消光度，光密度）来表示，它是取透光率的负对数：

$$A=-\lg T=\lg\frac{I_0}{I} \quad ①$$

根据实验的结果证明，有色溶液对光的吸收程度与溶液中有色物质的浓度和液层厚度的乘积成正比，这就是朗柏-比尔定律，其数学表达式为：

$$A=K\cdot c\cdot L \quad ②$$

式中，K 为一个常数，称吸光系数，当波长一定时，它是有色物质的一个特征常数。

一种物质对不同波长的吸收具有选择性，其最大吸收波长因物质而异，但不随该物质浓度的改变而变化，作波长 λ 与吸光度 A 的吸收曲线，就可知道该物质的最大吸收波长，$FeNCS^{2+}$ 离子的最大吸收波长在 447nm 处。由于在最大吸收波长处测量有色溶液的吸光度其灵敏度最高，因此，测量时应将单色光调节到最大吸收波长处。

同一种有色物质的两种不同浓度的溶液，若其厚度（盛有色溶液的比色皿的透光面内壁间宽度）相同，由②式可得：

$$\frac{A_0}{A_i}=\frac{c_0}{c_i} \quad ③$$

如果已知标准溶液中有色物质的浓度为 c_0，并测得标准溶液的吸光度为 A_0，未知溶液的吸光度为 A_i，则从式③即可求出未知溶液中有色物质的浓度 c_i。这就是比色分析的依据。

本实验通过分光光度法测定下列化学反应的平衡常数。

$$Fe^{3+}+HNCS=FeNCS^{2+}+H^+$$

$$K_c=\frac{[FeNCS^{2+}][H^+]}{[Fe^{3+}][HNCS]} \quad ④$$

由于反应中 Fe^{3+}、HNCS 和 H^+ 都是无色，只有 $FeNCS^{2+}$ 呈红色，所以平衡时溶液中 $FeNCS^{2+}$ 的浓度，可以按③式通过比色测得，然后根据反应方程式和 Fe^{3+}、HNCS、H^+ 的初始浓度，求出平衡时各物质的浓度，即可根据④式算出化

学平衡数 K_c。

由于 Fe^{3+} 的水解会产生一系列有色离子，例如棕色 $FeOH^{2+}$，因此溶液必须保持较大的 $[H^+]$，以阻止 Fe^{3+} 的水解。较大的 $[H^+]$ 还可以使 HNCS 基本上保持未电离状态。

本实验中的 0～4 号溶液用 HNO_3，保持 $[H^+]=0.5mol \cdot L^{-1}$。即 $0.200mol \cdot L^{-1} Fe^{3+}$ 溶液与 $2.00\times10^{-3}mol \cdot L^{-1}$ Fe^{3+} 溶液中 $c(HNO_3)=1mol \cdot L^{-1}$，$c(HNO_3)$ 的准确浓度由实验室提供。

本实验中，已知浓度的 $FeNCS^{2+}$ 标准溶液可以根据下面的假设配制：当 $[Fe^{3+}]>>[HNCS]$ 时，反应中 HNCS 可以假设全部转化为 $FeNCS^{2+}$。因此，$FeNCS^{2+}$ 的标准浓度就是所有 HNCS 的初始浓度。

仪器和试剂

1. 仪器

可见分光光度计。

2. 试剂

$Fe^{3+}(0.200mol \cdot L^{-1})$，$KNCS(2.00\times10^{-3}mol \cdot L^{-1})$，$HNO_3(1.00\ mol \cdot L^{-1})$。

实验内容

(一) $FeNCS^{2+}$ 标准溶液的配制

在 0 号干燥洁净烧杯中，加入 10.0mL0.200mol · $L^{-1}Fe^{3+}$ 溶液、2.00mL $2.00\times10^{-3}mol \cdot L^{-1}$KNCS 溶液和 8.00mL$H_2O$，充分混合，得标准溶液。

$$[FeNCS^{2+}]_0=\frac{2.00\times2.00\times10^{-3}}{20.0}=2.00\times10^{-4}(mol \cdot L^{-1})$$

(二) 待测溶液的配制

在 1～4 号烧杯中，按下表中的用量，用 3 支量液管分别量取溶液和水并按 1～4 号顺序搅拌混合均匀。

烧杯编号	$2.00\times10^{-3}mol \cdot L^{-1}Fe^{3+}$ / mL	$2.00\times10^{-3}mol \cdot L^{-1}KNCS$ / mL	H_2O / mL
1	5.00	2.00	3.00
2	5.00	3.00	2.00
3	5.00	4.00	1.00
4	5.00	5.00	0

（三）测定溶液的吸光度

在分光光度计上，调节单色光波长至 447nm 处，测定 0～4 号各溶液的吸光度。

数据记录与处理

(1)计算 1～4 号溶液中 Fe^{3+}、HNCS 的初始浓度。

(2)按③式计算 1～4 号溶液中 $FeNCS^{2+}$ 的平衡浓度。

(3)计算 1～4 号溶液中 Fe^{3+}、HNCS 的平衡浓度：

$$[Fe^{3+}]_{平}=[Fe^{3+}]_{始}-[FeNCS^{2+}]_{平}$$

$$[HNCS]_{平}=[HNCS]_{始}-[FeNCS^{2+}]_{平}$$

(4)按④式计算 Kc 值。

(5)将各项数据记录在下表中。

$c(HNO_3)=$　　　　　$mol \cdot L^{-1}$

标准溶液$[FeNCS^{2+}]_0=$　　　　　$mol \cdot L^{-1}$

标准溶液吸光度 $A_0=$

烧杯编号	吸光度		初始浓度/$mol \cdot L^{-1}$		平衡浓度/$mol \cdot L^{-1}$				平衡常数
	A_i	$\frac{A_i}{A_0}$	$[Fe^{3+}]_{始}$	$[HNCS]_{始}$	$[H^+]_{平}$	$[FeNCS^{2+}]_{平}$	$[Fe^{3+}]_{平}$	$[HNCS]_{平}$	Kc
1									
2									
3									
4									

思考题

(1)在配制 Fe^{3+} 溶液时，用纯水和用 HNO_3 溶液来配有何不同？本实验中 Fe^{3+} 溶液为何要维持很大的$[H^+]$？

(2)如何正确使用分光光度计？

(3)为什么计算所得的 Kc 为近似值？怎样求得精确的 Kc？

(4)Kc 文献值为 104，分析产生误差的原因。

附：

（一）平衡时的[HNCS]的计算

上面计算所得的 Kc 只是近似值。在精确计算时，平衡时的[HNCS]应考虑 HNCS 的电离部分，所以

$$[HNCS]_{始}=[HNCS]_{平衡}+[FeNCS^{2+}]_{平衡}+[NCS^{-}]_{平衡}$$

由 $$HNCS=H^{+}+NCS^{-}$$

$$K_{HNCS}=\frac{[H^{+}][NCS^{-}]}{[HNCS]}$$

故 $$[NCS^{-}]_{平衡}=K_{HNCS}\frac{[HNCS]_{平衡}}{[H^{+}]_{平衡}}$$

则 $$[HNCS]_{平衡}\left(1+\frac{K_{HNCS}}{[H^{+}]_{平衡}}\right)=[HNCS]_{始}-[FeNCS^{2+}]_{平衡}$$

$$[HNCS]_{平衡}=\frac{[HNCS]_{始}-[FeNCS^{2+}]_{平衡}}{1+\frac{K_{HNCS}}{[H^{+}]_{平衡}}}$$

式中，$K_{HNCS}=0.141$(25℃)。

(二)722S 型分光光度计介绍

1. 用途

722S 型分光光度计是一种简洁的分光光度法通用仪器，能从 340～1000nm 波长范围内执行透过率、吸光度和浓度直读测定，可广泛适用于医学卫生、临床检验、生物化学、石油化工、环保监测、质量控制等部门定性定量分析。

2. 仪器的外形及操作键功能

(1)↑/100%T 键

在 TRANS 灯亮时用作自动调整 100%T(一次末到位可加按一次)；

在 ABS 灯亮时用作自动调节吸光度 0(一次末到位可加按一次)；

在 FACT 灯亮时用作增加浓度因子设定，点按点动，持续按 1 秒钟后进入快速增加，再按 MODE 键后自动确认设定值。在 CONC 灯亮时，用作增加浓度直读设定，点按点动，持续按 1 秒钟后进入快速增加设定。

(2)↑/0%T 键

在 TRANS 灯亮时用作自动调整 0%T(调整范围<10%T)；

在 ABS 灯亮时不用，如按下则出现超载；

在 FACT 灯亮时用作减少浓度因子设定，操作方式同“↑”键；

在 CONC 灯亮时用作减少浓度直读设定，操作方法同“↑”键。

(3)Function 键

预定功能扩展键用。

按下时将当前显示从 RS232C 口发送，可由上层 PC 机接收或打印机接收。

(4)MODE 键

用作选择显示标尺。

按透射比(TRANS 灯亮)、吸光度(ABS 灯亮)、浓度因子(FACT 灯亮)、浓度直读(CONC 灯亮)次序,每按一次渐进一步循环。

(5)试样槽架拉杆

用于改变样品槽位置(四位置)。

(6)显示窗 4 位 LED 数字

用于显示读出数据和出错信息。

(7)TRANS 指示灯

指示显示窗显示透射比数据。

(8)ABS 指示灯

指示显示窗显示吸光度数据。

(9)FACT 指示灯

指示显示窗显示浓度因子数据。

(10)CONC 指示灯

指示显示窗显示浓度直读数据。

(11)电源插座

(12)熔丝座

(13)总开关

(14)RS232C 串行接口插座

用于连接 RS232C 串行电缆。

(15)样品室

(16)波长指示窗

显示波长。

(17)波长调节钮

调节波长用。

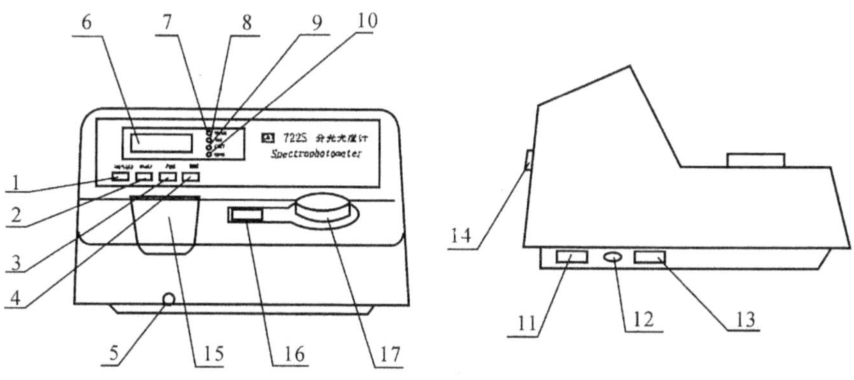

图 3-6　722S 型分光光度计外观

3.操作方法

A.仪器的正常基本操作

(1)预热

仪器开机后及电子部分需要预热平衡,故开机预热30分钟后才能进行测定工作,如紧急应用时请注意随时调零、调整100%T。

(2)调零

目的:校正基本读数标尺两端(配合100%T调节),进入正确测试状态;

调整时机:开机预热30分钟后,改变测试波长时或测试一段时间后,以及作高精度测试前;

操作:打开试样盖(关闭光门)或用不透光材料在样品室中遮断光路,然后按“0%”键,即能自动调整零位。

(3)调整100%T

目的:校正基本读数标尺两端(配合调零),进入正确测试状态;

调整时机:开机预热后,要换测试波长或测试一段时间后,以及作高精度测试前(一般在调零前应加一次100%调整以使仪器内部自动增益到位);

操作:将用作背景的空白样品置入样品室光路中,盖下试样盖(同时打开光门),按下“100%T”键即能自动调整100%T(一次有误时可加按一次);

注:调整100%T时,整机自动增益系统重调可能影响0%,调整后请检查0%,如有变化可重调0%一次。

(4)调整波长

试用仪器上唯一的旋钮(图3-6),即可方便地调整仪器当前测试波长,波长由旋钮左侧的显示窗(图3-6)显示,读出波长时目光垂直观察。

(5)改变试样槽位置让不同样品进入光路

仪器标准配置中试样槽架是四位置的,用仪器前面的试样槽拉杆来改变,打开样品室盖以便观察样品中的样品位置,最靠近测试者的为“0”位置,依次为“1”、“2”、“3”位置。对应拉杆推向最内为“0”位置,依次向外拉出相应为“1”、“2”、“3”位置,当拉杆到位时有定位感,到位时请前后轻轻推动一下以确保定位正确。

(6)确定滤光片

本仪器备有减少杂光、提高340~380nm波段光度准确性的滤光片,位于样品室内侧,用一拨杆来改变位置。

当测试波长在此340~380nm波段内作高精度测试时,可将拨杆拨向前(见机内印字指示),通常可不使用此滤光片,可将拨杆置在400~1000nm位置。

(7)改变标尺

本仪器设有四种标尺:

TRANS(透射比):用于对透明液体和透明固体测量透点;

ABS(吸光度):用于采用标准曲线法或绝对吸收法分析,在作动力学测定时亦能利用本系统;

FACT(浓度因子):用于在浓度因子法浓度直读时,设定浓度因子;

CONC(浓度直读):用于标样法浓度直读时,作设定和读出亦用于设定浓度因子后的浓度直读;

各标尺间的交换用 MODE 键操作,并由"TRANS"、"ABS"、"FACT"、"CONC"指示灯分别指示,开机初始状态为 TRANS,每按一次顺序循环。

B. 应用操作——测定透明溶液的吸光度的方法

1	预热	3. A(1)
2	设定波长	3. A(4)
3	置入空白	3. A(5)
4	调 100%T0%T	3. A(3)
5	置吸光度标尺(ABS)	3. A(7)
6	样品置入光路	3. A(5)
7	读出数据	3. A(1)

4. 使用过程中注意点

(1)机器预热时应开启样品室,使光电管不受光;

(2)比色皿应用镜头纸轻拭干净,每次使用后应用石油醚清洗;

(3)比色皿为玻璃质或石英质,使用时应小心轻放;

(4)样品室盖子应轻开、轻关。

实验九 电镀铜

实验目的

(1)学习焦磷酸盐镀铜的基本原理及其影响因素。

(2)了解钢铁表面电镀铜的一般工艺,初步学会电镀操作。

实验原理

在工程实际中应用的金属材料，其表面往往有一层或几层覆盖层，常见的如氧化膜层、金属层等，以满足抗蚀、耐磨等各种性能的要求。电镀就是一种应用电解原理在金属表面沉积出一薄层其他金属或合金的过程，在电镀时，将待镀的工件作为阴极，而用作镀层的金属作为阳极（阳极也可以是不溶性的金属，如镀铜时阳极可用 Pb，Pb 仅起导电作用），两极置于欲镀金属的盐溶液即电镀液中，在适当的电压下，阳极上发生氧化反应，金属失去电子而成为正离子进入溶液中，即阳极溶解（若为不溶性阳极，则一般是溶液中的 OH^- 失去电子放出 O_2）；阴极发生还原反应，金属正离子在阴极镀件上获得电子，析出沉积成金属镀层，一般，电镀层是靠镀层金属在基体金属上结晶并与基体金属结合形成的。

电镀液（电解液）的选择直接影响着电镀质量，例如镀铜工艺若用酸性铜液（基本成分为硫酸铜和硫酸），不仅镀层粗糙，而且与基体金属结合不牢。本实验采用焦磷酸盐镀铜液，能获得厚度均匀、结晶较细致的镀铜层，而且操作简便、成本较低且污染小，这种电镀液的主要成分是硫酸铜和焦磷酸钠（$Na_4P_2O_7$）。硫酸铜在过量焦磷酸钠溶液中形成配合物焦磷酸铜钠，反应式为：

$$CuSO_4 + 2Na_4P_2O_7 \rightarrow Na_6[Cu(P_2O_7)_2] + Na_2SO_4$$

配离子 $[Cu(P_2O_7)_2]^{6-}$ 较稳定（$Ka=1\times10^9$），溶液中游离的 Cu^{2+} 浓度很低，所以阴极上的电极反应为：

$$[Cu(P_2O_7)_2]^{6-} + 2e^- \rightarrow Cu + 2P_2O_7^{4-}$$

在具体电镀工艺过程中，镀液的 pH 值、温度及搅拌程度、电流密度、极板间距、电镀时间等因素均对镀层质量有一定影响。

仪器和试剂

1. 仪器

恒流恒压计、电热板、水银温度计（0～100℃）、烧杯（500mL，100mL）、玻璃棒、导线、鳄鱼夹、砂纸（棕刚玉，粒度 60 目）、金相砂纸（W2801＃）、洗瓶、不锈钢片（60mm×40mm，打孔）、钢板（60mm×60mm，打孔）、电子天平（公用）、游标卡尺或直尺（公用）、吸水纸、电极挂钩（自制，取 10cm 长漆包线，用砂纸磨去两端绝缘漆层各约 2cm，然后一端弯成钩状，一端缠绕在玻璃棒上）。

2. 试剂

酸：柠檬酸 $HOOCCH_2C(OH)(COOH)CH_2COOH$；

碱：氢氧化钠 NaOH；

盐：焦磷酸钠 $Na_4P_2O_7\cdot10H_2O$、硫酸铜 $CuSO_4\cdot5H_2O$、磷酸氢二钠 $Na_2HPO_4\cdot12H_2O$、硝酸铵 NH_4NO_3、碳酸钠 Na_2CO_3、磷酸钠 $Na_3PO_4\cdot10H_2O$、

硅酸钠 $Na_2SiO_3 \cdot 9H_2O$。

其他：低碳钢片(60mm×40mm，打孔)。

3. 实验仪器装置图

见图 3-7。

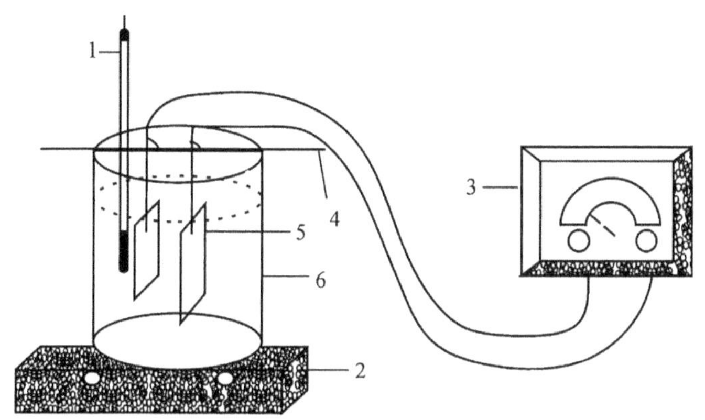

1—温度计；2—电炉；3—恒流恒压计；4—电极挂钩；5—待镀材料；6—烧杯

图 3-7　电镀铜实验仪器装置图

4. 电化学除油液、电镀液配方(由实验室配制)

(1)电化学除油液：NaOH 30g·L^{-1}、Na_2CO_3 30g·L^{-1}、$Na_3PO_4 \cdot 10H_2O$ 30g·L^{-1}、$Na_2SiO_2 \cdot 9H_2O$g·L^{-1}。

(2)电镀液：$Na_4P_2O_7 \cdot 10H_2O$ 150g·L^{-1}、$CuSO_4 \cdot 5H_2O$ 40g·L^{-1}、$Na_2HPO_4 \cdot 12H_2O$ 25g·L^{-1}、NH_4NO_3 12g·L^{-1}、$HOOCCH_2C(OH)(COOH)CH_2COOH$ 3g·L^{-1}，pH=8.0～8.5。

实验内容

(一)预处理

用棕刚玉砂纸打磨低碳钢片正反两面至表面锈层、毛刺除尽，再改用 W2801# 金相砂纸打磨、消去划痕(注意不宜打磨得很光亮，为什么?)然后用去离子水冲洗干净，挂在电极挂钩上，放入经预加热、温度为 50℃的除油液中进行电化学除油(仪器装置图同图 3-7)，要求待加工的低碳钢片作阴极、不锈钢片或另一低碳钢片作阳极，并控制两极板平行且间距为 1～2cm(调节电极挂钩)。通过调节恒流恒压计使阳极电流密度为 2A·dm^{-2}，通电时间为 2min。再将经电化学除油的低碳钢片用去离子水冲洗干净并擦干，用电子天平称量，质量记为 m_1。

(二)电镀铜

按图 3-7 装置各仪器，将经预处理的低碳钢片作阴极，铜板作阳极，置于电镀液中，并要求控制两极板平行且间距为 1～2cm，阳极电流密度为 0.25～0.30A·dm^{-2}，电镀温度为室温，时间为 10min 左右。

(三)镀层厚度测定

将钢片冲洗干净、擦干，用电子天平称量，质量记为 m_2。用游标卡尺(或直尺)测量钢片的长、宽、高，分别记为 a_1、a_2、a_3。由钢片总表面积 $S=2(a_1a_2+a_2a_3+a_3a_1)$ 及电镀前后的质量差 $\Delta m=m_2-m_1=\rho Sh$，估算出所镀铜层的厚度 h(ρ 取 8.94g·cm^{-3})

(四)镀层质量评定

由教师根据镀层结合牢固程度、光亮程度等评出等级。

思考题

(1)了解焦磷酸盐镀铜法的主要电极反应。

(2)钢铁表面镀铜是否能提高其抗蚀性能？为什么？

(3)本实验中电镀铜时，阳极极板采用铜板或铅板，其电极反应是否相同?最好采用铜板还是铅板？为什么？

(4)讨论温度、电流密度、时间等因素等对镀层质量有何影响？

实验十　未知物的鉴定与鉴别

实验目的

运用所学的单质和化合物的基本性质，进行常见物质的鉴别或鉴定，进一步复习和巩固常见离子重要反应的基本知识。

实验原理

当一个试样需要鉴定或一组未知物需要鉴别时，通常可根据以下几个方面进行判断：

1. 物态

(1)观察试样在常温时的状态，如果是晶体要观察它的晶形。

(2)观察试样的颜色。溶液试样可根据离子的颜色，固体试样可根据化合物的颜色及配成溶液后的颜色，预测哪些离子可能存在，哪些离子不可能存在。

2. 溶解性

首先试验在水中的溶解性，在冷水中的溶解性怎样？在热水中又怎样？不溶于水的固体试样有可能溶于酸或碱，可依次用盐酸(稀、浓)、硝酸(稀、浓)、氢氧化钠(稀、浓)溶液试验其溶解性。

3. 酸碱性

酸或碱可直接加入指示剂或用 pH 试纸检测进行判断。两性物质可利用它既溶于酸又溶于碱的性质进行判断。可溶性盐的碱性可用它的水溶液加以判断。有时可以根据试液的酸碱性来排除某些离子存在的可能性。

4. 热稳定性

物质的热稳定性有时差别很大。有的物质在常温时就不稳定，有的物质加热时易分解，还有的物质受热时易挥发或升华。可根据试样加热后物相的转变、颜色的变化、有无气体放出等现象进行初步判断。

5. 鉴定或鉴别反应

经过前面对试样的观察和初步试验，再进行相应的鉴定或鉴别反应，就能给出准确的判断。在基础化学实验中，鉴定反应大致采用以下几种方法：

(1)通过与某种试剂的反应，生成沉淀，或沉淀溶解，或放出气体。还可再对生成的沉淀或气体进行检验。

(2)显色反应。

(3)焰色反应。

(4)硼砂珠实验。

(5)其他特征反应。

进行未知试样的鉴别和鉴定时要特别注意干扰离子的存在，尽量采用特效反应进行鉴别和鉴定。

实验内容(可选做或调换其他内容)

按照下述实验内容列出实验用品及分析步骤：

(1)区分两片金属片：一片是铝片，一片是锌片。

(2)鉴别四种黑色或近于黑色的氧化物：CuO、Co_2O_3、PbO_2、MnO_2。

(3)未知混合液 1,2,3 分别含有 Cr^{3+},Mn^{2+},Fe^{3+},Co^{2+},Ni^{2+}离子中的大部分或全部，设计一实验方案以确定未知液中含有哪几种离子，哪几种离子不存在。

(4)鉴别下列化合物：$CuSO_4$、Cu_2SO_4、$FeCl_3$、$BaCl_2$、$NiSO_4$、$CoCl_2$、NH_4HCO_3、NH_4Cl。

(5)盛有以下 10 种硝酸盐溶液的试剂瓶标签脱落，试加以鉴别 $AgNO_3$、$Hg(NO_3)_2$、$Hg_2(NO_3)_2$、$Pb(NO_3)_2$、$NaNO_3$、$Cd(NO_3)_2$、$Zn(NO_3)_2$、$Al(NO_3)_3$、KNO_3、$Mn(NO_3)_2$。

(6)盛有下列 10 种固体钠盐的试剂瓶标签被腐蚀，试加以鉴别：$NaNO_3$、Na_2S、$Na_2S_2O_3$、Na_3PO_4、$NaCl$、Na_2CO_3、$NaHCO_3$、Na_2SO_4、$NaBr$、Na_2SO_3。

(7)溶液中可能有以下 10 种阴离子：S^{2-}、SO_3^{2-}、SO_4^{2-}、PO_4^{3-}、NO_3^-、NO_2^-、Cl^-、Br^-、I^-、CO_3^{2-}中的四种，试写出分析步骤及鉴定结果。

思考题

用化学分析方法对某试样或未知物进行定性分析鉴定时，一般可以采用那些方法进行初步判断？

实验十一　植物中某些元素的分离与鉴定

实验目的

了解从一般植物中分离和鉴定化学元素的方法。

实验原理

植物是有机体，主要由 C，H，O，N 等元素组成，此外，还含有 P，I 和某些金属元素如 Ca，Mg，Al，Fe 等。把植物烧成灰烬，然后用酸浸溶，即可从中分离和鉴定某些元素。本实验只要求分离和检出植物中 Ca，Mg，Al，Fe 四种金属元素和 P，I 两种非金属元素。

仪器和试剂

1．仪器

酒精喷灯或煤气灯。

2．试剂、材料

HCl($2mol \cdot L^{-1}$)，HNO_3(浓)，HAc($1mol \cdot L^{-1}$)，NaOH($2mol \cdot L^{-1}$)，广泛pH 试纸及鉴定 Ca^{2+}，Mg^{2+}，Al^{3+}，Fe^{3+}，PO_4^{3-}，I^-所用的试剂。

松枝、柏枝、茶叶、海带。

实验内容

(一)从松枝、柏枝、茶叶等植物中任选一种鉴定 Ca，Mg，Al 和 Fe

取约 5g 已洗净且干燥的植物枝叶(青叶用量适当增加)，放在蒸发皿中，在通风橱内用煤气灯加热灰化，然后用研钵将植物灰研细。取一勺灰粉(约 0.5g)于 $10mL2mol \cdot L^{-1}$HCI 中，加热并搅拌促使溶解，过滤。

自拟方案鉴定滤液中 Ca^{2+}，Mg^{2+}，Al^{3+}，Fe^{3+}。

(二)从松枝、柏枝、茶叶等植物中任选一种鉴定磷

用同上的方法制得植物灰粉，取一勺溶于 10mL 浓 HNO_3 中，温热并搅拌促

使溶解然后加水 30mL 稀释溶解，过滤。自拟方案鉴定滤液中的 PO_4^{3-}。

（三）海带中碘的鉴定

将海带用上述方法灰化，取一勺溶于 10mL・1mol・L^{-1}HAc 中，温热并搅拌促使溶解，过滤。自拟方案鉴定滤液中的 I^-。

注意事项

(1)以上各离子的鉴定方法可参考有关资料，注意鉴定的条件及干扰离子。

(2)由于植物中以上欲鉴定元素的含量一般都不高，所得滤液中这些离子浓度往往较低。鉴定时取量不宜太少，一般可取 1mL 左右进行鉴定。

(3)Fe^{3+}对 Mg^{2+}，Al^{3+}鉴定均有干扰，鉴定前应加以分离。可采用控制 pH 方法先将 Ca^{2+}，Mg^{2+}与 Al^{3+}，Fe^{3+}分离，然后再将 Al^{3+}与 Fe^{3+}分离。

注：四种金属离子的氢氧化物完全沉淀的 pH 范围

$Ca(OH)_2$：pH＞13；$Mg(OH)_2$：pH＞11；

$Fe(OH)_3$：pH≥4.1；$Al(OH)_3$：pH≥5.2；

$Al(OH)_3$ 是两性，当 pH≥7.8 时，开始溶解，所以开始分离时，加氨水控制 pH≤8，此时钙、镁的氢氧化物不沉淀，而铝、铁的氢氧化物沉淀。

思考题

(1)植物中还可能含有哪些元素？如何鉴定？

(2)为了鉴定 Mg^{2+}某学生进行如下实验：植物灰用较浓的 HCl 浸溶后，过滤。滤液用 $NH_3 \cdot H_2O$ 中和至 pH＝7，过滤。在所得的滤液中加几滴 NaOH 溶液和镁试剂 I，发现得不到蓝色沉淀。试解释实验失败的原因。

参考资料

大学化学实验改革课题组编．大学化学新实验．杭州：浙江大学出版社，1990

实验十二　茶叶中咖啡因的提取

实验目的

(1)学习从天然植物中提取、分离化合物的原理和方法。

(2)熟悉用升华方法提纯化合物。

(3)掌握 Soxhlet 提取器的原理和使用方法。

实验原理

茶叶中含有多种生物碱，其中以咖啡碱（又称咖啡因）为主，约占1%～5%；另外，还含有11%～12%的丹宁酸（又名鞣酸），0.6%的色素、纤维素、蛋白质等。咖啡碱是弱碱性化合物，易溶于氯仿（12.5%），水（2%）及乙醇（2%）等。在苯中的溶解度为1%（热苯为5%）。丹宁酸易溶于水和乙醇，但不溶于苯。

咖啡碱是杂环化合物嘌呤的衍生物，它的化学名称是1,3,7-三甲基-2,6-二氧嘌呤，其结构式如下：

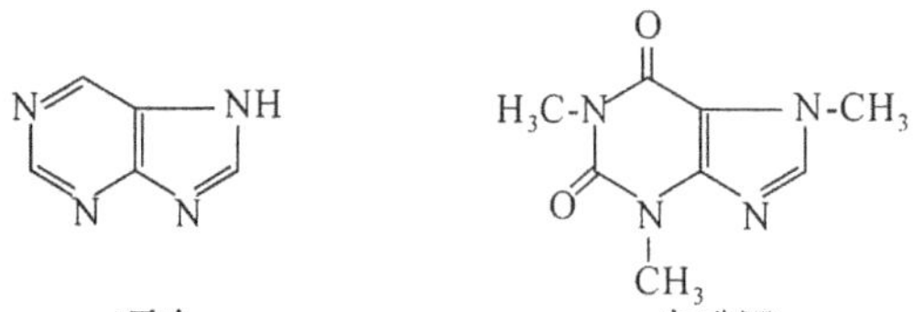

嘌呤　　咖啡因

含结晶水的咖啡因系无色针状结晶、味苦，能溶于水、乙醇、氯仿等。在100℃时即失去结晶水，并开始升华，120℃时升华相当显著，至178℃时升华很快。无水咖啡因的熔点为234.5℃。

为了提取茶叶中的咖啡因，往往利用适当的溶剂（氯仿、乙醇、苯等）在脂肪提取器中连续抽提，然后蒸去溶剂，即得粗咖啡因。

粗咖啡因还含有其他一些生物碱和杂质，利用升华可进一步提纯。

工业上，咖啡因主要通过人工合成制得，它具有刺激心脏、兴奋大脑神经和利尿等作用，因此可作为中枢神经兴奋药，它也是复方阿司匹林（APC）等药物的组分之一。

咖啡因可以通过测定熔点及光谱法加以鉴别，此外，还可以通过制备咖啡因水杨酸盐衍生物进一步得到确证。咖啡因作为碱，可与水杨酸作用生成水杨酸盐，此盐的熔点为137℃。

反应方程式：

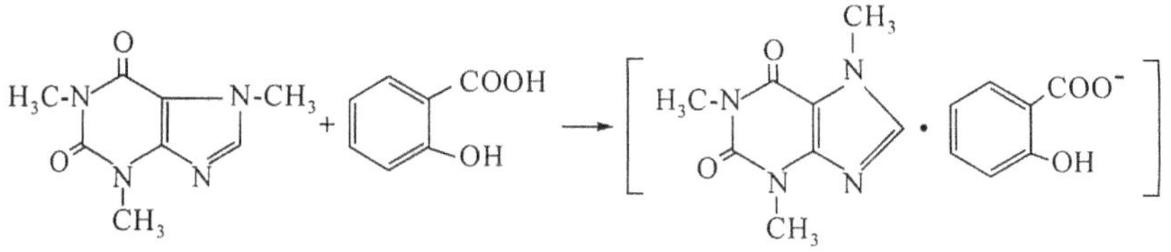

$$\text{咖啡因} + \text{水杨酸 (COOH, OH)} \longrightarrow [\text{咖啡因(H)}^{+} \cdot \text{水杨酸根 } (COO^{-}, OH)]$$

仪器和试剂

1. 仪器

熔点仪，脂肪提取器。

2. 试剂

茶叶，乙醇（95%），氧化钙。

实验内容

按图 2-52(d)装好提取装置[1]。称取 10g 茶叶末，放入脂肪提取器的滤纸套筒中[2]。在圆底烧瓶中加入 75mL 95%乙醇，用水浴加热，连续提取 2h[3]。待冷凝液刚刚虹吸下去时，立即停止加热。稍冷后，改成蒸馏装置，回收提取液中的大部分乙醇[4]。趁热将瓶中的残液倾入蒸发皿中，拌入 3～4g 氧化钙粉[5]，使成糊状，在蒸气浴上蒸干，其间应不断搅拌，并压碎块状物。最后将蒸发皿放在石棉网上，用小火焙炒片刻，务使水分全部除去。冷却后，擦去沾在边上的粉末，以免在升华时污染产物。取一只口径合适的玻璃漏斗，罩在剪有许多直径约 5mm 的小孔滤纸的蒸发皿上，用酒精灯小心加热升华[6]。当滤纸上出现许多白色毛状结晶时，暂停加热，让其自然冷却至 100℃左右。小心取下漏斗，揭开滤纸，用刮刀将纸上和器皿周围的咖啡因刮下。残渣经拌和后用较大的火再加热片刻，使升华完全。合并两次收集的咖啡因，称重并测定熔点。

纯粹咖啡因的熔点为 234.5℃。

注意事项

(1)脂肪提取器的虹吸管极易折断，装置仪器和取拿时须特别小心。

(2)滤纸套大小既要紧贴器壁，又能方便取放，其高度不得超过虹吸管；滤纸包茶叶末时动作要严谨，防止漏出堵塞虹吸管；纸套上面折成凹形，以保证回流液均匀浸润被萃取物。

(3)若提取液颜色很淡时，即可停止提取。

(4)瓶中乙醇不可蒸得太干，否则残液很粘，转移时损失较大。

(5)氧化钙起吸水和中和作用，以除去部分酸性杂质。

(6)在萃取回流充分的情况下，升华操作是实验成败的关键。升华过程中，始终都需用小火间接加热。如温度太高，会使产物发黄。注意温度计应放在合适的位置。使正确反映出升华的温度。

思考题

(1)提取咖啡因时，用到的氧化钙起什么作用？

(2)从茶叶中提取出的粗咖啡因有绿色光泽，为什么？

附：咖啡因物性数据表

名称	相对分子量	形状	密度 ρ/g·mL^{-1}	熔点/℃	沸点/℃	折光率	溶解度/g(100mL 溶剂)$^{-1}$		
							水	乙醇	乙醚
咖啡因	212.2	针状结晶	1.234^{18}	234.5	—	—	2.2(25℃)	1.4(25℃)	

实验十三　绿色植物色素的提取及色谱分离

实验目的

(1)学习柱色谱分离植物中色素的方法。

(2)学习薄层色谱技术。

实验原理

绿色植物如菠菜叶中含有叶绿素(绿)、胡萝卜素(橙)和叶黄素(黄)等多种天然色素。

叶绿素存在两种结构相似的形式即叶绿素 a($C_{55}H_{72}O_5N_4Mg$) 和叶绿素 b($C_{55}H_{70}O_6N_4Mg$),其差别仅是 a 中一个甲基被 b 中的甲酰基所取代。它们都是吡咯衍生物与金属镁的络合物,是植物进行光合作用所必需的催化剂。植物中叶绿素 a 的含量通常是 b 的 3 倍。尽管叶绿素分子中含有一些极性基团,但大的烃基结构使它易溶于醚、石油醚等一些非极性的溶剂。

胡萝卜素($C_{40}H_{56}$)是具有长链结构的共轭多烯。它有三种异构体,即 α-,β-和 γ-胡萝卜素,其中 β-异构体含量最多,也最重要。生长期较长的绿色植物中,异构体中 β-体的含量多达 90%。β-体具有维生素 A 的生理活性,其结构是两分

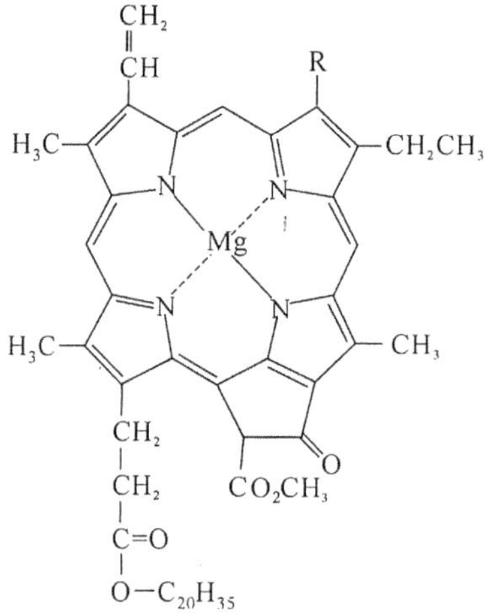

叶绿素 a (R 为 CH_3)

叶绿素 b (R 为 CHO)

子维生素 A 在链端失去两分子水结合而成的。在生物体内，β-体受酶催化剂即形成维生素 A。目前 β-体已可进行工业生产，可作为维生素 A 的使用，也可作为食品工业中的色素。

叶黄素($C_{40}H_{56}O_2$)是胡萝卜素的羟基衍生物，它在绿叶中的含量通常是胡萝卜素的两倍。与胡萝卜素相比，叶黄素较易溶于醇而在石油醚中溶解度较小。

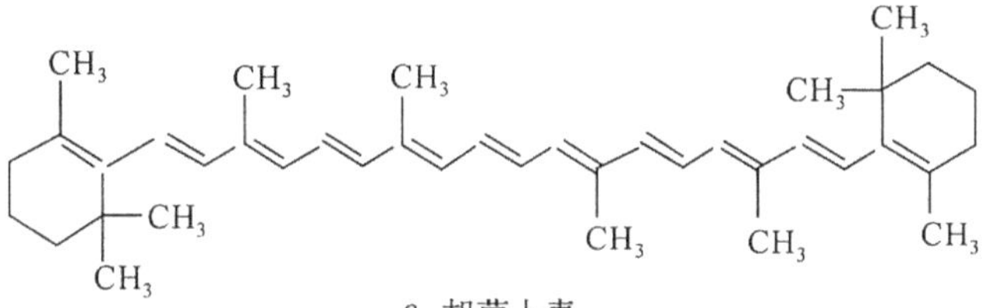

β-胡萝卜素

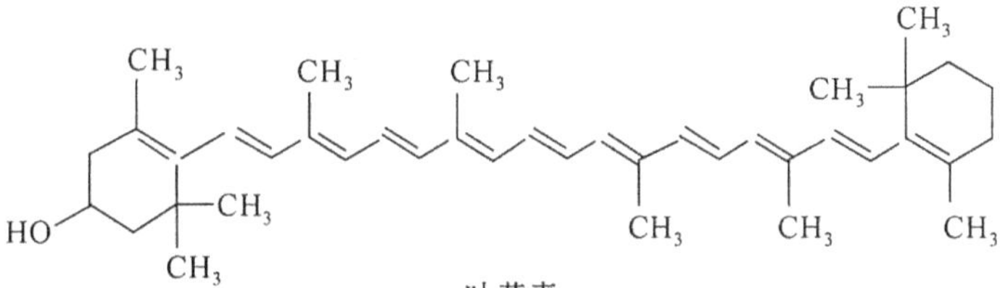

叶黄素

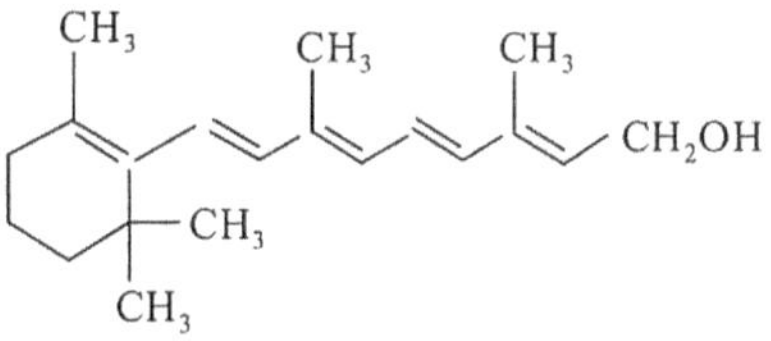

维生素 A

本实验将从菠菜中提取上述几种色素，并通过薄色谱和柱色谱进行分离。有条件的，可进行 β-胡萝卜素的紫外光谱测定。

仪器和试剂

1. 仪器

紫外光谱仪，柱色谱装置。

2. 试剂

硅胶 G，中性氧化铝，95％乙醇，石油醚(60～90℃)，丙酮，乙酸乙酯，菠菜叶。

实验内容

(一)菠菜色素的提取

称取 20g 洗净后用滤纸吸干的新鲜(或冷冻)的菠菜叶，用剪刀剪碎并与

20mL 甲醇拌匀，在研钵中研磨约 5min，然后用布氏漏斗抽滤菠菜汁，弃去滤液。

将菠菜汁放回研钵，每次用 20mL3∶2(体积比)的石油醚一甲醇混合液萃取两次，每次需加以研磨并且抽滤。合并深绿色萃取液，转入分液漏斗，每次用 10mL 水洗涤两次，以除去萃取液中的甲醇。洗涤时要轻轻旋荡，以防止产生乳化。弃去水一甲醇层，石油醚层用无水硫酸钠干燥后滤入圆底烧瓶，在水浴上蒸去大部分石油醚至体积约为 1mL 为止。

(二)薄层色谱分离

取 4 块显微载玻片，用硅胶 G 经 0.5%羧甲基纤维素钠调制后制板，晾干后在 110℃活化 1h。

展开剂：(a)石油醚-丙酮＝8∶2(体积比)

(b)石油醚-乙酸乙酯＝6∶4(体积比)

取活化后薄层板，点样后，小心放入预先加好选定展开剂的广口瓶内。瓶的内壁贴一张高 5cm、绕周长约 4/5 的滤纸，下部浸入展开剂中，盖好瓶盖。待展开剂上升至规定高度时，取出薄层板，在空气中晾干，用铅笔做出标记。

分别用展开剂 a 和 b 展开，比较不同展开剂系统的展开效果。观察斑点在板上的位置并排列出胡萝卜素、叶绿素和叶黄素的 R_f 值的大小次序。注意更换展开剂时，须干燥层析瓶，不允许前一种展开剂带入后一系统。

(三)柱色谱分离

在 20×1.0cm 的色谱柱中，加 15cm 高的石油醚。另取少量脱脂棉，先在小烧杯内用石油醚浸湿、挤压以驱除气泡、然后放在层析柱底部、在它上面加一片直径比柱略小的圆形滤纸。将 20g 层析用的中性氧化铝(150～160 目)，从玻璃漏斗中缓缓加入，小心打开柱下活塞，保持石油醚高度不变，流下的氧化铝在柱子中堆积。必要时用装在玻璃棒上的橡皮塞轻轻在层析柱的周围敲击，使吸附剂装得平整致密。柱中溶剂面，由下端活塞控制，不使满溢，更不能让干。装完后，上面再加一片圆形滤纸，打开下端活塞，放出溶剂，直到氧化铝表面只剩下 1～2mm 高为止(注意！在任何情况下，氧化铝表面不得露出液面)。

将上述菠菜色素的浓缩液，用滴管小心地加到色谱柱顶部。加完后，打开下端活塞，让液面下降到柱面以下 1mm 左右。关闭活塞，加数滴石油醚，打开活塞，使液面下降，经几次反复，使色素全部进入柱体。待色素全部进入柱体后，在柱顶小心加入约 1.5cm 高度的洗脱剂——石油醚-丙酮溶液＝8∶2(体积比)。然后在层析柱上面装一滴液漏斗，内装 15mL 洗脱剂。打开上、下两个活塞，让洗脱剂逐滴放出，层析即开始进行，用锥形瓶收集。当第一个有色成分即将滴出时，取另一锥形瓶收集，得橙黄色溶液，就是 β-胡萝卜素。(约用洗脱剂 50mL)用石油醚稀释后，作紫外光测定。

如时间和条件允许，可用 7∶3(体积比)石油醚-丙酮作洗脱剂，分出第二个黄色带，它是叶黄素。再用 3∶1∶1(体积比)丁醇-乙醇-水洗脱叶绿素 a(蓝绿色)和叶绿色 b(黄绿色)。并将分离后的色素进行 TLC 分析。

(四)β-胡萝卜素的紫外光谱测定

将上述柱色谱分离得到的橙黄色试样，稀释至 50mL，以石油醚作参比，用 UV-2100 紫外分光光度计或 722 型分光光度计，1cm 比色皿，测定 400～600nm 范围内的吸收，指出测定的 λ_{max} 值。

λ_{max}参考数据：β-胡萝卜素 481(123027)，453(141254)。

注意事项

叶黄素易溶于醇而在石油醚中溶解度较小，从嫩菠菜得到的提取液中，叶黄素含量很少，柱色谱中不易分出黄色带。

思考题

(1)试比较叶绿素、叶黄素和胡萝卜素三种色素的极性，为什么胡萝卜素在层析柱中移动最快？

(2)色谱法的基本原理是什么？

(3)实验用到的吸附剂、展开剂和洗脱剂分别是什么？

实验十四　氯化钠的提纯及碘盐的制备

A. 氯化钠的提纯

实验目的

(1)巩固减压过滤、蒸发浓缩等基本操作。

(2)了解沉淀溶解平衡原理的应用。

(3)学习在分离提纯物质过程中，定性检验某种物质是否已除去的方法。

实验原理

氯化钠试剂或氯碱工业用的食盐水，都是以粗盐为原料进行提纯的。粗盐中除了含有泥沙等不溶性杂质外，还含有 K^+、Ca^{2+}、Mg^{2+} 和 SO_4^{2-} 等可溶性杂质。不溶性杂质可用过滤法除去，可溶性杂质中的 Ca^{2+}、Mg^{2+} 和 SO_4^{2-} 则通过加入 $BaCl_2$，NaOH 和 Na_2CO_3 溶液，生成难溶的硫酸盐、碳酸盐或碱式碳酸盐沉淀而除去；也可加入 $BaCO_3$ 固体和 NaOH 溶液进行如下反应除去：

$$BaCO_3 \longrightarrow Ba^{2+} + CO_3^{2-}$$

$$Ba^{2+} + SO_4^{2-} \longrightarrow BaSO_4 \downarrow$$

$$Ca^{2+} + CO_3^{2-} \longrightarrow CaCO_3 \downarrow$$

$$Mg^{2+} + 2OH^- \longrightarrow Mg(OH)_2 \downarrow$$

上述两种提纯方法可由两位同学合作进行实验，最后写出评述性的报告。

仪器和试剂

1. 仪器

托盘天平，温度计。

2. 试剂

HCl（$6mol \cdot L^{-1}$），$BaCl_2$（$1mol \cdot L^{-1}$），$(NH_4)_2C_2O_4$（饱和），食盐，$BaCO_3$(s)，NaOH（$6mol \cdot L^{-1}$）和 Na_2CO_3（饱和）混合溶液（50%（V）），镁试剂。

实验内容

（一）粗盐溶解

移取 20.0g 粗盐于烧杯中，加入约 70mL 水，加热搅拌使其溶解。

（二）除 Ca^{2+}、Mg^{2+} 和 SO_4^{2-}

1. $BaCl_2$-NaOH，Na_2CO_3 法

（1）除 SO_4^{2-}：加热溶液至沸，边搅拌边滴加 1 $mol \cdot L^{-1}$ $BaCl_2$ 溶液至 SO_4^{2-} 除尽为止[1]。继续加热煮沸数分钟。过滤。

（2）除 Ca^{2+}、Mg^{2+} 和过量的 Ba^{2+}：将溶液加热至沸腾，边搅拌边滴加 NaOH-Na_2CO_3 混合液至溶液的 pH 值约等于 11。取清液检验 Ba^{2+}，除尽后，继续加热煮沸数分钟。过滤。

（3）除剩余的 CO_3^{2-}：加热搅拌溶液，滴加入 $6mol \cdot L^{-1}$ HCl 至溶液的 pH＝2～3。

2. $BaCO_3$-NaOH 法

（1）除 Ca^{2+} 和 SO_4^{2-}：在粗食盐水溶液中，加入约 1.0g$BaCO_3$（比 SO_4^{2-} 和 Ca^{2+} 的含量约过量 10%（m））[2]。在 90℃左右搅拌溶液 20～30min。取清液，用饱和 $(NH_4)_2C_2O_4$ 检验 Ca^{2+}，如尚未除尽，应再加适量 $BaCO_3$ 继续加热搅拌溶液，至除尽为止。

（2）除 Mg^{2+}：用 $6mol \cdot L^{-1}$ NaOH 调节上述溶液至 pH 为 11 左右，取清液，分别加入 2～3 滴 $6mol \cdot L^{-1}$ NaOH 和镁试剂，证实 Mg^{2+} 除尽后，再加热数分钟，过滤。

(3)溶液的中和:用 6 mol·L^{-1} HCl 调节溶液的 pH=5～6。

(三)蒸发、结晶

加热、蒸发、浓缩上述溶液,并不断搅拌至稠状。趁热抽干后转入蒸发皿内用小火烘干。冷至室温,称重,计算产率。

(四)产品质量检验

取粗盐和产品各 1g 左右,分别溶于约 5mL 蒸馏水中,定性检验溶液中是否有 SO_4^{2-}、Ca^{2+}和 Mg^{2+}的存在,比较实验结果。

注意事项

(1)检查 SO_4^{2-} 是否除尽时,可将烧杯从石棉网上取下,取少量上层溶液过滤于小试管内,加入几滴 1mol·$L^{-1}$$BaCl_2$ 溶液,如果有混浊,说明 SO_4^{2-} 未除尽,需再加 $BaCl_2$ 溶液,如果不混浊,表示 SO_4^{2-} 已除尽。

(2)粗盐一般含有 0.1%～0.25%的 Ca^{2+},含有 1.0%～1.3%的 SO_4^{2-}。

思考题

(1)能否用重结晶的方法提纯氯化钠?

(2)能否用氯化钙代替毒性大的氯化钡来除去食盐中的 SO_4^{2-}?

(3)试用沉淀溶解平衡原理,说明用碳酸钡除去粗盐中 Ca^{2+}和 SO_4^{2-} 的根据和条件。

(4)在实验中,如果以 $Mg(OH)_2$ 沉淀形式除去粗盐溶液中的 Mg^{2+},则溶液的 pH 应为何值?

(5)在提纯粗盐溶液过程中,K^+将在哪一步被除去?

B. 碘盐的制备

实验目的

(1)掌握加热、蒸发浓缩、减压过滤,干燥等基本操作。

(2)了解食盐的提纯和加碘的方法。

粗盐含有较多杂质,难以食用。要得到较纯净的食盐可采用重结晶的方法。方法要点是将食盐溶于水,过滤除去不溶性杂质,然后加热蒸发浓缩成过饱和溶液,冷却后析出食盐。可溶性杂质,由于总量少,未达饱和而留在母液中,经过过滤分离得较纯净食盐。食盐加碘剂为 KIO_3,无水结晶体,较稳定。加碘必须加到食盐固体中,不能在精制食盐的浓溶液中加入。

仪器和试剂

1. 仪器

台秤，电炉，酒精灯，铁架台，烧杯(250mL)，试管，试管夹，布氏漏斗，抽滤瓶，真空泵，蒸发皿，坩埚，白瓷板，点滴磁板，量筒 50mL，玻璃棒，火柴。

2. 试剂

粗盐，HAc($2mol \cdot L^{-1}$)，$H_2C_2O_4$($2mol \cdot L^{-1}$)，无水乙醇(分析纯)，含碘 $200mg \cdot L^{-1}$的 KIO_3 溶液(称取分析纯 $KIO_3$0.0338g，配制成 100mL 溶液)，检测液(1%淀粉(指示剂级)400mL，85%$H_3PO_4$4mL，KSCN 固体 7g，混合搅拌至溶解)。

实验内容

(1)用台秤称取 15g 粗盐，放于 250mL 烧杯中，加自来水 50mL，在酒精灯(或电炉)上一边加热一边搅拌使粗盐溶解，趁热过滤。将滤液收集到洗净的 80mm 蒸发皿中。

(2)继续加热、蒸发、浓缩(时而搅拌)至原体积的一半以下(20mL 左右)，取下稍冷，在布氏漏斗上减压过滤。将滤液倒回原烧杯，精盐转移到干净蒸发皿中，在酒精灯(或电炉)上加热至干燥。称量计算产率。

(3)食盐加碘：取一干净坩埚放在酒精灯上烘干，把 5g 自制精盐放入坩埚中，并逐滴加入 1mL 含碘为 $200mg \cdot L^{-1}$的标准 KIO_3 溶液。搅拌均匀后，加入 3mL 无水乙醇(分析纯)，将坩埚放在石棉网上，点燃酒精，燃尽后，冷却，即得碘盐(或在 100℃下烘干 1h)。计算自制碘盐中碘的含量(mg/kg 盐)。

(4)影响加碘盐稳定性的因素：取两支试管，各加入 1g 加碘盐。往第一支试管加入 $2mol \cdot L^{-1}$HAc 溶液 1 滴，第二支试管加入 $2mol \cdot L^{-1}$HAc 溶液 1 滴和 $2mol \cdot L^{-1}H_2C_2O_4$ 溶液 1 滴，将两支试管用酒精灯加热至干。取出试样，放于多孔点滴板孔中，用玻璃棒压实。另取碘盐 1g，也放于点滴板孔中，压实作对照用，各加入 2 滴检验液，比较其颜色，说明碘含量的变化。

思考题

(1)重结晶时，为什么一般不将溶液全部蒸干？

(2)抽滤应注意哪些事项？

(3)炒菜时，碘盐最好在什么时候放入？

实验十五　去离子水的制备与水质分析

实验目的

(1)学习去除一般水中钠、钾、钙、镁等金属离子的方法。

(2)熟悉离子交换树脂的应用。

(3)熟悉电导率仪的使用方法。

实验原理

离子交换树脂由高分子骨架、离子交换基团和孔三部分组成。其中离子交换基团连在高分子骨架(R)上。按官能团性质的不同可分为阳离子交换树脂和阴离子交换树脂。它的特点是性质稳定,与酸、碱及一般有机溶剂都不起作用。

它们和水溶液中的离子分别发生如下可逆反应:

阳离子交换树脂(氢型):

$$nRH+M^{n+}(Na^{+},Ca^{2+},Mg^{2+})\underset{再生}{\overset{交换}{\rightleftharpoons}}R_nM+nH^{+}$$

阴离子交换树脂(氢氧型):

$$nR(NH)OH+A^{n-}(Cl^{-},SO_4^{2-},CO_3^{2-})\underset{再生}{\overset{交换}{\rightleftharpoons}}[R(NH)_n]_nA+nOH^{-}$$

H^+和 OH^-结合生成水。经过阳、阴离子交换树脂处理过的水称为去离子水。为进一步提高纯度,可再串接一套阳、阴离子交换柱。经多级交换处理,水质更纯。交换失效后的阳离子树脂可用 HCl 溶液处理,阴离子树脂用 NaOH 处理。

经处理后的去离子水的要求为:电导率 $\kappa \leqslant 5\mu s \cdot cm^{-1}$,定性检验无 Ca^{2+}、Mg^{2+}、Cl^-、SO_4^{2-}。

各种水样电导率的大致范围如表 3-3 所示。

表 3-3　各种水样的电导率

水样	自来水	去离子水	纯水(理论值)
电导率 $\kappa/s \cdot cm^{-1}$	$5.0\times10^{-3}\sim5.3\times10^{-4}$	$4.0\times10^{-6}\sim8.0\times10^{-7}$	5.5×10^{-8}

仪器和试剂

1. 仪器

阴、阳离子交换柱,乳胶管,电导率仪。

2. 试剂

732 型阳离子交换树脂,711 型阴离子交换树脂,铬黑 T 指示剂,钙指示剂,

$AgNO_3$(0.1mol·L^{-1})，$BaCl_2$(1mol·L^{-1})，NaOH(2mol·L^{-1})，HNO_3(2mol·L^{-1})，$NH_3·H_2O$(2mol·L^{-1})。

实验内容

(一)树脂的预处理

阳离子交换树脂首先用去离子水浸泡 24h，再用 2mol·L^{-1}HCl 溶液浸泡 24h，滤去酸液后，反复用去离子水冲洗至中性，泡于去离子水中备用。阴离子交换树脂同样处理，用 2mol·L^{-1}NaOH 溶液代替 2mol·L^{-1}HCl 浸泡 24h。

(二)装柱

在交换柱底部塞入少量玻璃纤维以防树脂流出，向柱内注入约 1/3 去离子水，排出柱连接部空气，将预处理过的树脂和适量水一起注入柱内，注意保持液面始终高于树层。如图 3-8 所示，用乳胶管连接交换柱，柱 Ⅰ 为阳离子交换柱，柱 Ⅱ 为阴离子交换柱。

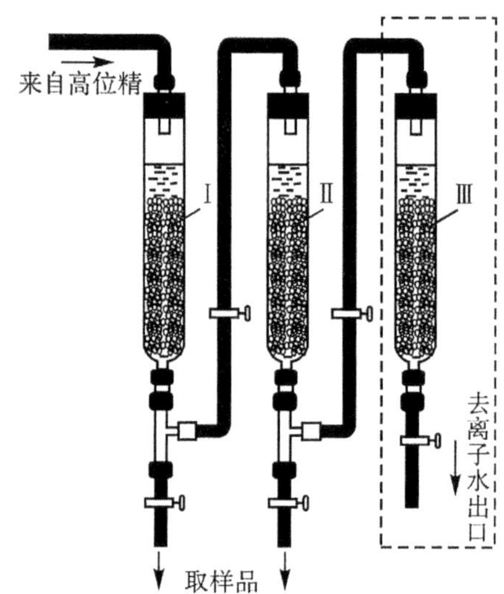

Ⅰ—阳离子交换柱；Ⅱ—阴离子交换柱；Ⅲ—阴、阳离子混合交换柱

图 3-8 离子交换纯水装置

(三)洗涤

用去离子水淋洗树脂，使柱 Ⅰ 和柱 Ⅱ 流出液 pH 均为 7，注意洗涤过程保持液面始终高于树脂层。

(四)制备去离子水

自来水经高位槽依次进入柱 Ⅰ 进行阳离子交换，然后进入柱 Ⅱ 进行阴离子交换，控制水流速度每分钟 1mL。

（五）检测

依次取自来水、柱Ⅰ、柱Ⅱ流出水进行下列项目检测。

检验 Mg^{2+}：在 1mL 水样中加入 2 滴 $2mol \cdot L^{-1} NH_3 \cdot H_2O$ 和少量铬黑 T 指示剂，根据颜色判断。

检验 Ca^{2+}：在 1mL 水样中加入 2 滴 $2mol \cdot L^{-1} NaOH$ 和少量钙指示剂，根据颜色判断。

检验 Cl^-：在 1mL 水样中加入 2 滴 $2mol \cdot L^{-1} HNO_3$ 酸化，再加入 2 滴 $0.1mol \cdot L^{-1} AgNO_3$ 溶液，根据有无白色沉淀判断。

检验 SO_4^{2-}：在 1mL 水样中加入 2 滴 $2mol \cdot L^{-1} HNO_3$ 酸化，再加入 2 滴 $1mol \cdot L^{-1} BaCl_2$ 溶液，根据有无白色沉淀判断。

用电导率仪测定各水样的电导率，注意测定电导率的先后次序为："柱Ⅱ→柱Ⅰ→自来水"。

若检测结果达不到实验要求，还可如图 3-8 所示串接柱Ⅲ。柱Ⅲ为混合床，即将阴、阳两种离子交换树脂按一定比例混合后装填于同一柱内，由于交换过程形成的 H^+ 和 OH^- 不能累积立即生成 H_2O，从而促使交换反应向正方向移动。混合床处理效率较高，但树脂的再生过程相对较困难。

实验结果和讨论

水样	检测项目				
	Mg^{2+}	Ca^{2+}	Cl^-	SO_4^{2-}	电导率 $\kappa/\mu s \cdot cm^{-1}$
自来水					
柱Ⅰ流出水					
柱Ⅱ流出水					

注意事项

（1）在装柱、洗涤、交换过程中，注意保持液面始终高于树脂层。

（2）若树脂层中有气泡，可用塑料通条赶气泡。

（3）制备去离子水时，注意控制水流速度。

（4）注意测定电导率的先后次序为电导率由小到大。

思考题

（1）离子交换树脂制备去离子水的原理是什么？

（2）离子交换法制备去离子水过程中有哪些操作步骤？应注意什么控制因素？

(3)制备去离子水时,为什么要控制水流速度?速度太快或太慢对离子交换有什么影响?

(4)什么是电导率?怎样测定水的电导率?

(5)如何定性检验水中是否还含有少量 Ca^{2+}、Mg^{2+}、Cl^-、SO_4^{2-} 等离子?

实验十六　铵盐中铵态氮的测定

实验目的

(1)熟悉甲醛法测定铵盐中铵态氮含量的原理和方法。

(2)掌握酸碱标准溶液的配制和标定。

(3)熟练滴定管的使用。

实验原理

含有铵态氮的氮肥,主要是各类铵盐,如硫酸铵、氯化铵、碳酸氢铵等。除碳酸氢铵可用标准酸直接滴定外,其他铵盐由于 NH_4^+ 是一种极弱的酸($Ka=5.6\times10^{-10}$),不能用 NaOH 标准溶液直接滴定。一般可用甲醛法测定,其原理是:

铵盐与甲醛作用,能定量地生成六次甲基四胺盐和 H^+,

$$4NH_4^+ + 6HCHO = (CH_2)_6N_4H^+ + 3H^+ + 6H_2O$$

六次甲基四胺盐的电离常数 $Ka=7.1\times10^{-5}$,酸性较铵离子强,因此用酚酞作指示剂时,能和 H^+ 一起被滴定。

从反应式看出,4molNH_4^+ 离子反应生成 3molH^+ 离子和 1mol 六次甲基四胺盐,滴定时能中和 4molNaOH,因此,1molNH_4^+ 离子相当于作用 1molNaOH,其结果计算如下:

$$N\% = \frac{c_{NaOH}\times V_{NaOH}\times 14.01}{W\times 1000}\times 100 = \frac{c_{NaOH}\times V_{NaOH}\times 14.01}{W\times 10}$$

甲醛中常含有少量被空气氧化所生成的甲酸,因此,必须预先以酚酞为指示剂用 NaOH 中和。

如果不纯的铵盐中含有游离酸,则在铵盐溶液中先加甲基红,用 NaOH 滴定至溶液由红色变橙色,中和游离酸,然后再用甲醛处理。

仪器和试剂

1. 仪器

电子分析天平。

2. 试剂

NaOH(AR 或 CP),0.2%酚酞,1+1 甲醛(取原瓶装甲醛上层清液于烧杯中,用水稀释一倍,滴加酚酞数滴,用标准碱溶液滴定至甲醛溶液呈现微红色),邻苯二甲酸氢钾(AR)

实验内容

(一)0.1mol·L^{-1}NaOH 溶液配制

称取 2g 固体 NaOH,置于 250mL 烧杯中,加蒸馏水使之溶解后,转移到带有橡皮塞的试剂瓶中,加水稀释至 500mL,充分摇匀,贴上标签。

(二)0.1mol·L^{-1}NaOH 溶液标定

用减量法准确称取 $KHC_8H_4O_4$ 基准物三份,每份 0.4～0.6g,分别放入三只做好标记的 250mL 锥形瓶中,加 20～30mL 煮沸后冷却的水溶解后,加 1～2 滴 0.2%酚酞指示剂,用待标定的 NaOH 溶液滴定至溶液呈现微红色,保持在 0.5min内不褪色,即为终点,分别计算 NaOH 标准溶液的物质的量浓度,三次平行测定的相对平均偏差应小于 0.2%。

(三)试样中铵态氮的含量测定

准确称取 0.15～0.20g 试样三份,分别置于 250mL 锥形瓶中,加 20～30mL 水使之溶解,加 10mL 甲醛(1+1)溶液,加 1～2 滴酚酞,充分摇匀,放置 1min 后,用 0.1mol·L^{-1}NaOH 标准溶液滴定至溶液呈现微红色,保持 0.5min 不褪色,即为终点,根据 NaOH 物质的量浓度计算出 N%。

如果试样的均匀性很差,可改称 1.5～2g 试样,溶解后移入 250mL 容量瓶中,加水稀释至刻度,摇匀,平行移取 25mL 试液,按上述步骤同样测定。

思考题

(1)$(NH_4)_2SO_4$、NH_4Cl 等铵盐中含氮量,为什么不能用标准碱溶液直接滴定?

(2)简述甲醛法测定铵盐含氮量的基本原理。

(3)NH_4HCO_3 中含氮量应如何测定?可否进行直接酸碱滴定?应采用 NaOH 标准溶液还是 HCl 标准溶液?请写出此酸碱滴定的化学反应式。

(4)若试样为 NH_4NO_3,用甲醛法得的含氮量中是否包括 NO_3^- 离子中的氮。

实验报告示例

铵盐中铵态氮的测定

一、日期　　　　年　　月　　日

二、原理

三、实验简要步骤

四、实验数据记录和计算

(一)0.1 mol·L^{-1}NaOH 溶液的配制

称取 2g NaOH 固体,溶解后,加纯水至 500mL,摇匀。

(二)0.1 mol·L^{-1}NaOH 溶液的标定

记录项目 \ 平行测定次序	Ⅰ	Ⅱ	Ⅲ
称量瓶+$KHC_8H_4O_4$(前) 称量瓶+$KHC_8H_4O_4$(后) $KHC_8H_4O_4$(g)			
V_{NaOH}(mL)			
c_{NaOH}(mol·L^{-1})			
$\check{c}_{NaOH}$(mol·L^{-1})			
相对平均偏差			

(三)测定铵盐中含氮量　　试样号________ NaOH 浓度________

记录项目 \ 平行测定次序	Ⅰ	Ⅱ	Ⅲ
称量瓶+铵盐试样(前) 称量瓶+铵盐试样(后) 铵盐试样(g)			
V_{NaOH}(mL)终 V_{NaOH}(mL)始 V_{NaOH}(mL)			
含氮量 $N\%$			
平均值			
相对平均偏差			

讨论:

实验十七　EDTA 标准溶液的配制与标定

实验目的

(1)掌握 EDTA 标准溶液的配制和标定方法。

(2)学会判断配位滴定的终点。

(3)了解缓冲溶液的应用。

实验原理

配位滴定中通常使用的配位剂是乙二胺四乙酸的二钠盐($Na_2H_2Y \cdot 2H_2O$),其水溶液的 pH 为 4.5 左右,若 pH 值偏低,应该用 NaOH 溶液中和到 pH=5 左右,以免溶液配制后有乙二胺四乙酸析出。

EDTA 能与大多数金属离子形成 1∶1 的稳定配合物,因此可以用含有这些金属离子的基准物,在一定酸度下,选择适当的指示剂来标定 EDTA 的浓度。

标定 EDTA 溶液的基准物常用的有 Zn, Cu, Pb, $CaCO_3$, $MgSO_4 \cdot 7H_2O$ 等。用 Zn 作基准物可以用铬黑 T(EBT)作指示剂,在 $NH_3 \cdot H_2O\text{-}NH_4Cl$ 缓冲溶液(pH=10)中进行标定,其反应如下:

滴定前:

$$\underset{\text{(纯蓝色)}}{Zn^{2+} + In} = \underset{\text{(酒红色)}}{ZnIn}$$

式中,In 为金属指示剂。

终点时:

$$\underset{\text{(酒红色)}}{ZnIn} + Y^{4-} = \underset{\text{(纯蓝色)}}{ZnY^{4-} + In}$$

所以,终点时溶液从酒红色变为纯蓝色。

用 Zn 作基准物也可用二甲酚橙为指示剂,六次甲基四胺作缓冲剂,在 pH=5～6 进行标定。两种标定方法所得结果稍有差异。通常选用的标定条件应尽可能与被测物的测定条件相近,以减少误差。

仪器和药品

$NH_3 \cdot H_2O\text{-}NH_4Cl$ 缓冲溶液(pH=10):取 6.75gNH_4Cl 溶于 20mL 水中,加入 57mL 浓 $NH_3 \cdot H_2O$,用水稀释到 100mL。

铬黑 T 指示剂、纯 Zn、EDTA 二钠盐(A.R.)。

实验内容

(一)0.01mol·L^{-1}EDTA 的配制

称取 3.7gEDTA 二钠盐，溶于 1000mL 水中，必要时可温热以加快溶解(若有残渣可过滤除去)。

(二)0.01mol·$L^{-1}$$Zn^{2+}$标准溶液的配制

取适量纯锌粒或锌片，用稀 HCl 稍加泡洗(时间不宜长)，以除去表面的氧化物，再用水洗去 HCl。然后，用酒精洗一下表面，沥干后于 110℃下烘几分钟，置于干燥器中冷却。

准确称取纯锌 0.15～0.2g，置于 100mL 小烧杯中，加 5mL1∶1HCl，盖上表面皿，必要时稍为温热(小心!)，使锌完全溶解。吹洗表面皿及杯壁，小心转移于 250mL 容量瓶中，用水稀释至标线，摇匀。计算 Zn^{2+}标准溶液的浓度 $c_{(Zn^{2+})}$。

(三)EDTA 浓度的标定

用 25mL 移液管吸取 Zn^{2+}标准溶液置于 250mL 锥形瓶中，逐滴加入 1∶1$NH_3 \cdot H_2O$，同时不断摇动直至开始出现白色 $Zn(OH)_2$ 沉淀。再加 5mL$NH_3 \cdot H_2O-NH_4Cl$ 缓冲溶液、50mL 水和 3 滴铬黑 T，用 EDTA 标准溶液滴定至溶液由酒红色变为纯蓝色即为终点。记下 EDTA 溶液的用量 $V_{(EDTA)}$。平行标定三次，计算 EDTA 的浓度 $c_{(EDTA)}$。

思考题

(1)在配位滴定中，指示剂应具备什么条件?

(2)本实验用什么方法调节 pH?

(3)若在调节溶液 pH=10 的操作中，加入很多 $NH_3 \cdot H_2O$ 后仍不见有白色沉淀出现是何原因? 应如何避免?

实验十八 水的总硬度的测定

实验目的

(1)熟悉水的硬度表示方法;

(2)掌握 EDTA 标准溶液的配制和标定的方法;

(3)掌握 EDTA 法测定水的总硬度的原理和方法;

(4)了解 K-B 指示剂的应用。

实验原理

硬水是指含有钙盐、镁盐较多的水，水的“总硬”一般是是指水中钙、镁的总

含量，因此测定水的总硬度，实际上是测定水中钙、镁离子的总量。

测定水的总硬度，一般采用配位滴定法，即在 pH＝10 的氨性缓冲溶液中，以 K-B 指示剂作为指示剂，用 EDTA 标准溶液直接滴定水中的 Ca^{2+}、Mg^{2+}，直至溶液由紫红色变为蓝绿色，即为终点。

滴定时，Fe^{3+}、Al^{3+} 等干扰离子用三乙醇胺掩蔽；Cu^{2+}、Pb^{2+}、Zn^{2+} 等重金属离子可用 KCN、Na_2S 或硫基乙酸掩蔽。

水的硬度有多种表示方法，目前我国常用的硬度是以度(°)表示，1 硬度单位表示 10 万份水中含 1 份 CaO。

$$硬度(°)=\frac{C_{EDTA}V_{EDTA}\times\frac{M_{CaO}}{1000}}{V_{水}}\times10^5$$

式中，$V_{水}$ 为水样的体积数(mL)。

仪器和试剂

(1)乙二胺四乙酸二钠(固体、AR)。

(2)$CaCO_3$(固体，GR 或基准试剂)。

(3)NH_3-NH_4Cl 缓冲溶液 pH≈10，称取 67gNH_4Cl，溶于少量水中，加 500mL 浓氨水后，用 pH 试纸检查，再用氨水或浓 HCl 调节至 pH≈10。用水稀释至 1000mL。

(4)1＋2 三乙醇胺。

(5)1＋1HCl。

(6)K-B 指示剂：将 1g 酸性铬蓝 K、2g 萘酚绿 B 和 40gKCl 固体物质，研细混匀，装入小广口瓶中，置于干燥器中备用。注意试剂质量常有变化，故应根据具体情况确定适宜的指示剂比例，一般以 1∶2～1∶3 为适宜。

实验内容

(一)0.01mol·L^{-1}EDTA 溶液的配制

在台秤上称取乙二胺四乙酸二钠 4g，加约 200mL 水适当加热使之溶解，稀释至 1000mL，搅匀，如有浑浊应过滤，溶液如需较长时间保存，最好将溶液储存在聚乙烯塑料瓶中。

(二)以 $CaCO_3$ 为基准物标定 EDTA 溶液

1. 0.01mol·L^{-1}标准钙溶液的配制

置碳酸钙基准物于称量瓶中，在 110℃ 干燥 120min，置于干燥器中冷却后，准确称取 0.23～0.28g$CaCO_3$(需要准确到小数点后第四位，为什么？)于 250mL

烧杯中，加几滴水湿润(为什么?)盖以表面皿，再从烧杯嘴逐滴加入(为什么?)1+1HCl5mL。待全部溶解后用水冲洗表面皿，将溶液定量转入250mL容量瓶中，用水稀释至刻度，摇匀。

2. 标定

移取25mL上述标准溶液，于250mL锥形瓶中，加入约25mL去离子水，3mL20%NaOH溶液及约10mg(绿豆大小)钙指示剂，摇匀后，用EDTA溶液滴定至由红色变为蓝色即为终点。平行滴定三次。计算EDTA溶液的准确浓度和相对平均偏差。

(三)总硬度测定

量取水样100mL(用什么量器？为什么?)于250mL锥形瓶中，加1+1HCl 1滴使之酸化(用pH试纸检验)，加热煮沸数分钟，以除去二氧化碳。冷却后，加入5mL1+2三乙醇胺、5mL氨性缓冲溶液，K-B固体指示剂1小匙(约0.1g)，用EDTA标准溶液滴定到溶液由紫红色变为蓝绿色，平行测定2～3次，计算水样的总硬度。

注意事项

(1)水的硬度分类：

总 硬 度	0～4°	4～8°	8～16°	16～30°	>30°
水的性质	很软水	软水	中等硬水	硬水	很硬水

(2)水的硬度原来是指沉淀肥皂的程度，使肥皂沉淀的主要原因是水中含有钙盐和镁盐。此外，铁、铝、锰、锶、锌等离子有同样作用，氢离子也有此作用，但不计为硬度。由于一般较清洁的水中钙、镁离子含量远比其他离子为高，所以通常所谓硬度只以钙、镁含量计算，而只有当其他离子的含量较大时才计算在内。

(3)水样中含铁量超过10mg·L^{-1}时，掩蔽有困难，需要用蒸馏水稀释到含Fe^{3+}不超过10mg·L^{-1}、含Fe^{2+}不超过7mg·L^{-1}，三乙醇胺必须在酸性条件下加入，然后调节pH≈10或pH≈12。

(4)若水样中含锰超过1 mg·L^{-1}，在碱性溶液中易氧化成高价，使指示剂变为灰白或浑浊的玫瑰色，可在水样中加入0.5～2mL盐酸羟胺还原高价锰，以清除干扰。当水样中存在微量铜时，使指示剂终点转变不清楚，为消除干扰，可先在水样中加入2%Na_2S溶液1mL。

(5)在氨性溶液中，当$Ca(HCO_3)_2$含量高时，可能慢慢析出$CaCO_3$沉淀，使终点拖长，变色不敏锐，所以在加氨性溶液前要除去CO_2，如果$Ca(HCO_3)_2$含量不高，除CO_2步骤就可以省略。

思考题

(1)以 $CaCO_3$ 作为基准物标定 0.01mol·L^{-1}EDTA 时,为使 EDTA 溶液消耗 25.00mL,应取 $CaCO_3$ 多少克?

(2)以 1∶1HCl 溶解 $CaCO_3$ 时应注意些什么?如何判别 $CaCO_3$ 已溶解完全?写出 $CaCO_3$ 溶解于 HCl 反应式。

(3)EDTA 标准溶液为什么常以物质的量浓度表示?为什么最好放入塑料试剂瓶中?

(4)什么叫水的硬度?水的硬度单位有哪几种表示方法?

(5)用 EDTA 法测水的总硬度,用什么指示剂?发生什么反应?终点变色如何?试液的 pH 值应控制什么范围?如何控制?

实验十九　葡萄糖含量的测定

实验目的

通过葡萄糖含量的测定,掌握间接碘量法的原理及其操作。

实验原理

碘与 NaOH 作用能生成 NaIO(次碘酸钠),而 $C_6H_{12}O_6$(葡萄糖)能定量地被 NaIO 氧化。在酸性条件下,未与 $C_6H_{12}O_6$ 作用的 NaIO 可转变成 I_2 析出,因此只要用 $Na_2S_2O_3$ 标准溶液滴定析出的 I_2 便可计算出 $C_6H_{12}O_6$ 的含量。以上各步可用反应方程式表示如下:

1. I_2 与 NaOH 作用

$$I_2 + 2NaOH = NaIO + NaI + H_2O$$

2. $C_6H_{12}O_6$ 与 NaIO 定量作用

$$C_6H_{12}O_6 + NaIO = C_6H_{12}O_7 + NaI$$

3. 总反应

$$I_2 + C_6H_{12}O_6 + 2NaOH = C_6H_{12}O_7 + 2NaI + H_2O$$

4. $C_6H_{12}O_6$ 作用完后,剩下的 NaIO 在碱性条件下发生歧化反应

$$3NaIO = NaIO_3 + 2NaI$$

5. 歧化产物在酸性条件下进一步作用生成 I_2

$$NaIO_3 + 5NaI + 6HCl = 3I_2 + 6NaCl + 3H_2O$$

6. 析出的 I_2 可用标准 $Na_2S_2O_3$ 溶液滴定

$$I_2 + 2Na_2S_2O_3 = Na_2S_4O_6 + 2NaI$$

在这一系列的反应中，1mol 葡萄糖与 1mol NaIO 作用，而 1mol I_2 产生 1mol NaIO。因此，1mol 葡萄糖与 1mol I_2 相当。

本法可作为葡萄糖注射液中葡萄糖含量的测定用。葡萄糖注射液浓度有 w 为 0.05，0.10，0.50 三种，本实验用 w 为 0.50 注射液稀释 100 倍作为待测溶液。

仪器和试剂

I_2 标准溶液(0.05mol・L^{-1})、$Na_2S_2O_3$ 标准溶液(0.1 mol・L^{-1})、NaOH 溶液(2 mol・L^{-1})、HCl(6 mol・L^{-1})、葡萄糖注射液(w 为 0.50)、淀粉指示剂(w 为 0.005)。

实验内容

用移液管吸取 25mL 待测溶液置于碘量瓶中，准确加入 25mLI_2 标准溶液。一边摇动，一边慢慢滴加 2 mol・L^{-1}NaOH 溶液，直至溶液呈淡黄色(加碱速度不能过快，否则过量 NaIO 来不及氧化 $C_6H_{12}O_6$ 而歧化为不与葡萄糖反应的 $NaIO_3$ 和 NaI，使测定结果偏低)。将碘量瓶加塞于暗处放置 10～15min 后，加 2mL6 mol・L^{-1}HCl 使成酸性，立即用 $Na_2S_2O_3$ 溶液滴定至溶液呈淡黄色，加入 2mL 淀粉指示剂，继续滴到蓝色消失为止。记录滴定读数。重复滴定一次。并按下式计算葡萄糖的含量(单位为 g・L^{-1})。

$$葡萄糖含量=\frac{\left[c_{(I_2)}\cdot V_{(I_2)}-\frac{1}{2}c_{(Na_2S_2O_3)}\cdot V_{(Na_2S_2O_3)}\right]\times\frac{M_{(C_6H_{12}O_6)}}{1000}}{25.00}\times 1000$$

思考题

(1)碘量法主要的误差来源有哪些？如何避免？

(2)试说明碘量法为什么既可以测定还原性物质，又可以测定氧化性物质？测定时应如何控制溶液的酸碱性？为什么？

(3)计算式中$-\frac{1}{2}c_{(Na_2S_2O_3)}\cdot V_{(Na_2S_2O_3)}$代表什么意义？

实验二十　铁的比色测定

实验目的

(1)学习比色法测定中标准曲线的绘制和试样测定的方法。

(2)熟悉分光光度计的性能、结构及使用方法。

实验原理

邻菲罗啉（又称邻二氮杂菲）是测定微量铁的一种较好试剂，其结构如下：

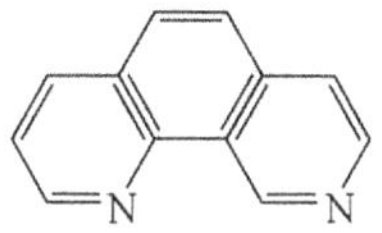

在 pH＝1.5～9.5 的条件下，亚铁离子与邻菲罗啉生成很稳定的橙红色的配合物$[Fe(C_{12}H_8N_2)_3]^{2+}$，反应式如下：

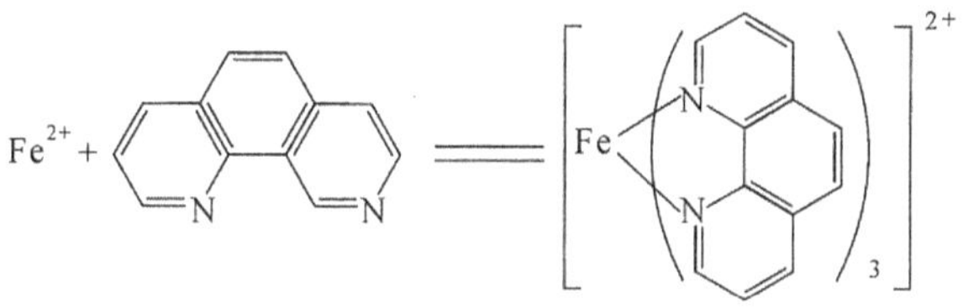

此配合物的 $\lg K_{稳}=21.3$，$\varepsilon_{510}=11000$。

在发色前，首先用盐酸羟胺把 Fe^{3+} 还原成 Fe^{2+}，

$4Fe^{3+}+2NH_2OH=4Fe^{2+}+N_2O+H_2O+4H^+$

测定时，控制溶液酸度在 pH＝3～9 较合适，酸度过高，反应速度慢；酸度太低，则 Fe^{2+} 水解，影响显色。

Bi^{3+}、Ca^{2+}、Hg^{2+}、Ag^+、Zn^{2+} 离子与显色剂生成沉淀，Cu^{2+}、Co^{2+}、Ni^{2+} 离子则形成有色配合物，因此当与这些离子共存时应注意它们的干扰作用。

仪器和试剂

1. 仪器

722 型分光光度计。

2. 试剂

$NH_4Fe(SO_4)_2$ 标准溶液（学生自配）称取 0.2159 分析纯 $NH_4Fe(SO_4)_2\cdot 12H_2O$，加入少量水及 20mL6mol・$L^{-1}$HCl。使其溶解后，转移至 250mL 容量瓶中，用蒸馏水稀释至刻度，摇匀，此溶液 Fe^{3+} 浓度为 100mg・L^{-1}。吸取此溶液 25.00mL 于 250mL 容量瓶中，用蒸馏水稀释至标线，摇匀，此溶液 Fe^{3+} 浓度为 10mg・L^{-1}。

邻菲罗啉水溶液（w 为 0.0015），盐酸羟胺水溶液（w 为 0.10，此溶液只能稳定数日）、NaAc 溶液（1 mol・L^{-1}）、HCl（6 mol・L^{-1}）

实验内容

（一）标准曲线的绘制

在 5 只 50mL 容量瓶中，用吸量管分别加入 2.00、4.00、6.00、8.00 和 10.00mL$NH_4Fe(SO_4)_2$ 标准溶液（Fe^{3+}浓度为 10mg・L^{-1}），然后再各加入 1mL 盐酸羟胺，摇匀，再加入 5mL 1 mol・L^{-1}NaAc 溶液、2mL 邻菲罗啉水溶液。最后用蒸馏水稀释至标度，摇匀。在 510nm 波长下，用 1cm 比色皿，以试剂空白作参比溶液测其吸光度。并以铁含量为横坐标，相对应的吸光度为纵坐标绘出 A-Fe 含量标准曲线。

（二）总铁的测定

吸取 25.00mL 被测试液代替标准溶液，置于 50mL 容量瓶中，其他步骤同上，测出吸光度并从标准曲线上查得相应于 Fe 的含量（单位为 mg・L^{-1}）。

（三）Fe^{2+}的测定

操作步骤与总铁相同，但不加盐酸羟胺溶液，测出吸光度并从标准曲线上查得相应于 Fe^{2+}的含量（单位为 mg・L^{-1}）。

测得总铁量和 Fe^{2+}含量后，便可求出 Fe^{3+}含量。

思考题

（1）从实验测出的吸光度求铁含量的根据是什么？如何求得？

（2）如果试液测得的吸光度不在标准曲线范围之内应怎么办？

（3）如试液中含有某种干扰离子，它在测定波长下也有一定的吸光度，该如何处理？

第 4 章　化合物的合成与检测

实验二十一　甲酸铜的合成

实验目的

(1)了解制备某些金属有机酸盐的原理和方法。

(2)熟练掌握固液分离、沉淀洗涤、蒸发、结晶等基本操作。

实验原理

某些金属的有机酸盐,例如,甲酸镁、甲酸铜、醋酸钴、醋酸锌等,可用相应的碳酸盐或碱式碳酸盐或氧化物与甲酸或醋酸作用来制备。这些低碳的金属有机酸盐分解温度低,而且容易得到很纯的金属氧化物。

本实验用硫酸铜和碳酸氢钠作用制备碱式碳酸铜:

$$2CuSO_4 + 4NaHCO_3 = Cu(OH)_2 \cdot CuCO_3 \downarrow + 3CO_2 \uparrow + 2Na_2SO_4 + H_2O$$

然后再与甲酸反应制得蓝色四水甲酸铜:

$$Cu(OH)_2 \cdot CuCO_3 + 4HCOOH + 5H_2O = 2Cu(HCOO)_2 \cdot 4H_2O + CO_2 \uparrow$$

而无水的甲酸铜为白色。

仪器和药品

1. 仪器

电子台秤,研钵,温度计。

2. 试剂

$CuSO_4 \cdot 5H_2O$,$NaHCO_3(S)$,HCOOH。

实验内容

(一)碱式碳酸铜的制备

称取 12.5g $CuSO_4 \cdot 5H_2O$ 和 9.5g$NaHCO_3$ 于研钵中,磨细和混合均匀,在快速搅拌下将混合物分多次小量缓慢加入到 100mL 近沸的蒸馏水中(此时停止加热)。混合物加完后,再加热近沸数分钟,静置澄清后,用倾析法洗涤沉淀至溶液无 SO_4^{2-}。抽滤至干,称重。

（二）甲酸铜的制备

将前面制得的产品放入烧杯内，加入约 20mL 蒸馏水，加热搅拌至 50℃左右，逐滴加入适量甲酸至沉淀完全溶解（所需甲酸量自行计算），趁热过滤。滤液在通风橱下蒸发至原体积的 1/3 左右。自然冷至室温，减压过滤，用少量乙醇洗涤晶体 3 次，抽滤至干，得 $Cu(HCOO)_2 \cdot 4H_3O$ 产品，称重，计算产率。

思考题

(1)在制备碱式碳酸铜过程中，如果温度太高对产物有何影响？

(2)固液分离时，什么情况下用倾析法，什么情况下用常压过滤或减压过滤？

(3)制备甲酸铜时，为什么不以 CuO 为原料而用碱式碳酸铜为原料？

实验二十二 硫酸亚铁铵的制备

实验目的

(1)熟练掌握水浴加热，常压过滤和减压过滤等基本操作。

(2)了解复盐的一般特征和制备方法。

实验原理

硫酸亚铁铵又称摩尔盐，是浅绿色单斜晶体。它在空气中比一般亚铁盐稳定，不易被氧化，溶于水但不溶于乙醇。

由硫酸铵、硫酸亚铁和硫酸亚铁铵在水中的溶解度数据（学生自行查资料）可知，在 0～60℃的温度范围内，硫酸亚铁铵在水中的溶解度比组成它的每一组分的溶解度都小。因此，很容易从浓的 $FeSO_4$ 和 $(NH_4)_2SO_4$ 混合溶液中制得结晶的摩尔盐。

本实验是先将金属铁屑溶于稀硫酸制得硫酸亚铁溶液，然后加入硫酸铵制得混合溶液，加热浓缩，冷至室温，便析出硫酸亚铁铵复盐。

反应方程式：

$$Fe + H_2SO_4 \longrightarrow FeSO_4 + H_2 \uparrow$$

$$FeSO_4 + (NH_4)_2SO_4 + 6H_2O \longrightarrow (NH_4)_2SO_4 \cdot FeSO_4 \cdot 6H_2O$$

仪器和药品

1. 仪器

电子台秤。

2. 试剂

铁屑，$(NH_4)_2SO_4$(AR)，Na_2CO_3(10%)，H_2SO_4($3\ mol \cdot L^{-1}$)，乙醇(95%)。

实验内容

(一)铁屑的净化(除去油污)

由机械加工过程得到的铁屑油污较多，可用碱煮的方法除去。为此称取4.2g铁屑，放于锥形瓶内，加入 20mL10% Na_2CO_3 溶液，缓缓加热约 10min，用倾析法除去碱液，用水洗净铁屑(如果用纯净的铁屑，可省去这步)。

(二)硫酸亚铁的制备

往盛有铁屑的锥形瓶中加入约 25mL 的 $3\ mol \cdot L^{-1} H_2SO_4$ 溶液，水浴中加热(在通风橱中进行)，并经常取出锥形瓶摇荡和适当补充水分，直至反应基本完全为止(如何判断?)。再加入 1mL $3\ mol \cdot L^{-1} H_2SO_4$(目的是什么?)。过滤，滤液转移至蒸发皿内。

(三)硫酸亚铁铵的制备

称取 9.5g $(NH_4)_2SO_4$ 固体加入到上述溶液中。水浴加热，搅拌至$(NH_4)_2SO_4$完全溶解。继续蒸发浓缩至表面出现晶膜为止。冷至室温，过滤。用少量乙醇洗涤晶体两次。取出晶体放在表面皿上晾干，称重，计算产率。

思考题

(1)本实验中前后两次水浴加热的目的有何不同?

(2)在计算硫酸亚铁铵的产率时，是根据铁的用量还是硫酸铵的用量? 铁的用量过多对制备硫酸亚铁铵有何影响?

实验二十三　铁氧体法处理含铬废水

实验目的

(1)了解用铁氧体法处理含铬废水的基本原理和方法。

(2)综合学习加热、溶液配制和固液分离等基本操作以及目测比色的检查方法。

实验原理

电镀、制革、纺织和染料等工业废水都含有铬的化合物。铬常以 $Cr_2O_7^{2-}$、CrO_4^{2-} 和 Cr^{3+}的形式存在于水中。一般认为 Cr(Ⅵ)比 Cr(Ⅲ)的毒性大得多，且Cr(Ⅵ)的化合物溶解度较大，在人体内易被吸收蓄积。我国工业废水排放标准中，铬的化合物被列为第一类有害物质，规定工业废水中Cr(Ⅵ)的最高允许排放浓度0.5mg·L^{-1}，总铬的最高允许排放浓度为1.5mg·L^{-1}。

铁氧体，一般是指铁族元素和其他一种或多种金属元素的复合氧化物，是一种磁性材料。铁氧体法处理含铬废水的基本原理是：在酸性条件下，加入一定量的$FeSO_4$于含Cr(Ⅵ)的废水中，使Cr(Ⅵ)还原为Cr(Ⅲ)：

$$Cr_2O_7^{2-}+6Fe^{2+}+14H^+ = 2Cr^{3+}+6Fe^{3+}+7H_2O$$

然后加入NaOH溶液使溶液呈碱性，Cr^{3+}和Fe^{3+}、Fe^{2+}能形成溶解度极小的铁氧体共沉物：复合铁氧体。

$$\left.\begin{array}{l} Fe^{2+}+2OH^- = Fe(OH)_2\downarrow \\ Fe^{3+}+3OH^- = Fe(OH)_3\downarrow \\ Cr^{3+}+3OH^- = Cr(OH)_3\downarrow \end{array}\right\} \xrightarrow{\text{静置，脱水}} \text{复合铁氧体}(FeCr_XFe_{2-X}O_4)$$

过滤将固液分离，从而使废水得到净化，所得铁氧体共沉淀物可回收利用做磁性材料，避免了二次污染，处理后的水中Cr(Ⅵ)和总铬含量均符合国家水质排放标准。

在酸性条件下，水中的Cr(Ⅵ)可与二苯碳酰二肼产生紫红色，根据颜色深浅进行目视比色法或分光光度法，可测出水中残留的Cr(Ⅵ)和总铬的含量。

仪器和试剂

1. 仪器

分光光度计、比色管。

2. 试剂

Cr(Ⅵ)标准储备液(0.1000mg·L^{-1})，二苯碳酰二肼指示剂，H_2SO_4(3mol·L^{-1})，$FeSO_4\cdot7H_2O$(AR)，$KMnO_4$(0.01mol·L^{-1})，尿素(0.2g·L^{-1})，亚硝酸钠(20g·L^{-1})。

实验内容

(一)微量Cr(Ⅵ)的比色测定中标准系列溶液的配制

(1)Cr(Ⅵ)标准储备液的配制：称取0.2828±0.0001g已在110℃干燥过的分析纯$K_2Cr_2O_7$溶于水中，移入1000mL容量瓶中，稀释至刻度，此溶液浓度为0.1000mg·L^{-1}(由实验室准备)。

(2)Cr(Ⅵ)标准溶液的配制：吸取储备液10.00mL于100 mL容量瓶中，稀释至刻度。此溶液的浓度为0.0100mg·L^{-1}。

(3)取6个50mL比色管，用吸量管分别移取标准液4.00、3.00、2.50、2.00、1.50和1.00mL，再各加入2.50mL二苯碳酰二肼溶液，用去离子水稀释至刻度，摇匀。此为标准 Cr(Ⅵ)系列溶液。

(二)含铬废水的处理

取 100mL 含 Cr(Ⅵ)的废水于 250mL 烧杯中，用 $3mol \cdot L^{-1}$的 H_2SO_4 调 pH ≈2 后，加入使 Cr(Ⅵ)全部转化成 Cr^{3+} 所需的 $FeSO_4 \cdot 7H_2O$ 的量，反应完全后，用 $6mol \cdot L^{-1}$ 的 NaOH 溶液，调 pH≈11，再加入与还原 Cr(Ⅵ)等量的 $FeSO_4 \cdot 7H_2O$，搅拌使之完全溶解，静置，并观察黑褐色或黑色沉淀的形成。过滤，滤液等待测定，用水洗涤滤渣至中性。

(三)结果测定

1. 水中 Cr(Ⅵ)残留量的测定

用移液管取 25.00mL 滤液于 50mL 比色管中，调至酸性，加入 2.50mL 二苯碳酰二肼溶液，用去离子水稀释至刻度，对照 Cr(Ⅵ)系列溶液，进行目视比色，得出 Cr(Ⅵ)的含量。

2. 水中总铬的测定

移取 25.00mL 滤液于 250mL 锥形瓶中，加入 25.00mL 水和 1.5mL 磷酸及几粒玻璃珠，摇匀，加 2 滴 $0.01mol \cdot L^{-1}$ $KMnO_4$ 溶液，如紫红色消退，则再加 $KMnO_4$ 溶液保持紫红色。加热煮沸至溶液体积约剩 20mL，取下冷却，加入 1mL $0.2g \cdot L^{-1}$的尿素溶液，摇匀后，用滴管滴加 $20g \cdot L^{-1}$的亚硝酸钠溶液，边滴加摇至高锰酸钾的紫红色刚退去，稍等片刻，待溶液中气泡逸出，移至 50mL 比色管中，加入 2.50mL 二苯碳酰二肼溶液，用去离子水稀释至刻度，对照 Cr(Ⅵ)系列溶液，进行目视比色，得出总含铬量。

数据记录和处理

100mL 含铬废水中含 $K_2Cr_2O_7$ 的量____________________。

使 Cr(Ⅵ)全部转化为 Cr^{3+} 所需 $FeSO_4 \cdot 7H_2O$ 的量____________________________________。

处理后的水中 Cr(Ⅵ)和总铬的含量($mg \cdot L^{-1}$)分别为__________，__________。

$$Cr(Ⅵ)含量 = \frac{C \times 1000}{25.00} (mg \cdot L^{-1})$$

式中，C 为由目视比色得出的 Cr(Ⅵ)的 mg 数。

思考题

(1)铁氧体法处理含铬废水的基本原理是什么？有什么优点？

(2)含铬废水中加入 $FeSO_4$ 前，为什么要调节溶液 pH≈2？反应完全后，再加入等量的 $FeSO_4$ 的作用是什么？为什么又要加入 NaOH 调 pH≈11？

实验二十四 环境友好产品——过氧化钙的合成及含量分析

实验目的

(1)了解在温和条件下制备 CaO_2 的原理和方法。

(2)认识 CaO_2 的性质和应用。

(3)掌握 CaO_2 含量测定的化学分析方法。

(4)巩固无机制备及化学分析的基本操作。

实验原理

在元素周期表中，ⅠA 和ⅡA 以及 Ag 与 Zn 等元素均可形成化学稳定性各异的简单过氧化物。它们是氧化剂，对生态环境是友好的，生产过程中一般不排放污染物。可以实现污染的“零排放”。

$CaO_2 \cdot 8H_2O$ 是白色结晶粉末，50℃转化为 $CaO_2 \cdot 2H_2O$；110～150℃可以脱水，转化为 CaO_2；室温下较为稳定，加热到 270℃时分解为 CaO 和 O_2。

$$2CaO_2 = 2CaO + O_2 \qquad \Delta_r H_m^\theta = 22.70\,kJ/mol$$

CaO_2 难溶于水，不溶于乙醇与丙酮，在潮湿的空气中也会缓慢分解，它与稀酸反应生成 H_2O_2，若放入微量 KI 作催化剂，可作应急氧气源。

CaO_2 广泛用作杀菌剂、防腐剂、解酸剂和油类漂白剂，CaO_2 也是种子谷物的消毒剂，例如将 CaO_2 用于稻谷种子拌种，不易发生秧苗烂根。CaO_2 是口香糖、牙膏、化妆品的添加剂。若在面包烤制中添加一定量的 CaO_2，能引发酵母增长，增加面包的可塑性。用聚乙烯醇等微溶于水的聚合物包裹 CaO_2 微粒，可以制成寿命长、活性大的氧化剂。据有关资料报道，CaO_2 可代替活性污泥处理城市污水，降低 COD 和 BOD(即化学需氧量 Chemical Oxygen Demand 和生物需氧量 Biochemical Oxygen Demand)。

制备 CaO_2 的原料可以是 $CaCl_2 \cdot 6H_2O$，H_2O_2 及 $NH_3 \cdot H_2O$，也可以是 $Ca(OH)_2$、H_2O_2 及 NH_4Cl。在较低温度下，通过原料物质之间的反应，在水溶液中生成 $CaO_2 \cdot 8H_2O$，在 110℃条件下真空干燥，得到白色或淡黄色粉末固体 CaO_2。产品要放在封闭容器中置于低温干燥处保存。在反应过程中加入微量 $Ca_3(PO_4)_2$及少量乙醇，可以增加 CaO_2 的化学稳定性，有利于提高产率。

有关化学反应如下：

$$CaCl_2 + 2NH_3 \cdot H_2O \xrightarrow{0℃} NH_4Cl + Ca(OH)_2$$

$$Ca(OH)_2+H_2O_2+6H_2O \xrightarrow{0C} CaO_2 \cdot 8H_2O$$

$$CaCl_2 \cdot 6H_2O+H_2O_2+2NH_3H_2O \xrightarrow{0C} CaO_2 \cdot 8H_2O+NH_4Cl$$

分离出的 $CaO_2 \cdot 8H_2O$ 的母液可以循环使用。

过氧化钙的含量测定，可以利用在酸性条件下，过氧化钙与稀酸反应生成过氧化氢，用标准 $KMnO_4$ 溶液滴定来确定其含量。为加快反应，可加入微量 $KMnO_4$。

$$5CaO_2+2MnO_4^- = 5Ca^{2+}+2Mn^{2+}+5O_2(g)+8H_2O$$

CaO_2 的质量分数为：

$$w_{(CaO_2)}=\frac{5/2c_{(KMnO_4)} \cdot V_{(KMnO_4)} \cdot M_{(CaO_2)}}{m(\text{产品 } CaO_2)} \times 100\%$$

式中，$c_{(KMnO_4)}$——$KMnO_4$ 的浓度，$mol \cdot L^{-1}$；

$V_{(KMnO_4)}$——滴定时消耗的 $KMnO_4$ 溶液的体积；

M(产品 CaO_2)——产品 CaO_2 的摩尔质量。

仪器和试剂

1. 仪器

磁力加热搅拌器(带磁性转子)，冰柜(无冰柜可用冰代替低温环境)，循环水泵，锥形瓶(250mL)，低温度计(−10～100℃)，电子台秤，常规玻璃仪器。

2. 试剂

$CaCl_2 \cdot 6H_2O$(AR)，$Ca(OH)_2$(AR)，NH_4Cl(AR)，浓 $NH_3 \cdot H_2O$(AR)，HCl($2mol \cdot L^{-1}$)，H_2SO_4($2mol \cdot L^{-1}$)，$KMnO_4$ 标准溶液($0.02mol \cdot L^{-1}$)，$MnSO_4$($0.10mol \cdot L^{-1}$)，$Ca_3(PO_4)_2$(AR)，30%H_2O_2，95%乙醇(AR)。

实验内容

(一)过氧化钙的制备

方法一：称取 10g$CaCl \cdot 6H_2O$，用 10mL 去离子水溶解，加入 0.1～0.2g $Ca_3(PO_4)_2$，转入 250mL 烧杯中，放入磁转子，在电磁搅拌器上搅拌烧杯中的溶液，置于冰柜中(0℃)，滴加 30%H_2O_2 溶液 30mL，不停地进行电磁搅拌，加入 1mL 乙醇，边搅拌边滴加 5mL 左右浓 $NH_3 \cdot H_2O$，最后加入 25mL 冰水，置于冰柜(0℃)中冷却 30min，用带砂芯漏斗的抽滤泵减压抽滤。用少量冰水洗涤晶体粉末 2～3 次，抽干后，在 110℃的烘箱中真空干燥 0.5～1h，称重，计算产率，回收母液。

方法二：在 250mL 烧杯中加入 10g$Ca(OH)_2$ 固体和 15gNH_4Cl 固体，加入

30mL 去离子和微量 $Ca_3(PO_4)_2$ 固体，在冰柜中冷却到 0℃左右，在电磁搅拌下，滴加 25mL 左右 30%H_2O_2，让温度保持在 0℃并不断进行电磁搅拌，反应 30min，静置 15min。用带砂芯漏斗的抽滤泵减压抽滤。用少量冰水洗涤粉末晶体 2～3 次，抽干，在 110℃的烘箱内真空干燥 0.5～1h，冷却、称重、计算产率。回收母液。

(二)试验 CaO_2 的漂白性

取未经处理的天然植物油 2mL 于试管中，加入 1gCaO_2、1 滴 $MnSO_4$ 溶液，振荡 10min，静置 10min，与天然植物油对比色泽。

(三)CaO_2 含量的测定

准确称取 0.15g 左右产品 $CaO_2$3 份，分别置于 250mL 锥形瓶中，各加入 50mL 去离子水和 15mL($2mol \cdot L^{-1}$)的稀 HCl，使其溶解，再加入几滴 0.10 $mol \cdot L^{-1}$ $MnSO_4$ 溶液，用 0.02$mol \cdot L^{-1}$ $KMnO_4$ 标准溶液滴定至溶液呈微红色，30s 内不退色即为终点，计算 CaO_2 的质量分数，若测定值相对平均偏差大于 0.2%需再测一份。

思考题

(1)本次实验中所得 CaO_2 中含有哪些主要杂质？如何提高产品的纯度？

(2)在本实验测定 CaO_2 含量时，为何不用稀 H_2SO_4 而用稀 HCl，这样对测定结果有无影响？

实验二十五　微波合成磷酸锌

实验目的

(1)了解微波合成化合物的原理和方法。

(2)掌握微型吸滤的基本操作技术。

实验原理

磷酸锌($Zn_3(PO_4)_2 \cdot 2H_2O$)是一种新型防锈颜料，利用它可配制各种防锈涂料，后者可代替氧化铅作为底漆。它的合成通常是采用硫酸锌、磷酸和尿素在水浴加热下反应，反应过程中尿素分解放出氨气并生成铵盐，通常需要 4h 才能完成反应。本实验采用绿色化的实验技术——微波辐射，不仅使反应时间大大缩短(只需 10min)，而且反应的效率得到提高。

反应式为

$$3ZnSO_4 + 2H_3PO_4 + 3(NH_2)_2CO + 7H_2O \xlongequal{\text{微波}} Zn_3(PO_4)_2 \cdot 4H_2O + 3(NH_4)_2SO_4 + 3CO_2\uparrow$$

所得的四水合晶体在 110℃烘箱中脱水即得二水合晶体。

仪器和试剂

1. 仪器

微波炉，台秤，微型吸滤装置，烧杯，表面皿。

2. 试剂

$ZnSO_4 \cdot 7H_2O$(AR)，尿素(AR)，磷酸(AR)，无水乙醇(AR)。

实验内容

称取2.0g$ZnSO_4$，置于 50mL 烧杯中，加 1.0g 尿素[1]和 1.0mL H_3PO_4，再加 20mL 水搅拌溶解，把烧杯置于 100mL 水浴中，盖上表面皿，放进微波炉里[2][3]，以大火档(约 600W)辐射 10min，烧杯内隆起白色泡沫状物。停止辐射加热后，取出烧杯，用蒸馏水浸取、洗涤数次，吸滤[4]。晶体用水洗涤至滤液无 SO_4^{2-} 为止。产品在 110℃烘箱中脱水得到 $Zn_3(PO_4)_2 \cdot 2H_2O$，称量计算产率。

注意事项

(1)合成反应完成时，溶液的 pH＝5～6；加尿素的目的是调节反应体系的酸碱性。

(2)微波辐射对人体有害，使用时必需严格遵照有关操作程序与要求进行，以免造成伤害。

(3)微波炉内不能使用金属，以免产生火花。

(4)晶体最好洗涤至近中性再吸滤。

思考题

(1)还有哪些制备磷酸锌的方法？

(2)如何对产品进行定性检验？请拟出实验方案。

(3)为什么微波辐射加热能显著缩短反应时间，使用微波炉要注意哪些事项？

附：微波辐射及微波炉的使用

1. 微波辐射简介

微波属于电磁波的一种，频率范围 0.3～30GHz，介于高频波与远红外波之间，微波同其他电磁波一样，具有电场与磁场双重性质。自从 1986 年 Gedye 发现微波可以显著加快有机化合物合成以来，微波技术在化学中的应用日益受到重视。1988年，Baghurst首次采用微波技术合成了KVO_3、$BaWO_4$、$YBa_2Cu_2O_{7-x}$等无机化合物。微波辐射是通过偶极分子旋转（主要原因）和离子传导耗散微波能而实现加热目的。在微波辐射作用下，极性分子为响应磁场方向变化，通过分子偶极以每秒数十亿次的高速旋转，使分子间不断碰撞和摩擦而产生热，这种加热方式较传统的热传导和热对流加热更迅速，而且是空间辐射加热，体系受热均匀。

微波辐射有三个特点：一是在大量离子存在时能快速加热；二是快速达到反应温度；三是分子水平上的搅拌。从而实现了微波辐射加热的方便、高效、低能耗及省时的优点。

2.微波炉的使用

(1)插上电源；

(2)将待加热样品置于微波炉中央位置，关紧炉门；

(3)将“功率”选择开关旋至所需加热功率的位置；

(4)将“时间”选择开关旋至所需加热的时间位置，微波炉即开始工作；

(5)加热结束后，才能打开炉门，取出物体，拔掉电源插头。

实验二十六　纳米氧化锌粉的制备

实验目的

(1)了解纳米氧化锌粉的制备方法。

(2)熟悉纳米氧化锌产品的分析方法。

实验原理

氧化锌，又称锌白、锌氧粉。纳米氧化锌粉是一种新型高功能精细无机粉料，其粒径介于1～100nm。由于颗粒尺寸微细化，使得纳米氧化锌产生了块状材料所不具备的表面效应、小尺寸效应、量子效应和宏观量子隧道效应等，因而使得纳米氧化锌在磁、光、电、敏感等方面具有一些特殊的性能。主要用于制造气体传感器、荧光体、紫外线遮蔽材料（在整个200～400nm紫外光区有很强的吸光能力）、变阻器、图像记录材料、压电材料、高效催化剂、磁性材料和塑料薄膜等。也可用作天然橡胶及胶乳的硫化活化剂和补强剂。此外，也广泛用于涂料、医药、油墨、造纸、搪瓷、玻璃、火柴、化妆品等工业行业。

本实验以$ZnCl_2$和$H_2C_2O_4$为原料。$ZnCl_2$和$H_2C_2O_4$反应生成$ZnC_2O_4 \cdot 2H_2O$沉淀，经焙烧后得纳米氧化锌粉。

反应式如下：

$$ZnCl_2 + 2H_2O + H_2C_2O_4 \longrightarrow ZnC_2O_4 \cdot 2H_2O$$

其工艺流程如下：

$ZnCl_2$ (aq)、$H_2C_2O_4$ (aq) → 反应 → 过滤 → 洗涤 → 干燥 → 焙烧 → 产品

仪器和试剂

1. 仪器

电子天平(0.1mg)，台秤，电磁搅拌器，真空干燥器，减压过滤装置，箱式电阻炉，烧杯(250ml)，锥形瓶(250ml)。

2. 试剂

$ZnCl_2$(s)，$H_2C_2O_4$(s)，HCl(1∶1)，$NH_3 \cdot H_2O$(1∶1)NH_3-NH_4Cl 缓冲溶液(pH＝10)，铬黑 T 指示剂(0.5%溶液)，EDTA 标准溶液(0.0500mol・L^{-1})。

实验内容

(一)纳米氧化锌的制备

(1)用台秤称取 10g $ZnCl_2$(s)于 100mL 小烧杯中，加 50mL H_2O 溶解，配制成约 1.5 mol・L^{-1}的 $ZnCl_2$ 溶液。用台秤称取 9g $H_2C_2O_4$(s)于 100mL 小烧杯中，加 40mL H_2O 溶解，配制成约 2.5 mol・L^{-1}的 $H_2C_2O_4$ 溶液。

(2)将上述两种溶液加入到 250mL 烧杯中，在电磁搅拌器上搅拌反应，常温下需反应两个小时，生成白色 $H_2C_2O_4 \cdot 2H_2O$ 沉淀。

(3)过滤反应混合物，滤渣用蒸馏水洗涤干净后在真空干燥箱中于 110℃下干燥。

(4)干燥后的沉淀置于箱式电阻炉中，在氧气气氛中于 350～450℃下焙烧 0.5～2h，得到白色(或淡黄色)纳米氧化锌粉。

(二)产品质量分析

1. 氧化锌含量测定

称取 0.13～0.15g 干燥试样(称准至 0.0001g)，置于 250mL 锥形瓶中，加入少量水润湿，加入 1∶1HCl 溶液。加热溶解后，加水至 100mL，用 1∶1 $NH_3 \cdot H_2O$ 中和至 pH＝7～8。再加入 10mLNH_3-NH_4Cl 缓冲溶液(pH＝10)和 2 滴铬黑 T 指示剂(0.5%溶液)，用 0.0500mol・L^{-1}EDTA 标准溶液滴定至溶液由葡萄紫色变为正蓝色即为终点。

计算氧化锌含量。

2. 粒径的测定

利用透射电镜进行观测，确定粒径和粒径分布等。

3. 晶体结构的测定

利用X射线衍射仪检测粒子的晶形。

注意事项

为使 ZnC_2O_4 氧化完全，在箱式电阻炉中焙烧时应经常开启炉门，以保证充足的氧气。

思考题

(1)纳米材料具备哪些特异性能和用途？

(2)如何保证在氧气气氛中进行焙烧？

实验二十七 微波辐射合成肉桂酸

实验目的

1. 了解微波辐射条件下合成肉桂酸的原理和方法。
2. 熟悉微波辐射技术的原理及其特点和实验操作方法。

实验原理

本实验是在微波炉中进行常压反应。将反应物和溶剂放入烧瓶接上空气冷凝管，反应物和溶剂在吸收微波能量后，反应体系可快速升温，并发生反应。

芳香醛和醋酸酐在碱催化作用下，生成 α,β-不饱和芳香醛，称Perkin反应，催化剂通常是相应酸酐的羧酸钾或钠盐，有时也可用碳酸钾或叔胺代替。

制备肉桂酸的反应方程如下：

$$C_6H_5CHO + (CH_3CO)_2O \xrightarrow[\triangle]{\text{浓}H_2SO_4} C_6H_5CH{=}CHCOOH + CH_3COOH$$

仪器和试剂

1. 仪器

磨口圆底烧瓶(25mL)，空气冷凝管，烧杯(250mL)，球形冷凝管，培养皿，微波炉，水蒸气蒸馏装置。

2. 试剂

无水醋酸钾(AR)，醋酸酐(AR)，苯甲醛(AR)，碳酸钠(AR)，浓盐酸(AR)。

实验内容

在 25mL 圆底烧瓶中，混合 1g 无水醋酸钾[1]、2.5mL 醋酸酐和 1.6mL 苯甲醛，装上回流装置，将微波火力调至低档，在微波炉中加热回流 15～25min。

反应完毕[2]，将反应物趁热倒入 100mL 圆底烧瓶中，并以少量沸水冲洗反应瓶几次，使反应物全部转移至 100mL 烧瓶中，加入少量固体碳酸钠(约 2～3g)，使溶液呈微碱性。水蒸气蒸馏至无油珠流出为止。

在残留液中加入少量活性炭，煮沸数分钟并趁热过滤，在搅拌下往热滤液中小心加入浓盐酸至呈酸性(pH=3)，冷却，待结晶全部析出，抽滤收集，以少量冷水洗涤，干燥，产品约 1.5g。在 3∶1(乙醇∶水)的稀乙醇中进行重结晶，熔点为 131.5～132℃，肉桂酸为白色片状结晶，熔点为 133℃。

注意事项

(1)无水醋酸钾需新鲜焙烧，水是极性物质能激烈吸收微波，影响反应吸收微波效率，所用玻璃仪器应干燥。

(2)反应进行到一定程度，可见一黄色层在烧瓶内上层。

思考题

(1)什么是水蒸气蒸馏？用水蒸气蒸馏，被蒸出物应具备什么条件？

(2)进行水蒸气蒸馏操作时应注意哪些问题？

(3)本实验是在微波条件下进行 Perkin 反应，要求仪器干燥，为什么？

实验二十八　无水乙醇的制备

实验目的

(1)了解无水乙醇的制备方法和原理。

(2)掌握简单蒸馏的操作过程。

(3)学习标准磨口玻璃仪器使用方法及注意事项。

(4)掌握有机实验仪器装配和拆卸的规范操作。

实验原理

通常工业用的95.5%的乙醇不能直接用蒸馏法制取无水无醇，因95.5%乙醇和4.5%水形成恒沸点混合物。要把水除去，第一步是加入氧化钙(生石灰)煮沸回流，使普通乙醇中的水与生石灰作用生成氢氧化钙，然后再将无水乙醇蒸出。这样得到无水乙醇，纯度最高约99.5%。纯度更高的无水乙醇可用金属镁或金属钠进行处理。

仪器和试剂

1. 仪器

标准磨口玻璃仪，阿贝折光仪，平板电炉(电热套)，温度计。

2. 试剂

95%乙醇(AR)，氧化钙(AR)，无水氯化钙(AR)。

实验内容

在100mL圆底烧瓶中，放置50mL95%乙醇和15g氧化钙，用玻璃空心塞塞紧瓶口，放置至下次实验[1]。

下次实验时，按图2-7装上回流冷凝管，其上端接一氯化钙干燥管，冷凝管中先通入冷却水后，在水浴上回流加热2h[2]，稍冷后取下冷凝管，按图2-8改成蒸馏装置，用干燥的吸滤瓶或蒸馏瓶作接受器，其支管接一氯化钙干燥管，使与大气相通[3]。冷凝管中通入冷却水后开始用水浴加热，加热时可以看见蒸馏瓶中液体逐渐沸腾，蒸气沿瓶壁逐渐上升，温度计读数也略有上升，当蒸气的顶端到达温度计水银球部位时[4]，温度计读数就急剧上升，这时适当调小加热温度，让水银球上液滴和蒸气温度达到平衡，使蒸馏速度保持每秒1～2滴为宜，蒸馏至几乎无液滴(大于79℃)流出为止[5]。称量无水乙醇的质量或量其体积，计算回收率。将产品倒入回收瓶。

测定无水乙醇的折光率。纯乙醇的折光率 $n_D^{20}=1.3611$。

注意事项

(1)若不放置，可适时延长回流时间。

(2)本实验中所有仪器均需彻底干燥。由于无水乙醇具有很强的吸水性，故操作过程中和存放时必须防止水分浸入。同时，必须根据回流或蒸馏物料量的多少选择相应的回流烧瓶或蒸馏瓶，一般使物料的体积不超过瓶体积的2/3，也不少于1/3。

(3)一般用干燥剂干燥有机溶液时，在蒸馏前应先过滤除去。但氧化钙与乙醇中的水反应生成的氢氧化钙，因在加热时不分解，故可留在瓶中一起蒸馏。

(4)温度计的位置务必按正确位置测量，否则会导致错误的结果。

(5)纯粹酒精 BP. 78.3℃，与水恒沸的酒精 BP. 78.15℃

思考题

(1)为什么不能用蒸馏方法得到无水乙醇？

(2)蒸馏操作时应注意哪些问题？

(3)氧化钙法制备无水乙醇的原理是什么？

(4)如何正确使用阿贝折光仪？

实验二十九　正溴丁烷的制备

实验目的

(1)掌握回流、蒸馏、有毒气体吸收装置以及分液漏斗使用等基本操作。

(2)了解干燥剂的选用和使用。

(3)熟悉查阅“理化手册”的方法。

实验原理

卤代烷通常用结构上相对应的醇来制备，醇的羟基被溴原子取代，为了加速反应和提高产率，常加入浓硫酸作催化剂，但硫酸的存在会使醇脱水生成烯或醚。

主反应：

$$NaBr + H_2SO_4 \longrightarrow HBr + NaHSO_4$$

$$C_4H_9OH + HBr \xrightarrow{H_2SO_4} C_4H_9Br + H_2O$$

副反应：

$$C_4H_9OH \xrightarrow{H_2SO_4} CH_3CH_2CH{=}CH_2 + H_2O$$

$$2C_4H_9OH \xrightarrow{H_2SO_4} (C_4H_9)_2O + H_2O$$

仪器和试剂

7.4g(9.2mL，0.10mol)正丁醇，13g(约 0.13mol)无水溴化钠，浓硫酸，饱和碳酸氢钠溶液，无水氯化钙。

实验内容

在 100mL 圆底烧瓶上安装回流冷凝管，冷凝管的上口接一气体吸收装置，用5%的氢氧化钠溶液做吸收剂。

在圆底烧瓶中加入10mL水，并小心地加入14mL浓硫酸，混合均匀后冷至室温。再依次加9.2mL正丁醇和13g溴化钠[1]，充分摇振后加入几粒沸石，连上气体吸收装置。将烧瓶置于石棉网上用小火加热至沸，调节火焰使反应物保持沸腾而又平稳地回流，并不时加摇动烧瓶促使反应完成。由于无机盐水溶液有较大的相对密度，不久会分出上层液体即是正溴丁烷。回流约需30～40min(反应周期延长1h仅增加1%～2%的产量)。待反应液完全冷却后，移去冷凝管，加上蒸馏头，改为蒸馏装置，(尾气通入下水道)蒸出粗产物正溴丁烷[2]。

将馏出液移至分液漏斗中，加入等体积的水洗涤(产物在上层还是下层?)。产物转入另一干燥的分液漏斗中，用等体积的浓硫酸洗涤[3]。尽量分去硫酸层(哪一层?)。有机相依次用等体积的水、饱和碳酸氢钠溶液和水洗涤后转入干燥的锥形瓶中[4]。用1～2g黄豆粒大小的无水氯化钙干燥，间歇摇动锥形瓶，直至液体清亮为止。

将干燥好的产物过滤到蒸馏瓶中，在石棉网上加热蒸馏，收集99～103℃的馏分，产量7～8g。

纯粹正溴丁烷的沸点为101.6℃，折光率n_D^{20}为1.4399，d_4^{20}为1.276

注意事项

(1)如用含结晶水的溴化钠($NaBr \cdot 2H_2O$)，可按物质的量换算，并在实验中酌减水量。

(2)正溴丁烷是否蒸完，可从下列几方面判断：

①馏出液是否由浑浊变为澄清；

②反应瓶上层油层是否消失；

③取一试管收集几滴馏出液，加水摇动，观察有无油珠出现。如无，表示馏出液中已无有机物，蒸馏完成。蒸馏不溶于水的有机物时，常可用此法检验。

(3)如水洗后产物尚呈红色，是由于浓硫酸的氧化作用生成游离溴的缘故，可加入几毫升饱和亚硫酸氢钠溶液洗涤除去。

$$2NaBr + 3H_2SO_4(浓) \longrightarrow Br_2 + SO_2 + 2H_2O + 2NaHSO_4$$

$$Br_2 + 3NaHSO_3 \longrightarrow 2NaBr + NaHSO_4 + 2SO_2 + H_2O$$

(4)浓硫酸可以洗去存在于粗产物中的少量未反应的正丁醇及副产物正丁醚等杂质。否则正丁醇和正溴丁烷可形成共沸物(沸点98.6℃，含正丁醇13%)，在以后的蒸馏中难以除去。

思考题

(1)本实验中硫酸的作用是什么？硫酸的用量和浓度过大或过小有什么不好？

(2)反应后的粗产物中含有哪些杂质？各步洗涤的目的何在？

(3)用分液漏斗洗涤产物时，正溴丁烷时而在上层，时而在下层，如不知道产物的密度时，可用什么简便的方法加以判别？

(4)为什么用饱和的碳酸氢钠溶液洗涤前先要用水洗一次？

(5)用分液漏斗洗涤产物时，为什么摇动后要及时放气？应如何操作？

实验三十　乙酸乙酯的制备

实验目的

(1)了解有机酸合成酯的一般原理及方法。

(2)进一步巩固蒸馏、分液漏斗的使用等基本操作。

实验原理

羧酸酯常用的制备方法有：①羧酸和醇在催化剂存在下直接酯化反应；②酰氯、酸酐、醣和睛的醇解；③羧酸盐与卤代烷或硫酸酯的反应。

酸催化的直接酯化反应是工业上和实验室制备羧酸酯最重要的方法。酸催化剂有硫酸、氯化氢和对甲苯磺酸等质子酸和三氟化硼等路易斯酸以及强酸性离子交换树脂等，酸的作用是使羰基质子化，从而提高羰基的反应活性。

酯化反应是一个典型的、酸催化的可逆反应。为了使平衡向有利于生成酯的方向移动，可以使反应物之一的醇或羧酸过量，以提高另一种反应物的转化率；也可以把反应中生成的酯或水及时蒸出，或是两者并用。在具体实践中，究竟采用哪一种物料过量，取决于物料来源是否方便，价格是否便宜，产物分离纯化和过量物料分离回收的难易程度。过量多少则取决于具体反应和具体物料的特点。如果所生成的酯的沸点较高，可向反应体系中加人能与水形成共沸物的第三组分，把水带出反应体系。常用的带水剂有苯、甲苯、环已烷、二氯乙烷、氯仿、四氯化碳等，它们与水的共沸点低于 100℃，又容易与水分层。

空间效应对酯化反应有很大的影响，酯化速率随着与羧基相连的烷基体积的增大以及醇基体积的增大而降低。因此，在 α-位上有侧链的脂肪酸和邻位取代芳香酸的酯化反应都很慢，而且产量低。另外，醇的酯化从伯醇到叔醇也逐渐困难。

反应式

$$CH_3COOH + CH_3CH_2OH \longrightarrow CH_3COOC_2H_5 + H_2O$$

可能发生的副反应有：

$$2C_2H_5OH \xrightarrow{H_2SO_4} (C_2H_5)_2O + H_2O$$

$$C_2H_5OH + H_2SO_4 \longrightarrow CH_3CHO + SO_2 + 2H_2O$$

$$CH_3CHO + H_2SO_4 \longrightarrow CH_3COOH + SO_2 + H_2O$$

仪器和试剂

1. 仪器

三颈烧瓶(250mL)，滴液漏斗，回流冷凝管，蒸馏装置，分液漏斗。

2. 试剂

15g(14.3mL，0.25mol)冰乙酸，18.4g(23mL，0.37mol)95%乙醇，浓硫酸，饱和碳酸钠溶液，饱和氯化钙及饱和氯化钠溶液，无水硫酸镁等。

实验内容

以 100mL 三颈烧瓶为反应容器，在烧瓶中加入 9mL 乙醇，振摇下慢慢加入 12mL 浓硫酸使混合均匀[1]，加入几粒沸石，如图 4-1 所示安装仪器。温度计水银球要插到液面以下。滴液漏斗末端插到液面以下，距离瓶底约 0.5～1cm。

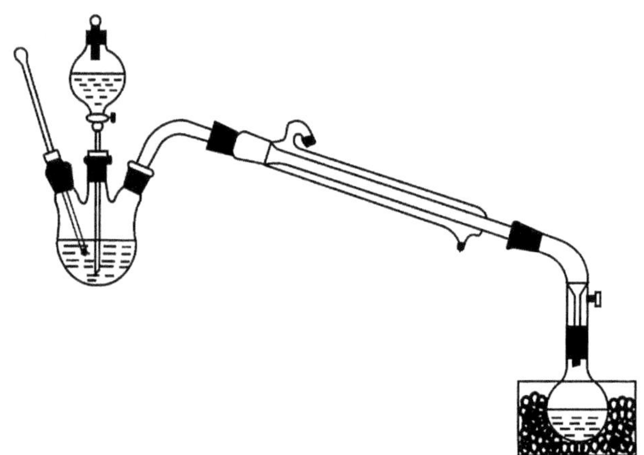

图 4-1 实验装置

在滴液漏斗中加入由 14mL 乙醇和 14.3mL 冰乙酸组成的混合液，先向瓶内放入 3～4mL。将烧瓶在石棉网上用小火加热到 110～120℃，再把滴液漏斗中剩余的乙醇和冰乙酸混合液慢慢地滴入蒸馏烧瓶中，调节加料的速度[2]，使和蒸出酯的速度大致相等，并维持反应液温度在 110～120℃[3]。滴加完毕后，继续加热，直到温度升高到 130℃，不再有馏出液为止。

反应完毕后，在摇动下将饱和碳酸钠溶液很缓慢地加到馏出液中，直到无二氧化碳气体逸出为止。此时，酯层用 pH 试纸检验应呈中性。把混合液移入分液漏斗，充分振摇后静置，分去水层[4]。酯层用 10mL 饱和食盐水洗涤[5]，再每次用 10mL 饱和氯化钙溶液洗涤两次[6]。分去下层水相，将粗乙酸乙酯倒入干燥的小锥形瓶内，加入无水硫酸镁或无水碳酸钾干燥[7]。

将干燥好的粗乙酸乙酯滤入小蒸馏瓶中，加入几粒沸石后装配蒸馏装置。在水浴上加热蒸馏。收集 73～78℃馏分。

称量，计算产率，并测定产物的折光率。

主要试剂及产物的物理常数如下：

名称	相对分子质量	性状	密度 ρ /g·cm^{-3}	熔点/℃	沸点/℃	折光率 n_D^t	溶解性/g·(100mL 溶剂)$^{-1}$		
							水	乙醇	乙醚
冰乙酸	60.05	无色液体	1.0492_4^{20}	16.6	117.9	1.3716^{20}	混溶	混溶	混溶
乙　醇	46.07	无色液体	0.7893_4^{20}	−117.3	78.5	1.3611^{20}	混溶	混溶	混溶
乙酸乙酯	88.12	无色液体	0.9003_4^{20}	−83.58	77.06	1.3723^{20}	8.5 (15℃)	混溶	混溶

如有条件，可以通过气相色谱测定产物的纯度。

注意事项

(1)加浓硫酸时，必须慢慢加入并充分振荡烧瓶，使其与乙醇混合均匀，以免在加热时因局部酸过浓引起有机物碳化等副反应。

(2)要正确控制滴加速度，滴加速度过快会使大量乙醇来不及发生反应而被蒸出，并造成反应混合物温度迅速下降，导致反应速率减慢，从而影响产率；滴加速度太慢又会浪费时间，影响实验进程。

(3)温度过低，酯化反应不完全；温度过高(＞140℃)，易发生醇脱水和氧化等副反应。

(4)充分振摇时应及时放气。

(5)用饱和食盐水洗涤，一方面它能溶解碳酸钠，将其从酯中除去，以防止在下一步洗涤时生成絮状碳酸钙沉淀；另一方面，它对有机物起盐析的作用，使乙酸乙酯在水中的溶解度大大降低。

(6)乙醇能与氯化钙形成配合物，用饱和氯化钙溶液洗涤粗酯可以有效地除去乙醇。

(7)由于乙酸乙酯与水或醇能够形成二元或三元共沸物。

乙酸乙酯－水－乙醇三元共沸物：含乙酸乙酯 82.6%，含水 9.0%，沸点 70.2℃；

乙酸乙酯—水二元共沸物:含乙酸乙酯 91.9%,沸点 70.4℃;

乙酸乙酯—乙醇二元共沸物:含乙酸乙酯 69%,沸点 71.8℃。

所以蒸馏纯化前必须除净乙醇和水,加入适量干燥剂后,放置 30min,其间要不断摇动。

思考题

(1)在本实验中硫酸起什么作用?

(2)蒸出的粗乙酸乙酯中主要有哪些杂质?

(3)本实验可能有哪些副反应?

(4)写出在酸催化下生成乙酸乙酯的反应机理。

实验三十一　乙酰苯胺的制备

实验目的

(1)学习固体样品的制备。

(2)掌握分馏柱的分离原理及使用方法。

(3)掌握重结晶方法。

(4)熟悉固体样品熔点的测定。

实验原理

芳胺的酰化在有机合成中有着重要的作用。作为一种保护措施,一级和二级芳胺在合成中通常被转化为它们的乙酰基衍生物,以降低芳胺对氧化降解的敏感性,使其不被反应试剂破坏;同时,氨基经酰化后,降低了氨基在亲电取代反应(特别是卤化)中的活化能力,使其由很强的第Ⅰ类定位基成为中等强度的第Ⅰ类定位基,使反应由多元取代变为有用的一元取代;由于乙酰基的空间效应,往往选择性地生成对位取代产物。在某些情况下,酰化可以避免氨基与其他官能团或试剂(如 RCOCl,—SO_2Cl,HNO_2 等)之间发生不必要的反应。在合成的最后步骤,氨基很容易通过酰胺在酸碱催化下水解被重新产生。

反应式

$$C_6H_5NH_2 + CH_3COOH \xrightarrow{\triangle} C_6H_5\text{—}\overset{H}{N}\text{—}\overset{O}{\overset{\|}{C}}\text{—}CH_3 + H_2O$$

芳胺可用酰氯、酸酐或与冰醋酸加热来进行酰化,使用冰醋酸试剂易得,价格便宜，但需要较长的反应时间，适合于规模较大的制备。酸酐一般来说是比酰氯更好的酰化试剂。

仪器和试剂

1. 仪器

熔点仪，分馏柱。

2. 试剂

苯胺（新蒸）10.2g（10mL，0.11mol），冰醋酸 15.7g（15mL，0.26mol），锌粉。

实验内容

在 50mL 圆底烧瓶中，加入 10mL 苯胺[1]、15mL 冰醋酸及少许锌粉（约 0.1g）[2]，装上一短的刺形分馏柱[3]，其上端装一温度计，支管通过支管接引管与接受瓶相连，接受瓶外部用冷水浴冷却。

将圆底烧瓶在石棉网上用小火加热，使反应物保持微沸约 15min。然后逐渐升高温度，当温度计读数达到 100℃左右时，支管即有液体流出。维持温度在 100～110℃反应约 1.5h，生成的水及大部分醋酸已被蒸出[4]，此时温度计读数下降，表示反应已经完成。在搅拌下趁热将反应物倒入 200mL 冰水中[5]，冷却后抽滤析出的固体，用冷水洗涤。粗产物用水重结晶[6]，产量 9～10g，熔点为 113～114℃。

本实验约需 4h，纯粹乙酰苯胺的熔点为 114.3℃

注意事项

（1）久置的苯胺色深有杂质，会影响乙酰苯胺的质量，故最好用新蒸的苯胺。

（2）加入锌粉的目的，是防止苯胺在反应过程中被氧化，生成有色的杂质。

（3）因属少量制备，最好用微量分馏管代替刺形分馏柱。分馏管支管用一段橡皮管与一玻璃弯管相连，玻璃下端伸入试管中，试管外部用冷水浴冷却。

（4）收集醋酸及水的总体积约为 4.5mL。

（5）反应物冷却后，固体产物立即析出，沾在瓶壁不易处理。故须趁热在搅动下倒入冷水中，以除去过量的醋酸及未作用的苯胺（它可成为苯胺醋酸盐而溶于水）。

（6）乙酰苯胺在 100 mL 水中的溶解度：

温度/℃	20	25	50	80	100
溶解度/g·$100mL^{-1}$	0.46	0.48	0.56	3.45	5.5

思考题

（1）反应时为什么要控制分馏柱上端的温度在 100～110℃？温度过高有什

么不好？

(2)根据理论计算，反应完成时应产生几毫升水？为什么实际收集的液体远多于理论量？

(3)用醋酸直接酰化和用醋酸酐进行酰化各有什么优缺点？除此之外，还有那些乙酰化试剂？

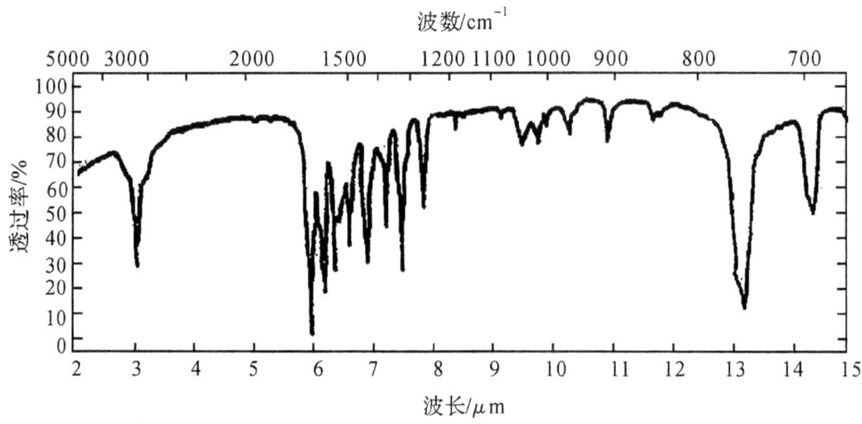

图 4-2 乙酰苯胺的红外光谱图

实验三十二 己二酸的制备

实验目的

(1)学习化学氧化法制备己二酸。

(2)熟悉活性炭脱色方法。

实验原理

制备羧酸的方法很多，主要有氧化法及羧酸衍生物水解法。此外，Grignard 试剂与二氧化碳作用及卤仿反应，也是实验室制备某些羧酸的有用方法。

氧化反应是有机化学中广泛应用的反应。氧化法是制备羧酸最常用的方法。烃类化合物、醇、酮、醛等都可以作原料来制取羧酸。常用的氧化剂有：硝酸、氧和过氧化物(过氧化氢、金属过氧化物、无机和有机过氧酸)、次卤酸、高价金属化合物(铬酸、重铬酸钾－硫酸、二氧化锰、高锰酸钾、四氧化锇、四氧化钌等)。

脂肪族一元羧酸的制备常用伯醇为原料。用铬酸(H_2CrO_4)作为氧化剂时，在氧化过程中首先形成中间体酯，随后断裂成产物和一个还原了的无机物。反应过程中间产物是醛，容易与用作原料的醇生成半缩醛，而使产物中有较多的酯。

为避免副产物的生成，实验中应采用适宜的氧化条件和反应装置。将氧化剂和醇一起加热回流反应，可得到以酸为主的产物。反应中，铬将从+6 价最终被还原成稳定的深绿色的+3 价。由于颜色的显著变化，此反应还可以用来检验伯醇和仲醇的存在。

实验室中伯醇也可以在碱性介质中用高锰酸钾或次卤酸钠氧化来得到羧酸。

仲醇和酮在强烈的氧化条件下，如用铬酸—硫酸或硝酸氧化时，也能得到羧酸，同时发生碳碳键键断裂。脂肪酮和仲醇生成脂肪酸混合物，而脂环醇和脂环酮氧化可生成二羧酸，具有重要的应用价值。例如，工业上广泛采用环己醇氧化制造己二酸。

反应式

$$3\ \text{C}_6\text{H}_{11}\text{OH}\ (\text{环己醇}) + 8KMnO_4 + H_2O \longrightarrow 3HO_2C(CH_2)_4CO_2H + 8MnO_2 + 8KOH$$

仪器和试剂

1. 仪器

红外光谱仪。

2. 试剂

环己醇 2g(2.1mL，0.02mol)，高锰酸钾 6g(0.038mol)，10%氢氧化钠溶液，亚硫酸氢钠，浓盐酸。

实验内容

在安装机械搅拌或电磁搅拌的 250mL 圆底烧瓶中加入 5mL10%氢氧化钠溶液和 50mL 水，搅拌下加入 6g 高锰酸钾。待高锰酸钾溶解后，慢慢加入 2.1mL 环己醇[1]，控制滴加速度，维持反应温度在 45℃左右。滴加完毕反应温度开始下降时，在沸水浴中将混合物加热 5min，使氧化反应完全并使二氧化锰沉淀凝结。用玻璃棒蘸一滴反应混合物点到滤纸上做点滴试验。如有高锰酸盐存在，则在二氧化锰点的周围出现紫色的环，可加少量固体亚硫酸氢钠直到点滴试验呈负性为止。

趁热抽滤混合物，滤渣二氧化锰用少量热水洗涤 3 次。合并滤液与洗涤液，用约 4mL 浓盐酸酸化，使溶液呈强酸性。在石棉网上加热浓缩使溶液体积减少至约 10mL 左右[2]，加少量活性炭脱色后放置结晶，得白色己二酸晶体，熔点 151～152℃，产量 1.5～2g。测定产物的 IR 谱图，并与标准图谱进行比较。

注意事项

(1)环己醇熔点为24℃,熔融时为黏稠液体。为减少转时的损失,可用少量水冲洗量筒,并入滴液漏斗中。在室温较低时,这样做还可降低其熔点,以免堵住漏斗。

(2)不同温度下己二酸的溶解度如下表所示。粗产物须用冰水洗涤,如浓缩母液可回收少量产物。

己二酸在水中的溶解度

温度/℃	15	34	50	70	87	100
溶解度/g·100mL^{-1}	1.44	3.08	8.46	34.1	94.8	100

思考题

(1)本实验中为什么必须控制反应温度和环己醇的滴加速度?

(2)本实验中环己醇和高锰酸钾哪一个过量?

(3)粗产物为什么必须干燥后称重?并最好进行熔点测定?

(4)从给出的溶解度数据,计算己二酸粗产物经一次重结晶后损失了多少?

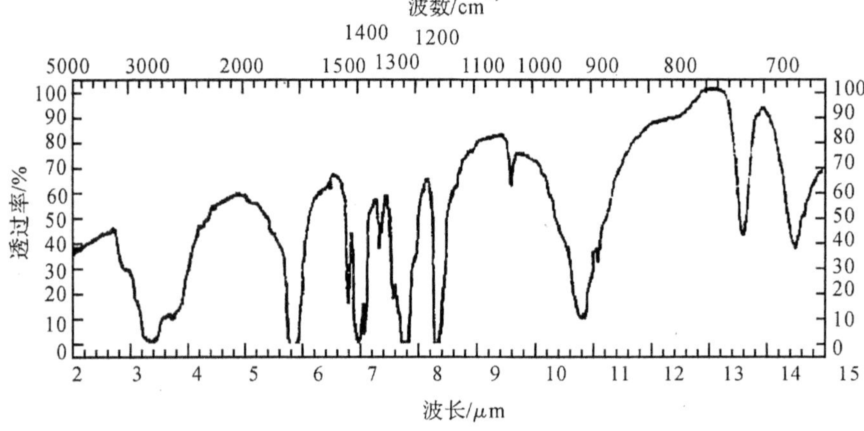

图4-3 己二酸的红外光谱图

实验三十三　对氯甲苯的制备

实验目的

(1)熟悉重氮化反应及其操作。

(2)学习用 Sandmeyer 反应制备对氯甲苯。

(3)掌握水蒸气蒸馏、液液萃取、折光率测定等基本操作技术。

实验原理

重氮盐在合成中的重要应用之一是 Sandmeyer 反应。Sandmeyer(1884 年)发现亚铜盐对芳基重氮盐的分解有催化作用。重氮盐溶液在氯化亚铜，溴化亚铜和氰化亚铜存在下，重氮基可以被氯、溴原子和氰基取代，生成芳香族氯化物、溴化物和芳腈。这为从相应的芳胺制备亲核取代芳香化合物提供了理想的途径。

该反应的关键在于相应的重氮盐与氯化亚铜是否能形成良好的复合物。实验中，重氮盐与氯化亚铜以等物质的量混合。由于氯化亚铜在空气中易被氧化，故以新鲜制备为宜，在操作上是将冷的氮盐溶液慢慢加入较低温度的氯化亚铜溶液中。制备芳腈时，反应需在中性条件下进行，以免氢氰酸逸出。

反应式

$$2CuSO_4 + 2NaCl + NaHSO_3 + 2NaOH \longrightarrow 2CuCl\downarrow + 2Na_2SO_4 + NaHSO_4 + H_2O$$

$$CH_3C_6H_4NH_2 \xrightarrow[NaNO_2,\ 0\text{-}5℃]{HCl} CH_3C_6H_4N_2^+Cl^- \xrightarrow[HCl]{CuCl} CH_3C_6H_4N_2^+ \bullet CuCl_2^- \xrightarrow{\triangle} CH_3C_6H_4Cl + N_2\uparrow$$

仪器和试剂

10.7g(10.7mL，0.1mol)对甲苯胺，7.7g(0.11 mol)亚硝酸钠，30g(0.12mol)结晶硫酸铜($CuSO_4 \cdot 5H_2O$)，7g(0.067mol)亚硫酸氢钠，9g(0.16mol)精盐，4.5g(0.11mol)氢氧化钠，浓盐酸，苯，淀粉-碘化钾试纸，无水氯化钙。

实验内容

在 500mL 圆底烧瓶中放置 30g 结晶硫酸铜($CuSO_4 \cdot 5H_2O$)、9g 精盐及 100mL 水，加热使固体溶解。趁热(60～70℃)[1]在摇振下加入由 7g 亚硫酸氢钠[2]与 4.5g 氢氧化钠及 50mL 水配成的溶液。溶液由原来的蓝绿色变为浅绿色或无色，并析出白色粉状固体，置于冷水浴中冷却。用倾泻法尽量倒去上层溶液，再用水洗涤两次，得到白色粉末状的氯化亚铜。倒入 50mL 冷的浓盐酸，使沉淀溶解，塞紧瓶塞，置冰水浴中冷却备用[3]。

（一）重氮盐溶液的制备

在烧杯中放置 30mL 浓盐酸、30mL 水及 10.7g 对甲苯胺，加热使对甲苯胺溶解。稍冷后，置冰盐浴中并不断搅拌使成糊状，控制在 5℃以下[4]。再在搅拌下，由滴液漏斗加入 7.7g 亚硝酸钠溶于 20mL 水的溶液，控制滴加速度，使温度始终保持在 5℃以下。必要时可在反应液中加一小块冰，防止温度上升。当 85%～90%的亚硝酸钠溶液加入后，取一两滴反应液在淀粉-碘化钾试纸上检验。若立即出现深蓝色，表示亚硝酸钠已适量，不必再加，搅拌片刻。重氮化反应越到后来越慢，最后每加一滴亚硝酸钠溶液后，需略等几分钟再检验。

（二）对氯甲苯的制备

把制好的对甲苯胺重氮盐溶液，慢慢倒入冷的氯化亚铜盐酸溶液中，边加边振摇烧瓶，不久析出重氮盐-氯化亚铜橙红色复合物，加完后，在室温下放置 15～30min。然后用水浴慢慢加热到 50～60℃[5]，分解复合物，直至不再有氮气逸出。将产物进行水蒸气蒸馏蒸出对氯甲苯。分出油层，水层每次用 15mL 苯萃取两次，苯萃取液与油层合并，依次用 10%氢氧化钠溶液、水、浓硫酸、水各 10 mL 洗涤。苯层经无水氯化钙干燥后在水浴上蒸去苯，然后蒸馏收集 158～162℃的馏分，产量 7～9g。

纯粹对氯甲苯的沸点约为 162℃，折光率 n_D^{20} 为 1.5150。

本实验约需 6～8h。

邻氯甲苯的制备用邻甲苯胺为原料，所有试剂及用量、实验步骤和条件及产率均与对氯甲苯相同。蒸馏收集 154～159℃馏分。

纯粹邻氯甲苯的沸点为 159.15℃，折光率 n_D^{20} 为 1.5268。

注意事项

(1)在此温度下得到的氯化亚铜粒子较粗，便于处理，且质量较好。温度较低则颗粒较细，难于洗涤。

(2)亚硫酸氢钠的纯度，最好在 90%以上。如果纯度不高，按此比例配方时，则还原不完全。且由于碱性偏高，生成部分氢氧化亚铜，使沉淀呈土黄色。此时可根据具体情况，酌加亚硫酸氢钠用量，或适当减少氢氧化钠用量。在实验中如发现氯化亚铜沉淀中杂有少量黄色沉淀时，应立即加几滴盐酸，稍加振荡即可除去。

(3)氯化亚铜在空气中、遇热或见光易被氧化。重氮盐久置也易于分解。为此，二者的制备应同时进行，且在较短的时间内进行混合。氯化亚铜用量较少会降低对氯甲苯产量(因为氯化亚铜与重氮盐物质的量比是 1∶1)。

(4)如反应温度超过 5℃，则重氮盐会分解使产率降低。

(5)分解温度过高会产生副反应，生成部分焦油状物质。若时间许可，可将混合后生成的复合物在室温放置过夜，然后再加热分解。在水浴加热分解时，有大量氮气逸出，应不断搅拌，以免反应液外溢。

思考题

(1)什么叫重氮化反应？它在有机合成中有何应用？

(2)为什么重氮化反应必须在低温下进行？如果温度过高或溶液酸度不够会产生什么副反应？

(3)为什么不直接将甲苯氯化而用 Sandmeyer 反应来制备邻氯甲苯和对氯甲苯？

(4)氯化亚铜在盐酸存在下，被亚硝酸氧化，反应瓶内可以观察到一种红棕色的气体放出，试解释这种现象，并用反应式来表示之。

实验三十四　苯乙酮的制备

实验目的

(1)学习苯环上的酰化反应。

(2)掌握无水操作。

(3)掌握电磁搅拌等基本操作。

(4)熟悉减压蒸馏。

实验原理

芳香酮的制备通常利用 Friedel-Crafts 反应，该反应是指芳香烃在无水 $AlCl_3$ 等催化剂作用下，同卤代烷、酰氯或酸酐作用；在苯环上发生亲电取代反应引入烷基或酰基的反应前者称烷基化反应，后者称酰基化反应。

反应式

$$C_6H_6 + (CH_3CO)_2O \xrightarrow{AlCl_3} C_6H_5COCH_3 + CH_3CHOOH$$

仪器和试剂

1. 仪器

电磁加热搅拌器。

2. 试剂

7.5g(7mL, 0.072mol)乙酸酐,30 mL(0.34mol)无水苯,20g(0.15mol)无水三氯化铝,浓盐酸,苯,5%氢氧化钠溶液,无水硫酸镁。

实验内容

在 250 mL 三颈瓶中[1],分别装置冷凝管、温度计和滴液漏斗,冷凝管上端装一氯化钙干燥管,干燥管再与氯化氢气体吸收装置相连。

迅速称取 20g 经研细的无水三氯化铝[2],加入三颈瓶中,再加入 30 mL 无水苯,在磁力搅拌下,自滴液漏斗慢慢滴加 7 mL 乙酸酐,控制滴加速度勿使反应过于激烈,以三颈瓶稍热为宜,约 10~15min 滴加完毕。加完后,在沸水浴上回流 15~20min,直至不再有氯化氢气体逸出为止。

将反应物冷至室温,在搅拌下倒入盛有 50 mL 浓盐酸和 50g 碎冰的烧杯中进行分解(在通风橱进行)。当固体完全溶解后,将混合物转入分液漏斗,分出苯层、水层,每次用 10 mL 苯萃取两次。合并有机层和苯萃取液,依次用等体积的 5%氢氧化钠溶液和水各 20mL 洗涤一次,用无水硫酸镁干燥。

将干燥后的粗产物先在水浴上蒸去苯[3],再在石棉网上蒸去残留的苯,当温度上升至 140℃左右时,停止加热,稍冷却后改换为空气冷凝装置[4],收集 198~202℃馏分[5],产量约为 5~6g。

纯粹苯乙酮的沸点为 202.0℃,熔点为 20.5℃,折光率为 n_D^{20}1.5372。

注意事项

(1)本实验所用仪器和试剂均需充分干燥,否则影响反应顺利进行,装置中凡是和空气相通的部位,应装置干燥管。

(2)可在带塞的锥形瓶中称量。

(3)由于最终产物不多,宜选用较小的蒸馏瓶,苯溶液可用分液漏斗分批加入蒸馏瓶中,见图 2-8(c)。

苯乙酮在不同压力下的沸点

压力/mmHg	4	5	6	7	8	9	10	25
沸点/℃	60	64	68	71	73	76	78	98
压力/mmHg	30	40	50	60	100	150	200	
沸点/℃	102	109.4	115.5	120	133.6	146	155	

* 1mmHg=133.3224Pa

(4)为减少产品损失,可用一根 2.5cm 长、外径与支管相仿的玻璃管代替,玻璃管与支管可借医用橡皮管连接。

(5)也可用减压蒸馏。

思考题

(1)水和潮气对本实验有何影响？在仪器装置和操作中应注意哪些事项？为什么要迅速称取无水三氯化铝？

(2)反应完成后为什么要加入浓盐酸和冰水的混合液？

(3)在烷基化和酰基化反应中，三氯化铝的用量有何不同？为什么？

(4)下列试剂在无水三氯化铝存在下相互作用，应得到什么产物？

①过量苯＋$ClCH_2CH_2Cl$　　②氯苯和丙酸酐

③甲苯和邻苯二甲酸酐　　④溴苯和乙酸酐

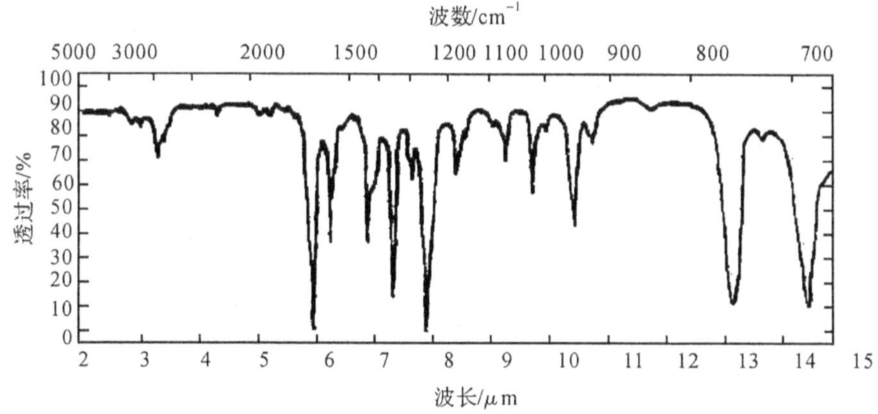

图 4-4　苯乙酮的红外光谱图

实验三十五　甲基橙的制备

实验目的

(1)学习重氮反应、偶合反应的操作方法及其特点。

(2)学习甲基橙的制备方法。

实验原理

芳香族伯胺在酸性介质中和亚硝酸钠作用生成重氮盐的反应叫重氮化应，生成的化合物 ArN_2X 称为重氮盐，重氮盐的一类重要反应是芳香族叔胺或酚类起偶联反应，生成偶氮染料。

$$NH_2-C_6H_4-SO_3H + NaOH \longrightarrow NH_2-C_6H_4-SO_3Na + H_2O$$

$$NH_2-C_6H_4-SO_3Na \xrightarrow[HCl]{NaNO_2} [HO_3S-C_6H_4-N^+\equiv N]Cl^- \xrightarrow[冰HAc]{C_6H_5N(CH_3)_2}$$

$$\left[HO_3S-C_6H_4-N=N-C_6H_4-\underset{\displaystyle H}{\underset{|}{N}}(CH_3)_2\right]^+ Ac^- \xrightarrow{NaOH}$$

$$NaO_3S-C_6H_4-N=N-C_6H_4-N(CH_3)_2 + NaAc + H_2O$$

仪器和试剂

2.1g(0.01mol)对氨基苯磺酸晶体($HO_3S-C_6H_4-NH_2 \cdot 2H_2O$),0.8g(0.011 mol)亚硝酸钠,1.2g(约 1.3mL,0.01mol)N,N－二甲苯胺、盐酸,氢氧化钠,乙醇,乙醚,冰醋酸,淀粉－碘化钾试纸。

实验内容

(一)重氮盐的制备

在烧杯中放置10mL5%氢氧化钠溶液及2.1g对氨基苯磺酸[1]晶体,温热使其溶解。另溶0.8g亚硝酸钠于6mL水中,加入上述烧杯内,用冰盐浴冷至0～5℃。在不断搅拌下,将3mL浓盐酸与10mL水配成的溶液缓缓滴加到上述混合溶液中,并控制温度在5℃。滴加完后和淀粉－碘化钾试纸检验[2]。然后在冰盐浴中放置15min以保证反应完全[3]。

(二)偶合

在试管内混合1.2gN,N-二甲基苯胺和1mL冰醋酸,在不断搅拌下,将此溶液慢慢加到上述冷却的重氮盐溶液中。加完后,继续搅拌10min,然后慢慢加入25mL5%氢氧化钠溶液,直至反应物变为橙色,这时反应液呈碱性,粗制的甲基橙呈细粒状沉淀析出[4]。将反应物在沸水浴上加热5min,冷至室温后,再在冰水浴中冷却,使甲基橙晶体析出完全。抽滤收集结晶,依次用少量水洗涤,压干。

粗产物用溶有少量氢氧化钠(约0.1～0.2g)的沸水(每克粗产物约需25mL)进行重结晶。待结晶析出完全后,抽滤收集,沉淀依次用少量乙醇、乙醚洗涤[5]。得到橙色的小叶片状甲基橙结晶,产量约2.5g。

注意事项

(1)对氨基苯磺酸是两性化合物,酸性比碱性强,以酸性内盐存在,所以它能与碱作用成盐而不能与酸作用成盐。

(2)若试纸不显蓝色,尚需补充亚硝酸钠溶液。

(3)在此时往往析出对氨基苯磺酸的重氮盐。这是因为重氮盐在水中可以电离,形成中性内盐($^{-}O_3S-C_6H_4-N^{+}\equiv N$),在低温时难溶于水而形成细小晶体析出。

(4)若反应物中含有未作用的 N,N-二甲基苯胺醋酸盐,在加入氢氧化钠后,就会有难溶于水的 N,N-二甲基苯胺析出,影响产物的纯度。湿的甲基橙在空气中受光的照射后,颜色很快变深,所以一般得到紫红色粗产物。

(5)重结晶操作应迅速,否则由于产物是碱性,在温度高时易使产物变质,颜色变深。用乙醇、乙醚洗涤的目的是使其迅速干燥。

思考题

(1)什么叫偶联反应?试结合本实验讨论一下偶联反应的条件。

(2)在本实验中,制备重氮盐时为什么要把对氨基苯磺酸变成钠盐?本实验如改成下列操作步骤:先将对氨基苯磺酸与盐酸混合,再滴加亚硝酸钠溶液进行重氮化反应,可以吗?为什么?

(3)试解释甲基橙在酸碱介质中变色的原因,并用反应式表示。

实验三十六 呋喃甲醇与呋喃甲酸的制备

实验目的

(1)学习用 Cannizzaro 反应制备呋喃甲醇和呋喃甲酸。

(2)熟悉萃取、蒸馏、结晶等基本有机分离操作技术。

实验原理

无 α 氢的醛类和浓的强碱溶液作用时,发生分子间的自氧化反应,一分子醛被还原成醇,另一分子醛被氧化成酸,此反应称 cannizzaro 反应。

反应式

$$2\ \text{(2-呋喃基)}CHO + NaOH \longrightarrow \text{(2-呋喃基)}CH_2OH + \text{(2-呋喃基)}CO_2Na$$

$$\text{(2-呋喃基)}CO_2Na \xrightarrow{H^+} \text{(2-呋喃基)}CO_2H$$

仪器和试剂

19g(16.4mL,0.2mol)呋喃甲醛[1](新蒸),8g(0.2mol)氢氧化钠,乙醚,盐酸,无水碳酸钾。

实验内容

在250mL烧杯中,放置16.4mL呋喃甲醛,将烧杯浸于冰水中冷却。另取8g氢氧化钠溶于12mL水中。冷却后,在搅拌下,用滴管将氢氧化钠溶液滴加到呋喃甲醛中。滴加过程必须保持反应混合物温度在8～12℃[2]。加完后,仍保持此温度继续搅拌1h,反应即可完成,得一米黄色浆状物[3]。

在搅拌下向反应混合物中加入适量的水,使沉淀恰好完全溶解[4],此时溶液呈暗红色。将溶液转入分液漏斗中,每次用约15mL乙醚萃取4次。合并乙醚萃取液,用无水碳酸钾干燥后,用蒸馏装置先蒸去乙醚[5],然后将直形冷凝管改为空气冷凝管,在石棉网上加热蒸馏呋喃甲醇,收集169～172℃馏分,产量6～7g。

纯粹呋喃甲醇为无色透明液体,沸点171℃,折光率$n_D^{20}=1.4868$。乙醚提取后的水溶液在搅拌下慢慢加入浓盐酸,至刚果红试纸变蓝[6](约需5mL)。冷却结晶,抽滤,产物用少量冷水洗涤,抽干后收集产品。粗产物用水重结晶[7],得白色针状呋喃甲酸,产量约8g。

纯粹呋喃甲酸熔点为133～134℃[8]。

注意事项

(1)呋喃甲醛存放过久会变成棕褐色甚至黑色,同时往往含有水分,因此使用前需蒸馏提纯,收集155～162℃馏分,最好在减压下蒸馏,收集54～55℃/2.27kPa(17mmHg)馏分。新蒸的呋喃甲醛为无色或淡黄色液体。

(2)反应温度若高于12℃,则反应物温度极易升高而难以控制,致使反应物变成深红色;反应温度若低于8℃,则反应过慢,可能积累一些氢氧化钠,一旦发生反应,则过于猛烈,易使温度迅速升高,增加副反应,影响产量及纯度。其氧化还原反应是在两相同时进行的,因此必须充分搅拌。呋喃甲醇和呋喃甲酸的制备也可在相同条件下,采取反加的方法,将呋喃甲醛滴加到氢氧化钠溶液中,反应较易控制,产率相仿。

(3)加完氢氧化钠溶液后,若反应液已变成黏稠物而无法搅拌时,就不需要继续搅拌即可往下进行。

(4)加水过多会损失一部分产品。

(5)乙醚易燃,应采用密封平板电炉和水浴锅加热。

(6)酸要加够,以保证pH=3左右,使呋喃甲酸充分游离出来,这一步是影响呋喃甲酸收率的关键。

(7)重结晶呋喃甲酸粗品时,不要长时间加热回流。如长时间加热回流,部分呋喃甲酸会被分解,出现焦油状物。

(8)测定熔点时,约于 125℃开始软化,完全熔融温度约为 132℃。一般实验产品熔点约为 130℃。

呋喃甲酸在水中的溶解度

温度/℃	20	30	45	50	60	70	80
溶解度/g·100mL^{-1}	3.6	5.8	12.4	27	60	133	335

思考题

(1)本实验是根据什么原理来分离和提纯呋喃甲醇与呋喃甲酸这两种产物的?

(2)用浓盐酸将乙醚萃取后的呋喃甲酸水溶液酸化至中性是否适当?为什么?若不用刚果红试纸,你将如何判断酸化是否恰当?

实验三十七　超声波催化合成3,5—二异丙基水杨酸

实验目的

(1)了解超声波法合成化合物的原理和方法;

(2)掌握重结晶方法。

实验原理

3,5—二异丙基水杨酸是抗放射新药——3,5—二异丙基水杨酸铜的中间体,也是防紫外线化妆品有效成分的中间体。用硫酸催化水杨酸与异丙醇可进行C—烷基化合成3,5—二异丙基水杨酸。由于该反应开始时,处于非均相状态,分子不易均匀分散,对温度、时间较敏感,收率较低。本实验采用超声合成技术,使反应时间缩短、得率提高。

反应式为:

$$\text{C}_6\text{H}_4(\text{OH})(\text{COOH}) + \text{H}_3\text{C}-\text{CH(OH)}-\text{CH}_3 \xrightarrow[\text{(Supersonic radiation)}]{H_2SO_4} 3,5\text{-}[(\text{CH}_3)_2\text{CH}]_2\text{C}_6\text{H}_2(\text{OH})(\text{COOH})$$

仪器和药品

超声波清洗器(50W)、天平、250mL 四口烧瓶、100mL 滴液漏斗,冷凝管、真空吸滤装置、显微熔点测定仪等;

水杨酸(A.R)、异丙醇(A.R),硫酸(A.R)、丙酮(A.R)。

实验内容

将四口烧瓶置于超声波清洗器中,以水为振荡介质。在 250mL 四口烧瓶中放入 27.4g 水杨酸,在 40℃以下滴加 120g 硫酸(90%),控制温度 60～65℃,在开启超声波(输出功率约 50W)后[1],回流,滴加 24g 异丙醇,反应过程中出现浅灰色固体颗粒。反应 100～110min 后[2],滴加水 120mL[3],过滤,取上层固体,洗涤[4]。用 50mL 丙酮重结晶,80℃烘干称重,计算产品收率,测定熔点,熔点文献值约为 117～118℃。

注意事项

(1)严格按照超声波清洗器的操作方法操作,以免造成危害;

(2)反应时间不宜过长;

(3)滴加水稀释硫酸会大量放热,要控制温度不能过高,可加冰水控制;

(4)洗涤要洗至中性。

思考题

(1)本反应中硫酸起什么作用?硫酸浓度过高或过低会产生什么影响?

(2)本反应温度或时间过长会产生一些副反应,其主要副反应是什么?

(3)用丙酮重结晶 3,5-二异丙基水杨酸时应注意哪些问题?

附注:超声化学反应及超声波清洗器的使用注意事项

1.超声化学反应简介

“超声”是指振动频率高于 16 千赫(kHz)的声波。在超声作用下引起的化学反应称为超声化学反应。随着超声波声压的变化,溶剂受压缩和稀疏作用,使流体急剧运动而产生含大量振动能的微气泡——气穴,这些微气泡在长大以至突然爆裂时产生的冲击波在微小空间内相当于营造了高压(局部空间可产生高压 10^{11}Pa 压力)和高温(气穴中心温度可高达 10^4～10^6K)的反应条件。并伴生强烈的冲击波和时速高达 400km/h 的射流,这就为在一般条件下难以实现或不可能实现的化学反应,提供了一种新的非常特殊的物理环境,启开了新的化学反应通道。

2.超声波清洗器的使用注意事项

(1)槽内振荡介质液面约为清洗槽体积的 2/3 左右；

(2)在启动超声波后不可将手等伸入清洗槽内；

(3)超声波频率可选 33 kHz 左右；

(4)在放好清洗介质、烧瓶等装置后，设定好温度、频率、功率、定时后，再开启发生开关；

(5)反应结束后先关闭超声波再拆卸装置。

实验三十八　阿司匹林(aspirin)的合成及分析

实验目的

(1)学习合成阿司匹林的原理和方法。

(2)掌握重结晶操作技术，了解检验阿司匹林纯度的方法。

实验原理

阿司匹林是一种使用非常普遍的治疗感冒的药物，有解热止痛的作用。阿司匹林的学名为乙酰水杨酸(acetyl salicylic acid)，它是一个酚酯，故不能用合成乙酸乙酯的方法合成。本实验采用水杨酸和乙酸酐为原料，在浓 H_2SO_4 的催化剂作用下合成。反应如下：

$$C_6H_4(OH)COOH + (CH_3CO)_2O \xrightarrow[\triangle]{浓H_2SO_4} C_6H_4(O-\overset{O}{\overset{\|}{C}}-CH_3)COOH + CH_3COOH$$

水杨酸　　乙酸酐　　阿司匹林(乙酰水杨酸)

由于水杨酸既含有羧基又含有羟基，故常有少量高聚物副产物在反应中形成。乙酰水杨酸性能和 $NaHCO_3$ 反应生成水溶性的钠盐：

$$C_6H_4(O-\overset{O}{\overset{\|}{C}}-CH_3)COOH + NaHCO_3 \longrightarrow C_6H_4(O-\overset{O}{\overset{\|}{C}}-CH_3)COONa + H_2O + CO_2$$

副产物则不溶于 $NaHCO_3$，因而可以分离。最可能存在于最终产物中的杂质是水杨酸本身，这是由于乙酰化反应不完全或由于产物在分离步骤中发生水解造成的。它可以在各步纯化过程和产物的重结晶过程中被除去。与大多数酚类化合物一样，水杨酸可与三氯化铁发生颜色反应，因此杂质很容易被检出。

仪器和试剂

1. 仪器

布氏漏斗、油滤瓶、电子台秤、熔点测定仪、温度计(200℃)。

2. 试剂

水杨酸、乙酸酐、浓 H_2SO_4、$NaHCO_3$、HCl、$FeCl_3$。

实验内容

称取水杨酸结晶 3.0g,置于 125mL 锥形瓶中,小心加入 6mL 乙酸酐[1],随后用滴管加入 10 滴浓 H_2SO_4,缓缓旋摇锥形瓶使水杨酸全部溶解后,在水浴上加热 15min,控制浴温在 85~90℃。让烧瓶稍微冷却后,小心缓慢加入 5mL 冰水,使过量的乙酸酐水解。在反应平息后,用冰水冷却锥形瓶直至粗产品开始结晶为止。然后加水 50mL,继续在冰浴中冷却,直至结晶全部析出为止。用布氏漏斗抽滤,并用 25mL 冰水分 2 次冲洗结晶,抽干,即得粗产品。

将粗产品移入 150mL 烧杯中,加入 35mL 饱和 $NaHCO_3$ 溶液,搅拌到没有 CO_2 放出为止。减压抽滤,副产物聚合物应被滤出,用 5~10mL 水洗涤烧杯和漏斗,弃去滤渣并将滤液放在 150mL 烧杯中,慢慢地加入 15mL6mol · L^{-1}HCl 于滤液中,搅拌,即有乙酰水杨酸沉淀开始析出。置混合物于冰浴中冷却,直至结晶完全。减压抽滤,结晶用洁净的玻璃铲和玻璃塞压紧,尽量抽去滤液,再用冰水洗涤 2~3 次,抽去水分,将结晶移至表面皿上。干燥后,测定熔点并计算产率。

为了检验产品纯度,可取几粒结晶加入盛有 5mL 水的试管中,加入 1~2 滴 1%$FeCl_3$ 溶液,观察有无颜色反应。

乙酰水杨酸为白色针状晶体,熔点为 135~136℃[2]。

注意事项

(1)乙酸酐应是新蒸的,收集 139~140℃馏分。

(2)乙酰水杨酸易受热分解,因此熔点不很明显,它的分解温度为 128~135℃。测定熔点时,应先将热载体加热至 120℃左右,然后放入样品测定。

思考题

(1)制备阿司匹林时,加入浓 H_2SO_4 的目的何在?

(2)阿司匹林在沸水中受热时,分解得到一种溶液,加入 $FeCl_3$ 溶液呈蓝紫色反应,这是为什么?发生了什么反应?写出这个反应的方程式。

(3)在浓 H_2SO_4 作用下,水杨酸与乙醇作用会得到什么产品?写出这个反应的方程式。

第5章　综合及设计性实验

实验三十九　水泥熟料中SiO_2、Fe_2O_3、Al_2O_3、CaO和MgO含量的测定

实验目的

(1)通过对水泥熟料主要化学成分的测定,对较复杂物质的系统分析有所了解。

(2)对滴定分析、重量分析、分光光度分析进行一次综合性的应用。

实验原理

普通水泥熟料的主要化学成分及其大概范围是:

SiO_2	Al_2O_3	Fe_2O_3	CaO	MgO
20%～24%	4%～7%	3%～5%	63%～68%	<5%

其中碱性氧化物的含量超过60%,因此易为酸所分解。

实验内容

(一)SiO_2的测定

目前,水泥分析中SiO_2的含量测定常用重量法和氟硅酸钾滴定法。重量法准确度较高,但手续繁琐而费时;氟硅酸钾滴定法虽然速度较快,但重复性和准确性较差。而本实验介绍的硅钼蓝示差光度法,具有足够的准确度和操作较简便的优点,因此,我们在实验中同时应用重量法和示差法以资比较。

SiO_2的重量法测定:取一份试样与固体NH_4Cl混匀后,再加HCl,在水浴上分解,NH_4Cl对硅酸溶胶起盐析作用,加热蒸发加速硅酸脱水凝聚,使SiO_2沉淀经过滤、洗涤后,在950℃灼烧成固定成分的SiO_2,然后称量,计算结果。滤液中含有铁、铝、钙、镁等离子,可分别进行测定。

SiO_2的示差光度法测定:用一比被测试液的浓度稍低的标准溶液作参比,调节仪器透光度读数为100%($A=0$),然后测定试液与参比液的吸光度差值(ΔA),而两溶液吸光度之差与两溶液浓度之差(ΔC)成正比,即$\Delta A=\varepsilon b\Delta C$,用$\Delta A$对$\Delta C$作图,得一工作曲线,取一份试样经NaOH熔融分解后制成稀盐酸溶

液，在稳定剂乙醇存在下加钼酸铵，得：

$$H_2SiO_6+12H_2MoO_4 \longrightarrow \underset{\text{(硅钼黄)}}{H_2[Si(Mo_2O_7)_6]}+12H_2O$$

再由还原剂(如氯化亚铁混合还原剂)还原成硅钼蓝：

$$H_2[Si(Mo_2O_7)_6]+4FeCl_2+4HCl = H_2\left[Si\begin{matrix}\diagup (Mo_2O_7)_3 \\ \diagdown Mo_2O_5\end{matrix}\right]+4FeCl_3+2H_2O$$

然后在 722S 分光度计上进行示差光度测定。

仪器和试剂

1. 仪器

722S 分光光度计。

2. 试剂

浓 HCl，6mol · L^{-1}HCl，3%HCl 溶液，浓 HNO_3(装在滴瓶中)，固体 NH_4Cl(CP)，1mol · $L^{-1}$$NH_4SCN$ 溶液，固体 SiO_2(光谱纯)，固体 NaOH(AR)，无水乙醇(AR)，95%乙醇(AR)，8%钼酸铵(8g 钼酸铵溶于 100mL 水中)。

混合还原剂

4%草酸溶液(A 液)：4g 草酸溶于 100mL4mol · L^{-1}HCl。

2%$FeCl_2$ 溶液(B 液)：2g$FeCl_2$ 加 5mLHCl(6 mol · L^{-1})，用水稀释至 100mL(如有不溶物过滤除去)。

将 3 份 A 液与 1 份 B 液混合即为混合还原剂。

13.00μg · $mL^{-1}$$SiO_2$ 标准溶液：准确称取在 100℃灼烧的石英砂 50.0mg 于银坩埚中，加 2 滴无水乙醇润湿后，加入 1.4gNaOH 盖上坩埚盖(留缝)，将银坩埚放在电炉上，套上耐火保温圈，逐渐升温至试样熔化后，加耐火板盖，在约 700℃温度下保持 20min，取出稍冷后，用蒸馏水将熔块洗入塑料烧杯中，洗净坩埚后，在不断搅拌下，迅速加入 40mL6mol · L^{-1}HCl，将溶液定量转入 500mL 容量瓶中，用水稀至刻度，摇匀。然后移入塑料瓶中保存之。

测定步骤：

1. 重量法

准确称取试样 0.5g 左右，置于干燥的 50mL 烧杯中，加 2g 固体 NH_4Cl，用玻璃棒混和，加 2mL 浓 HCl 和 1 滴浓 HNO_3[1] 充分搅拌均匀，使所有深灰色试样变为淡黄色糊状物，盖上表面皿，置于沸水浴上，加热 10min，加 10mL 热的 3%盐酸[2]，搅拌溶解可溶性盐，趁热用中速定量滤纸过滤，滤液用 250mL 容量瓶盛接，用热的 3%HCl 洗涤烧杯 5～6 次后，继续用热的 3%HCl 洗涤沉淀至无 Fe^{3+} 为止，冷却后，稀释至刻度，摇匀保存之，作测定铝、铁、钙、镁等含量用。

将沉淀滤纸放入已恒重的坩埚中，在电炉上干燥、灰化。然后在 950℃的高温炉内灼烧 30min，取出，在干燥器中冷至室温称重，反复灼烧，直到恒重。

注意事项

(1)加入浓硝酸的目的是使铁全部以正三价状态存在。

(2)此处以热的稀盐酸溶解残渣是为了防止 Fe^{3+} 离子和 Al^{3+} 离子水解成氢氧化物沉淀而混在硅酸中，以及防止硅酸胶溶。

思考题

(1)如何分解水泥熟料试样？分解后被测组分以什么形式存在？

(2)重量法测定 SiO_2 含量的方法原理是什么？

(3)洗涤沉淀的操作中应注意些什么？怎样提高洗涤的效果？

2. 示差光度法

(1)工作曲线的制作

用 10mL 刻度吸量管准确吸取 SiO_2 标准溶液 5.00、6.00、7.00、8.00、9.00 和 10.00mL 分别放入 6 个 100mL 容量瓶中，加入 10mL95%乙醇，以水稀释至约 40mL，摇匀，在摇动下加入 8%钼酸铵 4mL，摇匀后在沸水浴中边加热边摇 0.5min，然后在冷水中迅速冷却至室温，在摇动下加 4mL 混合还原剂，摇匀，用水稀释至刻度，摇匀，放置 15min 后，于 721 型分光光度计上，用 1mL 比色皿，在 610nm 波长下以 500μgSiO_2 标准溶液作参比测定 ΔA，以 ΔA 为纵坐标，SiO_2 的 ΔC 为横坐标，绘制工作曲线。

(2)样品分析

准确称取约 80mg 左右水泥熟料试样于底部放有 3.00g 粒状 NaOH 的银坩埚中，加上坩埚盖(略微启开)，将银坩埚放在电炉上，套上保温圈，逐渐升温熔化后，盖上耐火保温 20min，取出坩埚，稍冷后，放入已盛有 100mL 水的 250mL 烧杯中，浸泡至熔块脱落，用水洗涤坩埚后取出，在搅拌下迅速加入 26mL6mol·L^{-1}HCl，将溶液定量转入 250mL 容量瓶中，加水至刻度后摇匀，用移液管吸取 10mL 此溶液于 100mL 容量瓶中，加 10mL95%乙醇，以下操作同工作曲线的制作。

将测得的吸光度在工作曲线上查得相应的 SiO_2 量，算出水泥熟料中 SiO_2%，并与计算机作图处理数据对照。

注意事项

(1)NaOH熔融时一定要逐渐升温,否则样品容易溅失。

(2)在微酸性溶液中硅酸与钼酸铵生成硅钼杂多酸,有α、β-硅钼酸两种形态,pH在3～4时主要为α型的硅钼酸,它比较稳定,在pH=1左右时,β型硅钼酸能定量形成,但β型硅钼酸不稳定,会转化为α型硅钼酸,而α型硅钼酸和β型硅钼酸被还原为硅钼蓝的颜色也有差异,加入乙醇、丙酮等能使β型硅钼酸的稳定性明显增加。由于α型硅钼酸形成时酸度较低,许多金属离子会发生水解沉淀。因此,α型硅钼酸实际应用较少。本实验采用在pH=1～1.5的条件下,使反应生成物主要以β型硅钼酸形式存在。β型硅钼酸转变为α型硅钼酸随温度和时间的增加而增加。由于上述原因本实验的条件要求比较严格,固体NaOH称量、盐酸体积都要求比较准确;显色操作中每加进一种试剂都要充分摇匀。以保证硅钼黄和硅钼蓝形成所需的酸度;加热时间要准确控制,加热后必须迅速冷却至室温,并随即加还原剂,转变为硅钼蓝。

(3)本实验不用硫酸亚铁而用氯化亚铁作还原剂的目的,是为了防止形成$CaSO_4$沉淀,加入草酸是为了消除磷、砷的干扰。

思考题

(1)硅钼蓝法测定SiO_2基本原理是什么?操作中应注意哪些问题?

(2)示差光度法与一般光度法有什么不同?它有什么优点?

(3)列出SiO_2百分含量计算式。

(二)Fe^{3+}离子的测定

溶液酸度控制在pH=2～2.5,则溶液中共存的Al^{3+}、Ca^{2+}、Mg^{2+}等离子不干扰测定。指示剂为磺基水杨酸,其水溶液为无色,在pH=1.2～2.5时,与Fe^{3+}形成的配合物为红紫色,但Fe^{3+}与EDTA形成配合物是黄色,因此终点时由红紫色变为黄色。由于Fe^{3+}与EDTA的反应速度比较慢,需要加热来加快反应速度,滴定时溶液温度以60～70℃为宜,但温度过高也会促使Al^{3+}与EDTA反应,并会促进Fe^{3+}离子水解,影响分析结果。

试剂

1+1氨水,1+1HCl,0.05%溴甲酚绿指示剂(将0.05g溴甲酚绿溶于100mL20%乙醇溶液中),10%磺基水杨酸钠(10g磺基水杨酸钠溶于100mL水中),0.01mol·L^{-1}EDTA标准溶液(参阅水的总硬度的测定)

实验内容

吸取重量法中分离 SiO_2 后之滤液 25mL 于 400mL 烧杯中，加 75mL 水，2 滴0.05%溴甲酚绿指示剂(在 pH<3.8 时呈黄色，pH>5.4 时呈绿色)，逐滴加入 1∶1 氨水，使之呈绿色，然后再用 6mol·L^{-1}HCl 溶液调至黄色后再过量 3 滴，此时溶液酸度约为 pH=2，加热至 60～70℃，取下，加 6～8 滴 10%磺基水杨酸钠，以 0.01mol·L^{-1}EDTA 标准溶液滴定至淡黄色，即为终点，记下消耗 EDTA 标准溶液的体积，测定 Fe^{3+}后的溶液供测定 Al^{3+}用。

思考题

(1)滴定 Fe^{3+}时，Al^{3+}、Ca^{2+}、Mg^{2+}等的干扰用何种方法消除？为什么？

(2)Fe^{3+}的滴定控制在什么温度范围？为什么？

(3)如 Fe^{3+}测定结果不准确，对 Al^{3+}的测定结果有什么影响？

(三)Al^{3+}离子的测定

采用返滴定法，在滴定 Fe^{3+}后的溶液中，加入过量 EDTA 标准溶液，再调节溶液的 pH 值约为 4.3，将溶液煮沸，加快 Al^{3+}与 EDTA 配合反应，保证反应能定量完成，然后，以 PAN 为指示剂，用 $CuSO_4$ 标准溶液滴定溶液中剩余 EDTA。

终点时的变色，在终点前溶液中 Al－EDTA 配合物是无色的，而 Cu－EDTA 配合物是淡蓝色的，PAN 指示剂这时是黄色的，随着 $CuSO_4$ 标准溶液的不断滴入，溶液逐渐由黄变绿。当终点时，过量的 Cu^{2+}离子与 PNA 形成的配合物为红色，与溶液中 Cu－EDTA 的蓝色组成了紫色，即终点由绿色变为紫色，因此溶液中 Cu－EDTA 配合物量的多少，对滴定终点的影响很大，所以过量的 EDTA 的量，必须加以控制，一般说来，在 100mL 溶液中加入的 0.010 mol·L^{-1} EDTA 标准溶液以过量 15mL 左右。

试剂

(1)0.01 mol·L^{-1}EDTA 标准溶液；

(2)0.01 mol·$L^{-1}$$CuSO_4$ 标准溶液：将 $CuSO_4 \cdot 5H_2O$ 溶于水中，加 2～3 滴 H_2SO_4(1+1)，用水稀释至 500mL，摇匀；

(3)HAc～NaA_C 缓冲溶液(pH=4.3)：将 33.7g 无水醋酸钠溶于水中，加入 80mL 冰醋酸，加水稀释至 1000mL，摇匀；

(4)0.3%PAN 指示剂：0.3gPAN 溶于 100mL 乙醇中。

实验内容

在滴定铁后溶液中加 0.01mol·L^{-1}EDTA 标准溶液约 15～20mL。加水稀释至约 200mL，再加入 15mLpH＝4.3 的 HAc 缓冲液，煮沸 1～2min，取下稍冷，加入 4 滴 0.3%PAN 指示剂，以 0.01mol·$L^{-1}$$CuSO_4$ 标准溶液滴定至亮紫色。

EDTA 与 $CuSO_4$ 标准溶液之间体积比的测定：从滴定管放出 150mL 0.01mol·L^{-1}EDTA 标准溶液于 400mL 烧杯中，用水稀释至约 200mL，加 15mLHAc－NaAc 缓冲溶液(pH＝4.3)，加热至微沸，取下稍冷，加 3 滴 0.3%PAN 指示剂，以 0.01mol·$L^{-1}$$CuSO_4$ 标准溶液滴定至亮紫色。

注意事项

必须先加 EDTA 标准溶液，使部分 Al^{3+} 离子配合后，再加 HAc－NaAc 缓冲溶液，防止 Al^{3+} 离子水解形成沉淀。

思考题

(1)EDTA 滴定 Al^{3+} 离子时，为什么要采用返滴定法？还能采用别的滴定方式吗？

(2)在 pH＝4.3 条件下，返滴定 Al^{3+} 离子，Ca^{2+}、Mg^{2+} 离子会不会干扰？为什么？

(四)Ca^{2+} 离子的测定

由于 Ca 与 EDTA 配合物的 $\lg K_{CaY}=10.69$ 不很大，因此，只有在 pH＝8～13 时才能定量配合。而在 pH＝8～9 时，Mg^{2+} 有干扰，故一般在 pH 大于 12.5 下进行滴定，此时 Mg^{2+} 形成 $Mg(OH)_2$ 沉淀而被掩蔽，Fe^{3+}、Al^{3+} 干扰用三乙醇胺消除。

用于 EDTA 滴定 Ca^{2+} 的指示剂较多，本实验采用钙黄绿素作指示剂。在 pH 大于 12 时，钙黄绿素本身呈橘红色，与 Ca^{2+}、Sr^{2+}、Ba^{2+} 等离子配合后呈黄绿色荧光。钙黄绿色素与碱金属离子反应也有微弱荧光，碱金属离子中以钠离子最强，钾离子最弱，因此在用碱调节 pH 时，应用 KOH 较好，为了改善终点，利用某些酸碱指示剂或其他配合指示剂的颜色，来遮盖钙黄绿素的残余荧光。所以本实验应用的是钙黄绿素、甲基百里香酚蓝、酚酞混合指示剂(CMP)，其中的酚酞与甲基百里香酚蓝在滴定条件下所呈的混合色调紫红色，起到遮盖残余荧光的作用。

试剂

(1)1+2 三乙醇胺；

(2)20%KOH 溶液：将 20gKOH 溶于 100mL 水中；

(3)CMP 指示剂(钙黄绿素—甲基百里香酚蓝—酚酞指示剂)：准确称取 1g 钙黄绿素，1g 甲基百里香酚蓝，0.2g 酚酞与 50g 已在 105℃烘干的硝酸钾混合研细，保存在磨 1g 钙黄绿素瓶中；

(4)0.01 mol·L^{-1}EDTA 标准溶液。

实验内容

吸取分离 SiO_2 后的滤液 100mL 于 250mL 烧杯中，加水稀释至约 100mL，加 1+2 三乙醇胺 5mL，充分搅拌后，加入 CMP 指示剂少许，以 20%KOH 调节至绿色荧光出现后，再过量 20%KOH5～8mL，以 0.01 mol·L^{-1}LEDTA 标准溶液滴定至绿色荧光消失，出现稳定的红色为终点，观察终点时应该从烧杯上方向下看。

思考题

(1)加入三乙醇胺的目的是什么？为什么要在加入 KOH 之前加三乙醇胺？

(2)试样中大量 CaO 测不准，则对 MgO 的测定有何影响？

(五)Ca^{2+}、Mg^{2+}离子总量的测定

镁的含量是采用差减法求得，即在另一份试液中，于 pH=10 时用 EDTA 滴定钙、镁含量，再从钙、镁含量中减去钙量后，即为镁的含量。

滴定钙、镁含量时，常用指示剂有铬黑 T 和酸性铬蓝 K—萘酚绿 B 混合指示剂，铬黑 T 易受某些重金属离子所封闭，所以采用 K-B 指示剂作为 EDTA 滴定钙、镁含量的指示剂。Fe^{3+}的干扰需要用三乙醇胺和酒石酸钾钠联合掩蔽，因为三乙醇胺与Fe^{3+}生成的配合物能破坏酸性铬蓝 K 指示剂，使萘酚绿 B 的绿色背景加深，易使终点提前到达。当溶液中酒石酸钾钠与三乙醇胺一起对Fe^{3+}进行掩蔽时，上述破坏指示剂的现象可以消除，Al^{3+}的干扰也能由三乙醇胺和酒石钾钠进行掩蔽。

仪器和试剂

(1)10%酒石酸钾钠：将 10g 酒石酸钾钠溶于 100mL 水中。

(2)1+2 三乙醇胺。

(3)NH_3—NH_4Cl 缓冲溶液(pH=10)：将 67.5g 氯化铵溶于水中，加入

570mL 氨水(比重 0.9),用水稀释至 1000mL。

(4)酸性铬蓝 K-萘酚绿 B 指示剂(简称 K-B):准确称取 1g 酸性铬蓝 K,2.5g 萘酚绿 B 与 50g 已在 105℃烘干的硝酸钾混合研细,保存在磨口瓶中。

实验内容

吸取分离 SiO_2 后之滤液 10mL 于 250mL 锥形瓶中,加水稀释至约 100mL,加 10%酒石酸钾钠溶液 1mL 和 1+2 三乙醇胺 5mL,搅拌 1min,加入 15mLNH_3—NH_4Cl 缓冲溶液(pH=10),再加入适量 K-B 指示剂,用 0.01mol·L^{-1}EDTA 标准溶液滴定至溶液呈纯蓝色。

思考题

列出 MgO 含量的计算式。

实验四十 高锰酸钾的制备与测定

实验目的

1. 了解碱熔法分解矿石及电解锰酸钾的原理和操作方法。
2. 试验和了解锰的各种价态的化合物的性质和它们之间相互转化的条件。
3. 测定高锰酸钾的百分含量。

实验原理

过渡元素的一个特征是一种元素具有存在不同氧化态的能力,锰的氧化态从-Ⅲ到+Ⅶ。较低氧化态仅形成π链合分子,锰的常见氧化态是+7、+6、+4、+2。各种氧化态的化合物有不同的颜色:

氧化数	+2	+3	+4	+5	+6	+7
水合离子	Mn^{2+}	Mn^{3+}	无	MnO_3^-	MnO_4^{2-}	MnO_4^-
颜色	浅桃红	红		蓝	绿	紫

通过改变反应条件,某一过渡元素的一种氧化态可以转变成不同的氧化态。

二氧化锰是制备其他氧化态锰化合物的适合原料,它是最重要的锰(Ⅳ)化合物,它的稳定性主要由于它的不溶性。

软锰矿(主要成分为 MnO_2)与碱混合并在空气中共熔,可制得墨绿色的锰酸钾溶体:

$2MnO_2+4KOH+O_2=2K_2MnO_4+2H_2O$

本实验是以 $KClO_3$ 作为氧化剂，其反应式为：

$3MnO_2+6KOH+KClO_3=3K_2MnO_4+KCl+3H_2O$

锰酸钾溶于水并可在水溶液中发生歧化反应，生成高锰酸钾：

$3MnO_4^{2-}+2H_2O=MnO_2+2MnO_4^{-1}+4OH^-$

从上式可知，为了使歧化反应顺利进行，必须随时中和掉所生成的 OH^-，常用的方法是加入 HAc（或通入 CO_2）。

$3K_2MnO_4+4HAc=2KMnO_4+MnO_2+4KAc+2H_2O$

$3K_2MnO_4+2CO_2=2KMnO_4+MnO_2+2K_2CO_3$

但是该法在最理想的情况下，也只能使 K_2MnO_4 转化率达到 66%，尚有 1/3 又变为 MnO_2，所以为了提高锰酸钾的转化率，较好的方法是电解锰酸钾溶液：

$2K_2MnO_4+2H_2O \xlongequal{电解} 2KMnO_4+2KOH+H_2\uparrow$

阳极 $2MnO_4^{2-} \longrightarrow 2MnO_4^-+2e$

阴极 $2H_2O+2e \longrightarrow H_2\uparrow+2OH^-$

仪器和药品

1. 仪器

托盘天平，铁坩埚（60mL），铁搅拌棒，研钵，烧杯，量筒，布氏漏斗，吸滤瓶，蒸发皿，热过滤漏斗，直流稳压器，安计，导线，镍片。

2. 试剂

软锰矿粉（200目）或 $MnO_2(s)$，$H_2SO_4(1mol \cdot L^{-1})$，$H_2C_2O_4(0.05mol \cdot L^{-1}$ 的标准溶液），KOH(s)，$KClO_3(s)$。

实验内容

（一）高锰酸钾的制备

1. 锰酸钾溶液的制备

将 6g 固体 $KClO_3$ 和 12g 固体 KOH 放入 30mL 铁坩埚中，混合均匀，用铁夹将铁坩埚夹紧，固定在铁架上，戴上防护镜，然后小火加热，待混合物熔融后，一面用铁棒搅拌，一面把 10gMnO_2 慢慢分批加进去，以后，熔融物的粘度逐渐增大，这时应用力搅拌，防止结块，待反应物干涸后，提高温度，强热 5min。

待熔融物冷却后，从坩埚中取出熔块，在研钵中研细后，移入烧杯用 80mL 水分三次在 200mL 烧杯中浸取溶体，不断搅拌，并加热以使其溶解。合并三次浸取液用铺有的确良布或石棉纤维的布氏漏斗进行减压过滤，便得墨绿色的

K_2MnO_4 溶液(浓度约为 100～200g・L^{-1})。

2.锰酸钾转化为高锰酸钾

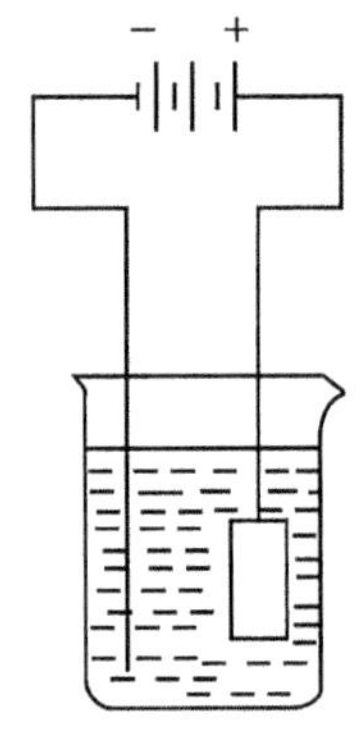

图 5-1 电解法制备 $KMnO_4$

(1)电解法:把制得的锰酸钾溶液倒入150mL 烧杯(电槽)中,加热至 60℃,然后按图5-1所示装入电极,阳极为光滑的镍片(12.5×8cm^2),阴极为粗铁线(直径约为 2mm),其总面积约为阳极的 1/25。阳极电流密度为 6mA・cm^{-2},阴极为 150mA・cm^{-2},槽电压为 2.5V,电极间距离为 0.5～1cm,装好后接通电源,这时可以观察到阴极上有气体(H_2)放出,墨绿色的溶液转为紫红色。因为电解时溶液中 KOH 的浓度不断升高,电解效率越来越低,当 KOH 浓度达到 110g・L^{-1}时,在本实验条件下 K_2MnO_4 转化为 $KMnO_4$ 的速度已十分缓慢,实际上它也已大部分转化为 $KMnO_4$。为了判断这一点,可用玻璃棒蘸一些电解液,如果观察到的是紫红色而无明显的绿色,即可认为电解完毕,电解时间约为 120min,这时可以看到烧杯底部沉积一层高锰酸钾晶体。

停止通电后,取出电极,用铺有的确良布或尼龙布的布氏漏斗将晶体抽干(电解液回收),称重。以每克湿产品需蒸馏水 3mL 的比例,将制得的粗 $KMnO_4$ 晶体加热溶解,趁热过滤,冷却,让其结晶,抽滤至干,称重(母液回收),晶体放在表面皿上放烘箱内在 80℃以上烘 60min,称重,计算产率。

(2)化学法:当软锰矿熔块溶于水后,可直接通入 CO_2(或加入 6mol・L^{-1} HAc 溶液),直至全部 K_2MnO_4 转化为 $KMnO_4$ 和 MnO_2 为止(可用玻璃棒蘸一些溶液,滴在滤纸上,如果只显紫色而无绿色痕迹,即可认为转化完毕),然后用铺有的确良布的布氏漏斗抽滤,弃去二氧化锰残渣。滤液转入瓷蒸发皿中,浓缩至表面析出高锰酸钾晶体,冷却,抽滤至干,依前法重结晶及烘干,称重,计算产率。

(二)高锰酸钾百分含量的测定

在分析天平上用减量法准确称取 1g 左右的 $KMnO_4$ 产品,放在小烧杯中,用少量蒸馏水溶解后(若有不溶性杂质,用带有玻璃丝漏斗将溶液过滤)全部转移到 250mL 容量瓶内,稀释到刻度。

用移液管移取 25mL0.0500mol・L^{-1}的标准草酸溶液,注入锥形瓶内,再加入 25mL1mol・$L^{-1}$$H_2SO_4$。混匀后,在水浴上把溶液加热到 60～80℃,然后用 $KMnO_4$ 溶液滴定之。

滴定开始时,$KMnO_4$ 溶液的紫红色退得很慢,这时要慢慢滴入,等加入的第一滴 $KMnO_4$ 退色后,再加第二滴。滴定过程中产生了 Mn^{2+}离子,反应速度加

快，可以滴得快一些，最后如果加入 1 滴 $KMnO_4$ 溶液，摇匀后，在 30s 内，溶液的紫红色不退去，即表示反应已达到终点。

$$2KMnO_4+5H_2C_2O_4+3H_2SO_4 = K_2SO_4+2MnSO_4+10CO_2\uparrow+8H_2O$$

重复以上操作，直到使三次实验所用的 $KMnO_4$ 溶液相差不到 0.05mL 为止。然后按下列公式计算 $KMnO_4$ 的百分含量。

$$KMnO_4\text{ 的百分含量}=\frac{C_2\cdot V_2\times 2}{W\cdot V_0\times 5}\times 250\times 0.1580\times 100\%$$

式中，V_0——滴定的 $KMnO_4$ 溶液的用量(mL)；

V_2——滴定时标准草酸溶液的用量(mL)；

C_2——滴定时标准草酸溶液的浓度；

W——$KMnO_4$ 样品质量(g)；

0.1580——$KMnO_4$ 的毫克摩尔质量($mg\cdot mol^{-1}$)。

(三)硫酸亚铁铵百分含量的测定

在分析天平上用减量法准确称取两份硫酸亚铁铵(实验二十二制备的产品)，每份重 0.8～1.2g，分别放入 250mL 锥形瓶中，用 100mL 去离子水溶解，加入 20～30mL1mol $\cdot L^{-1}H_2SO_4$，用上面标定的 $KMnO_4$ 标准溶液滴定至溶液显粉红色并保持 30s 不退为终点。

数据记录与处理

(一)$KMnO_4$ 的制备

MnO_2(或软锰矿)的质量(g)__________

$KMnO_4$ 湿产品质量(g)__________

$KMnO_4$ 重结晶质量(g)__________

理论产量(g)__________

产率(%)__________

(二)$KMnO_4$ 百分含量的测定

	1	2	3
草酸标准溶液的浓度($mol\cdot L^{-1}$)			
草酸标准溶液的用量(mL)			
$KMnO_4$ 样品质量(g)			
滴定前 $KMnO_4$ 溶液的读数(mL)			
滴定后 $KMnO_4$ 溶液的读数(mL)			

续表

	1	2	3
$KMnO_4$ 溶液的用量(mL)			
$KMnO_4$ 百分含量(%)			
$KMnO_4$ 平均百分含量(%)			

(三)$FeSO_4 \cdot (NH_4)_2SO_4 \cdot 6H_2O$ 百分含量的测定

	1	2	3
$FeSO_4 \cdot (NH_4)_2SO_4 \cdot 6H_2O$ 样品重量(g)			
$KMnO_4$ 溶液的浓度($mol \cdot L^{-1}$)			
滴定前 $KMnO_4$ 溶液的读数(mL)			
滴定后 $KMnO_4$ 溶液的读数(mL)			
$KMnO_4$ 溶液的用量(mL)			
$FeSO_4 \cdot (NH_4)_2SO_4 \cdot 6H_2O$ 百分含量(%)			
$FeSO_4 \cdot (NH_4)_2SO_4 \cdot 6H_2O$ 平均百分含量(%)			

思考题

(1)在用 KOH 熔融软锰矿(MnO_2)过程中应注意哪些安全问题?

(2)根据实验事实,比较七价锰与六价锰的化合物在不同介质和不同条件下的稳定性,怎样可以使它们之间相互转化?

(3)为什么要在 80℃左右干燥 $KMnO_4$ 晶体?

(4)用 $KMnO_4$ 溶液滴定 $H_2C_2O_4$ 溶液时,$KMnO_4$ 和 $H_2C_2O_4$ 的换算关系怎样? 在溶液中加 1 $mol \cdot L^{-1}H_2SO_4$,如改加 HCl 行不行?

(5)如何计算 $FeSO_4 \cdot (NH_4)_2SO_4 \cdot 6H_2O$ 的百分含量?

注意事项

(1)熔融时如果反应剧烈使熔融物溢出,可移去火源。在反应物快要干涸时应不断搅拌,使呈颗粒状,以不使结成大块粘在坩埚壁上为宜。

(2)在本实验中用过的容器壁上或手上,可能留有难以洗去的棕色附着物(主要是 MnO_2),为了洗去,可使用"草酸洗液"(草酸水溶液中,加入少量硫酸溶液),其反应为:

$$MnO_2 + H_2C_2O_4 + 2H^+ \xlongequal{} Mn^{2+} + 2CO_2\uparrow + 2H_2O$$

使用过的草酸洗液不要轻易丢弃,应倒回原瓶,可继续使用至失掉去污能力后才处理掉。

实验四十一　配合物的制备及其组成分析

实验目的

(1)制备铜氨、钴氨配合物。

(2)掌握电导法测定配离子电荷的原理和方法。

(3)测定钴氨配合物的组成。

实验原理

配位化学是无机化学的重要分支,配合物的合成和性质研究是无机化学最感兴趣的研究领域之一。配合物是含有配离子的盐,而配离子是中心离子和若干配体(阴离子或中性分子)以配位键相结合形成的复杂离子。

本实验中合成两个配合物:

A. $[Cu(NH_3)_4]SO_4 \cdot H_2O$;

B. $[Co(NH_3)_6]Cl_3$。

方括号内表示配离子,它是由中心离子和配位体组成的整体,即配位体直接与中心离子键合,称为配合物的内界,而方括号以外的部分称为配合物外界。本实验通过配体取代反应即一个配体取代中心离子上的另一个配体制备配合物,反应通常在水溶液中进行,金属离子的任何反应都是从水合离子出发,任何配体与金属形成配合物都是该配位体取代金属离子上的水分子。如:

$$Cu(H_2O)_4^{2+}(aq) + 4NH_3(aq) = Cu(NH_3)_4^{2+}(aq) + 4H_2O \quad ①$$

在许多配离子形成的反应中,反应速度是很快的,这些反应服从化学平衡规律。因此通过改变反应条件,可以控制反应方向,反应①在氨存在下可以向右移动,而降低氨浓度如加入酸,将重新生成铜的水合阳离子,取代反应进行得很快的配合物称为活性配合物。

但并不是所有配合物都是活性的,某些配合物包括本试验合成的配合物,以比较慢的速度交换配体,称为惰性或非活性配合物。取代反应中产生的配离子可能动力学上是稳定的,而不是热力学上有利。不同的反应条件,加入催化剂等可能改变形成配离子的相对速度,从而改变反应中产生的配离子。

许多配合物无论是在溶液中,还是固体都有颜色,测定配合物是否活性的一个简单方法是,当加入一个强的配位体,观察该溶液的颜色改变,从而确定取代反应的相对速度。

配位数是配合物的重要特征之一。配位数是指在配合物中直接与中心离子(或原子)相连的配位原子的总数。中心离子的配位数已知的有 2,3,4,5,6,7,8,

9,10,11,12。其中较常见的是2,4,6,最常见的是6和4。

中心离子的配位数的大小主要取于中心离子和配体的性质,其中两者的体积及所带的电荷起着重要的作用。一般来说,中心离子的体积和电荷越大,就越有利于形成配位数较高的配合物,配体体积越大,则配位数越小;当配体为阴离子时,它的电荷越小就越有利于形成配位数较大的配位物。此外,配位数的大小还与中心离子的电子分布情况有关,与配合物形成时的外界条件也有关,特别是温度和溶液的浓度。一般来说,配体浓度越大,温度越低,配位数也就越大。

测定配合物的配位数的方法很多,包括近代实验方法和X-射线分析、紫外及可见光谱、红外光谱、核磁共振等,本实验用pH滴定铜氨配离子的配位数。

$$Cu(NH_3)_n^{3+} + nH^+ \longrightarrow Cu^{2+} + nNH_4^+ \quad ②$$

向该溶液中加入NaOH溶液时,则首先中和过量的盐酸:

$$H^+ + OH^- \longrightarrow H_2O \quad ③$$

接着,与Cu^{2+}反应生成$Cu(OH)_2$:

$$Cu^{2+} + 2OH^- \longrightarrow Cu(OH)_2 \quad ④$$

由上可知溶液中Cu^{2+}的量。

最后,溶液中的NH_4^+与OH^-反应生成NH_3。

$$NH_4^+ + OH^- \longrightarrow NH_3 + H_2O \quad ⑤$$

溶液中的NH_4^+的量可由与铜氨配离子反应的盐酸的量来求得,也就是从最初所加的盐酸总量减去NaOH中和掉的盐酸量,即与铜氨配离子完全反应所需的盐酸量。

配离子的电荷也是配离子的重要参数,测定配离子的电荷对于了解配合物的结构和性质有着重要的作用,最常用的测定方法是离子交换法和电导法。

本实验用电导法测定配离子的电荷,电导就是电阻的倒数,用L来表示,单位为S。溶液的电导是该溶液传导电流能力的量度。在电导池中,溶液电导L的大小与两电极之间的距离成反比,与电极的面积A成正比:

$$L = \kappa \frac{A}{l}$$

式中,κ称为电导率或比电导,即l为1m;A为$1m^2$时溶液的电导,单位为$S \cdot m^{-1}$。因此电导率κ与电导池的结构无关。

电解质溶液的电导率κ随溶液离子的数目不同而变化,即溶液的浓度不同而变化。因此,可以用摩尔电导率Λ_m来衡量电解质溶液的导电能力,摩尔电导率Λ_m的定义为:1mol电解质溶液置于相距为1m的两电极间的电导,摩尔电导率与电导率之间有如下关系:

$$\Lambda_m = \kappa / C$$

式中，C 为电解质溶液物质的量浓度，单位为 $mol \cdot m^{-3}$；Λ_m 的单位为 $S \cdot m^2 \cdot mol^{-1}$。

如果测得一系列已知离子数物质的摩尔电导率 Λ_m，并和被测配合物的摩尔电导率 Λ_m 相比较即可求得配合物的离子总数，或直接测定其配离子的摩尔电导率 Λ_m，由 Λ_m 的数值范围来确定其配离子数，从而可以确定配离子的电荷数。25℃时，在稀的水溶液中电离出 2、3、4 和 5 个离子的 Λ_m 范围为：

离子数	2	3	4	5
$\Lambda_m/S \cdot m^2 \cdot mol^{-1}$	118～133	235～273	408～435	523～560

应用红外光谱可以鉴定化合物或测定化合物的结构。电磁辐射作用于物质的分子，如果其能量 $h\nu$ 与电子振动或转动能量差相当时，将引起能级跃迁，此能量的辐射即被吸收，记录强度对波长关系，即得吸收光谱。

分子的能量可以近似地分为三部分：分子中的电子运动、组成分子的原子振动和转动。振动和转动能级跃迁出现在红外区，纯转动能级跃迁出现在远红外及微波区。

红外区可分为三个亚区：近红外区（波长 0.78～2.5μm），中红外区（波长 2.5～25μm），远红外区（25～1000μm）。近红外区波长较短，能量较大，绝大多数有机化合物和许多无机化合物化学键振动的基频都出现在中红外区，在此区内，几乎所有化合物都有自己特征的红外光谱，因此正像利用熔点、沸点或其他物理性质那样，可以用红外光谱来鉴定化合物。

仪器和试剂

1. 仪器

电子台秤、电子分析天平、吸滤瓶、布氏漏斗、量筒、滴定管、普通漏斗、玻璃管、pH 计、DDS－11A 型电导仪、红外光谱仪。

2. 试剂

HCl（$6mol \cdot L^{-1}$浓）、标准 HCl 溶液（$0.5mol \cdot L^{-1}$）、NaOH（10%）、标准 NaOH 溶液（$0.5mol \cdot L^{-1}$）、$NH_3 \cdot H_2O$（浓）、H_2O_2（10%）、$Na_2S_2O_3$（$0.1mol \cdot L^{-1}$标准溶液）、$K_2Cr_2O_7$（5%）、NH_4Cl(s)、KAl(s)、$CuSO_4 \cdot 5H_2$(s)、$CoCl_2 \cdot 6H_2O$(s)、活性炭、甲基红（0.1%）、淀粉溶液（0.2%）、C_2H_5OH（无水）。

实验内容

（一）配合物的制备

1. $[Cu(NH_3)_4]SO_4 \cdot 2H_2O$

$Cu(H_2O)_4^{2+}(aq)+SO_4^{2-}(aq)+4NH_3(aq) \longrightarrow [Cu(NH_3)_4]SO_4 \cdot H_2O(s)+3H_2O$

称取 7.0g$CuSO_4 \cdot 5H_2O$，放入 100mL 烧杯中，加入 15mLH_2O，加热溶液，冷却至室温，分次加入浓 $NH_3 \cdot H_2O$，每次数毫升，摇动锥形瓶，使溶液混合均匀，直至产生的沉淀完全溶解为止。加入 10 mLC_2H_5OH，产生$[Cu(NH_3)_4]SO_4 \cdot H_2O$ 深蓝色沉淀，不溶于 C_2H_5OH 溶液，减压过滤用少量 C_2H_5OH 洗涤数次，用滤纸吸干晶体，然后在空气中干燥，称重。

2. $[Co(NH_3)_6]Cl_3$

$2Co(H_2O)^{2+}(aq)+6Cl^-(aq)+12NH_3(aq)+H_2O_2(aq) \longrightarrow 2[Co(NH_3)_6]Cl_3(s)+12H_2O+2OH^-(aq)$

在 100mL 锥形瓶内加入 3g 研细的 $CoCl_2 \cdot 6H_2O$、2gNH_4Cl 和3.5mLH_2O。加热，溶解后，加入 0.2g 活性炭。冷却，加 7mL 浓 $NH_3 \cdot H_2O$，进一步冷至 10℃以下，缓慢加入 4.5mL10%的 H_2O_2。在水浴上加热至 60℃左右，并维持此温度约 20min(适当摇动锥形瓶)，冷却，减压过滤。将沉淀溶于含有 1mL 浓 HCl 的 25mL 沸水中，趁热过滤，慢慢加入 3.5mL 浓 HCl 于滤液中，以冰水冷却，即有晶体析出，过滤，用少量 C_2H_5OH 洗涤抽干。将固体置于真空干燥器中干燥或在 105℃以下烘干，称重。

3. 配离子相对活性

将少量配合物$[Co(NH_3)_6]Cl_3$ 和$[Cu(NH_3)_4]SO_4 \cdot H_2O$ 溶于数毫升水中，注意溶液颜色以及加入几滴浓盐酸后的影响。

(二)配离子配位数的测定

在 100mL 烧杯中，加入约 0.6g 铜氨配合物，用少量水溶解，倒入 250mL 容量瓶中，加入 25mL0.5 $mol \cdot L^{-1}$HCl，再加水稀释到刻度，取试样溶液 10mL 放入烧杯中，再加水约 50mL，用 0.05mol $\cdot L^{-1}$NaOH 标准溶液进行滴定，每次滴下都要充分地搅拌，然后用 pH 计测定溶液的 pH 值。

(三)配合物组成的测定

化学分析测定各种组分的百分含量，从而确定分子式。

1. 氨的测定

$[Co(NH_3)_6]Cl_3$ 在煮沸时可被强碱所分解放出氨来，逸出的氨用过量的标准 HCl 溶液吸收，剩余的酸用标准 NaOH 溶液回滴，便可测出氨的含量，为此，准确称取 0.2g 左右的$[Co(NH_3)_6]Cl_3$ 晶体，放入 250mL 锥形瓶中，加 80mL 水溶解，然后再加入 10mL10%NaOH。在另一锥形瓶中准确加入 30～35mL 0.5 $mol \cdot L^{-1}$标准 HCl 溶液，锥形瓶浸在冰水浴中，整个装置如图 5-2 所示。

按图 5-2 装好，安全漏斗下端固定于一小试管中，试管内注入 3～5mL10%

NaOH溶液，使漏斗柄插入小试管内液面下约2～3cm，整个操作过程中漏斗下端的出口不能露在液面上，小试管口的胶塞要切去一个缺口，使试管内与锥形瓶相通。加热样品溶液，开始时大火加热，溶液开始沸腾时改用小火始终保持微沸状态。蒸出的氨通过导管为标准HCl所吸收，约60min左右可将氨全部蒸出。取出并拔掉插入HCl溶液中的导管，用少量蒸馏水将导管内外可能粘附的溶液洗入锥形瓶内，以酚酞为指示剂，用0.5mol·L^{-1}标准NaOH溶液滴定剩余的盐酸，计算被蒸出的氨量，从而计算出样品的百分含量。

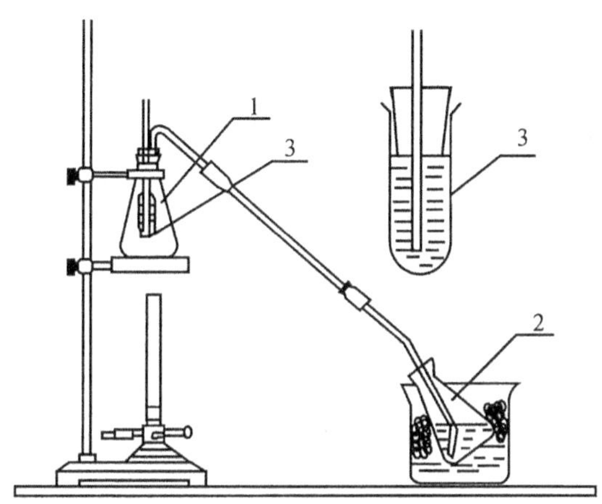

1—反应瓶；2—接收瓶；3—小试管

图5-2 测定氨的装置

2.钴的测定

待上面蒸出氨后的样品溶液冷却后，取下漏斗(连胶塞)及小试管，用少量蒸馏水将试管粘附的溶液冲洗回锥形瓶内，加入1gKI固体，振荡使其溶解，再加入12mL左右的6 mol·L^{-1}HCl酸化，于暗处放置约10min，此时发生如下反应：

$$2Co^{3+}+2I^{-}=\!=\!=2Co^{2+}+I_2$$

用0.1 mol·L^{-1}的标准硫代硫酸钠溶液滴定至浅黄，加入2mL新配的0.2%淀粉溶液后，再滴至蓝色消失，计算钴的百分含量。

3.氯的测定

准确称取样品0.2g于锥形瓶中，用少量水溶解，加入1mL5%K_2CrO_4溶液，然后以0.1 mol·L^{-1}$AgNO_3$标准溶液滴定至溶液呈现砖红色即为终点，计算氯的百分含量。

(四)配离子电荷的测定

配制100mL1.0×10^{-3} mol·L^{-1}[$Co(NH_3)_6$]Cl_3，用DDS－11A型电导率

仪测定溶液的电导率 κ。

五、红外光谱测定

用研钵将少许样品研细，滴两滴石蜡油，再继续研磨，用不锈钢刮刀刮到 NaCl 盐片上，压上另一盐片，放在可拆液体池的池架上，然后在光谱仪上进行测定（或 KBr 压片测定红外光谱）。

数据记录与处理

（一）配合物的制备

	A	B
产品重量(g)		
理论产量(g)		
产率(%)		
配合物活性		

	固体颜色	水溶液中颜色	加入 HCl 后颜色
$[Cu(NH_3)_4]^{2+}$			
$[Co(NH_3)_4]^{3+}$			

（二）配离子配位数的测定

V_{NaOH}	
pH	

以溶液 pH 对 NaOH 体积作图，并求出配离子的配位数。

（三）配合物组成的测定

1. 氨的测定

配合物的质量(g)________

标准 HCl 溶液的浓度($mol \cdot L^{-1}$)________

标准 HCl 溶液的用量(mL)________

标准 NaOH 溶液的浓度($mol \cdot L^{-1}$)________

滴定前 NaOH 溶液的读数(mL)________

滴定后 NaOH 溶液的读数(mL)________

标准 NaOH 溶液的体积(mL)________

氨的百分含量(%)________

氨的理论百分含量(%)____________________

2.钴的测定

配合物的质量(g)____________________

标准 $Na_2S_2O_3$ 浓度的读数($mol \cdot L^{-1}$)____________________

滴定前 $Na_2S_2O_3$ 溶液的读数(mL)____________________

滴定后 $Na_2S_2O_3$ 溶液的读数(mL)____________________

标准 $Na_2S_2O_3$ 溶液的体积(mL)____________________

3.氯的测定

配合物的质量(g)____________________

$AgNO_3$ 溶液的浓度($mol \cdot L^{-1}$)____________________

滴定前 $AgNO_3$ 溶液的读数(mL)____________________

滴定后 $AgNO_3$ 溶液的读数(mL)____________________

$AgNO_3$ 溶液的体积(mL)____________________

氯的百分含量(%)____________________

氯的理论百分含量(%)____________________

由以上分析氨、钴、氯的结果,写出样品的实验式。

(四)配离子电荷的测定

(1)配离子溶液的电导率:

配离子	电导率	摩尔电导率	离子数	配离子电荷	
$[Co(NH_3)_6]^{3+}$					

(2)由测得配合物溶液的电导率,根据(7)式算出其摩尔电导率 Λ_m,由 Λ_m 的数值来确定其离子数,从而可以确定配离子的电荷。

五、红外光谱测定

与标准图谱比较。

思考题

(1)写出实验中测定钴、氨、氯时各步的反应方程式。

(2)要使$[Co(NH_3)_6]Cl_3$ 合成产率高,有哪些关键的步骤,为什么?

(3)如何计算配合物中钴、氨和氯理论百分含量与实验百分含量?

(4)电解质溶液导电的特点是什么?

5.测定溶液的电导率时,溶液的浓度范围是否有一定要求?为什么?

附:

1.离子独立移动定律

在无限稀释时，所有电解质全部电离，而且离子间的一切相互作用均可忽略，离子在一定的电场作用下的迁移速度只取决于该种离子的本性，而与共存的其他离子的性质无关。因此，在无限稀释时，任何一种电解质的摩尔电导率 Λ_m^∞ 是正、负离子的摩尔电导率之和。

若电解质 $C_{v_+}A_{v_-}$ 在水溶液中全部电离：$C_{v_+}A_{v_-} \longrightarrow v_+C^{z+} + v_-A^{z-}$，$v_+$、$v_-$ 分别为正、负离子的化学计量数；Z_+、Z_- 分别为正、负离子的电荷数，并且 $v_+Z_+ = v_-|Z_-|$，则在无限稀释时必然有：

$$\Lambda_m^\infty = v_+\Lambda_{m+}^\infty + v_-\Lambda_{m-}^\infty$$

这就是离子独立移动定律。其中 Λ_{m+}^∞ 和 Λ_{m-}^∞ 分别表示无限稀释时正离子 C^{z+}、负离子 A^{z-} 的摩尔电导率。

2. 红外频率(cm^{-1})

配合物	$v_a(NH_3)$	$v_s(NH_3)$	$\delta_a(HNH)$	$\delta_s(HNH)$	$\rho_r(NH_3)$
	2237	3169	1669	1300	735
$[Cu(NH_3)_4]SO_4 \cdot H_2O$	3253		1639	1283	
$[Co(NH_3)_6]Cl_3$	3240	3160	1619	1329	831

实验四十二　硫酸铜的制备、提纯及产品质量鉴定

实验目的

(1)掌握由含铜废液制备硫酸铜晶体的原理和方法。

(2)熟悉制备实验中的一些基本操作。

(3)掌握硫酸铜含量和结晶水的测定方法。

(4)培养学生具有初步查阅主要无机化学、分析化学教材以及有关手册的能力，应用已学过的基本理论知识和操作技能来分析问题和解决问题。

实验内容

(1)由含铜废液制备硫酸铜晶体。

(2)测定产品硫酸铜的含量。

(3)测定产品硫酸铜的结晶水。

含铜废液是实验室常见的废液，根据来源不同，废液的组成也不同，通常它是含有铜盐或铜配合物以及其他金属盐类的混合溶液。

提示

(1)将 Cu^{2+} 转化为金属铜。

(2)用金属铜制成硫酸铜晶体。

(3)硫酸铜晶体的提纯。

参考资料

[1]中山大学. 无机化学实验(第三版). 北京:高等教育出版社,1992

[2]华东化工学院. 无机化学实验(第三版). 北京:人民教育出版社,1990

[3]北京大学. 普通化学实验(修订本). 北京:北京大学出版社,1992

[4]成都科技大学,浙江大学. 分析化学实验(第二版). 北京:高等教育出版社,1989

[5]武汉大学. 分析化学实验(第三版). 北京:高等教育出版社,1994

[6]武汉大学. 无机化学实验(第二版). 武汉:武汉大学出版社,1997

实验四十三　二茂铁及其衍生物的合成、分离与鉴定

实验目的

(1)合成二茂铁,掌握无机合成中惰性气氛的操作技术。

(2)由二茂铁合成乙酰二茂铁和钨硅酸二茂铁。

(3)用柱色谱法提纯乙酰二茂铁,用薄层色谱法确定柱色谱的淋洗剂。

(4)用熔点法、红外光谱法和核磁共振法鉴定产物。

实验原理

二茂铁是一种很稳定而且具有芳香性的金属有机化合物。它不仅在理论和结构研究上有重要意义,而且有很多的实际应用。自从 1951 年 Kealy T. J. 和 Pausen P. L. 合成二茂铁以来,该类化合物的化学有了很大的发展。

二茂铁为橙色晶体,有樟脑气味,熔点为 173～174℃,沸点为 294℃。在高于 100℃时就容易升华。它能溶于大多数有机溶剂,但不溶于水。

制取二茂铁的方法很多。本实验是以二甲亚砜为溶剂,用 NaOH 作环戊二烯的脱质子剂(环戊二烯是一种弱酸,pKa≈20),使它变成环戊二烯负离子($C_5H_5^-$),然后与 $FeCl_2$ 反应生成二茂铁

$$Fe^{2+} + 2C_5H_5^- \longrightarrow Fe(C_2H_5)_2$$

二茂铁的茂基具有芳香性,能发生多种取代反应。本实验在 H_3PO_4 催化下,由乙酸酐与它发生亲电取代反应制取乙酰二茂铁。

$$Fe(C_5H_5)_2 + (CH_3CO)_2O \xrightarrow[100℃]{H_3PO_4} (C_5H_5)Fe(C_5H_4COCH_3) + CH_3COOH$$

二茂铁容易被氧化成蓝色二茂铁离子 $Fe(C_5H_5)_2^+$。它是体积很大的阳离子，只有当它遇到体积很大的阴离子时才会成难溶盐。所以在二茂铁离子溶液中加入十二钨硅酸 $H_4[Si(W_3O_{10})_4]$即可形成钨硅酸二茂铁沉淀。合成钨硅酸和钨硅酸二茂铁有关反应为：

$$12WO_4^{2-}+SiO_3^{2-}+26H^+ \longrightarrow H_4[Si(W_3O_{10})_4]\cdot xH_2O+(11-x)H_2O$$

$$4Fe(C_5H_5)_2^+ + [Si(W_3O_{10})_4]^{4-} \longrightarrow [Fe(C_5H_5)_2]_4[Si(W_3O_{10})_4]\downarrow$$

仪器和试剂

1. 仪器

红外光谱仪，NMR 波谱仪。

2. 试剂

NaOH(CP)，$FeCl_2\cdot 4H_2O$(CP)，H_2SO_4(CP)，HCl(CP)，H_3PO_4(CP)，$CaCl_2$(CP)，$NaHCO_3$(CP)，$Na_2WO_4\cdot 2H_2O$(CP)，$Na_2SiO_3\cdot 9H_2O$(CP)，KBr(A.B.)，硅胶 G(薄层色谱用)，硅胶(柱色谱用，80～200 目)，环戊二烯(CP)，二甲亚砜(CP)，二氯甲烷(CP)，醋酸酐(CP)，甲苯(CP)，石油醚(60～90℃)，(CP)，乙醚(CP)，醋酸乙酯(CP)，CCl_4(AR)。

实验内容

(一)合成二茂铁

(1)将 25gNaOH 和 17g(0.085mol)$FeCl_2\cdot 4H_2O$ 预先分别用研钵研细(直径小于 0.5mm)。要尽量减少 NaOH 和 $FeCl_2$ 粉末暴露在空气中的时间，因此研磨的速度要快，而且研好的粉末要盛放在密闭容器中。

(2)由于环戊二烯容易发生二聚作用，使用前需用热解法使其解聚。为此，在 100mL 烧瓶内盛放约 30mL 环戊二烯，用分馏装置进行分馏，收集低于 44℃的馏分(环戊二烯单体和二聚体的沸点分别为 42.5℃和 170℃)。新蒸出的环戊二烯必须在 2～3h 内使用。

(3)将磁搅拌棒、100mL 二甲亚砜和已研细的 NaOH 粉末放入 250mL 三颈圆底烧瓶内。一口用带有尖嘴玻璃管的橡皮塞塞住，另一口与带有 T 形管的起泡器(内装浓 H_2SO_4)和 N_2 钢瓶相连,中间的瓶口装上滴液漏斗(图 5-3)。开动磁搅拌器,同时开始通入 N_2,10min 后通过滴液漏斗将 14mL(0.17mol)环戊二烯逐滴加入烧瓶。反应液呈红色。反应 15min 后分批(约 8 批)从三颈瓶的左口加入已研细的 $FeCl_2 \cdot 4H_2O$ 粉末,约 40min 内加完。再激烈搅拌 100min,反应结束,停止通 N_2。

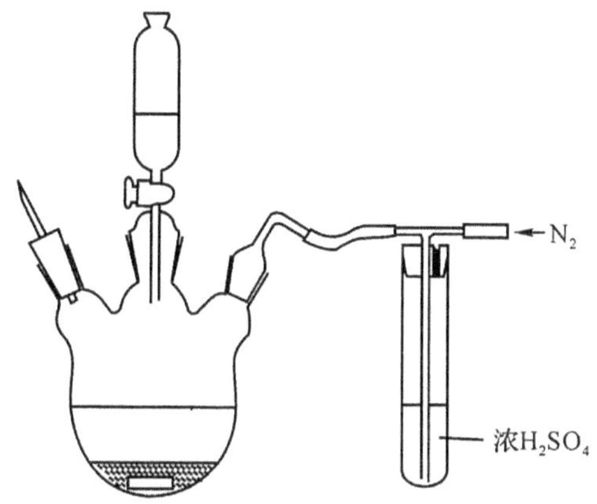

图 5-3 制备二茂铁的装置

(4)将反应物注入到 150mL6mol · L^{-1}盐酸和 100g 冰的混合物中,搅拌 30min,有黄色固体析出。吸滤,用水充分洗涤,风干,称量,计算产率。

(二)合成乙酰二茂铁

置已研细的 3g 二茂铁和 10mL 醋酸酐于 50mL 锥形瓶中,在磁搅拌下逐滴加入 2mL 质量分数为 85%的 H_3PO_4。用 $CaCl_2$ 干燥管保护混合物,在沸水浴上加热 10min。然后将其倾倒在盛有 60g 碎冰的 400mL 烧杯中。不断地搅拌,待冰融化后,小心地加入固体 $NaHCO_3$ 中和反应物至无 CO_2 逸出(要避免溶液溢出和 $NaHCO_3$ 过量!)。在冰浴上冷却 30min。吸滤,用水洗至滤出液呈浅橙色,风干。该产品去除乙酰二茂铁外还含有未反应的二茂铁及其他杂质,需进一步分离提纯。

(三)全成钨硅酸二茂铁

1.合成十二钨硅酸

将 25g$Na_2WO_4 \cdot 2H_2O$ 和 1.8g$Na_2SiO_3 \cdot 9H_2O$ 溶于 55mL 水中,在磁搅拌器上强烈地搅拌并加热。当溶液微沸时,用滴液漏斗逐滴加入 15mL 浓盐酸(滴加速度 1mL · min^{-1})。冷却后再加入 12mL 浓盐酸,然后在分液漏斗中把该溶液与 18mL 乙醚一起振荡(如果不形成三个相,再加入少量乙醚)。分离出底层油状的乙醚络合物,弃去其余两相。将乙醚络合物、6mL 浓盐酸、13mL 水和 5mL

乙醚在分液漏斗中再次振荡，将下层液相放入蒸发皿，置于通风良好的通风柜内蒸发 1～2d。析出的淡黄色晶体在 70℃烘箱内干燥 2h。在此条件下烘干的钨硅酸含有 7 个结晶水，以此计算产率。注意：合成过程中要避免钨硅酸溶液和潮湿的晶体与任何金属接触，否则它们会变蓝色。

2. 合成钨硅酸二茂铁

将 0.5g 二茂铁溶解在 10mL 浓 H_2SO_4 中，充分反应 30min 后，将其注入 150mL 水中。搅拌所得蓝色溶液几分钟，过滤除去析出的硫。再加入 2.5g 十二钨硅酸溶解在 20mL 水中的溶液，即生成淡蓝色的钨硅酸二茂铁沉淀。过滤，用水洗涤，在空气中干燥。计算产率。

(四)薄层色谱

本实验将用柱色谱法把上面所制得的乙酰二茂铁及未反应的二茂铁从粗产品中分离出来。为了确定柱色谱所用的淋洗剂，先进行薄层色谱试验。

(1)制备薄层色谱板。将两片已洗净且干燥的载玻片(2.5cm×7.5cm)重叠在一起，尽可能地浸入硅胶 G 的二氯甲烷悬浊液中(100mLCH_2Cl_2 中加 35g 硅胶 G，使用前需强烈搅拌)，以快而平稳的动作将其拉出。小心地分开载玻片，将薄层面朝上平放在磁盘上让其干燥。拉成功的色谱板，硅胶层应该薄而均匀。如此制备 6 片薄层色谱板。

(2)用细玻璃管拉制两根微量滴管(尖端处直径 0.7mm)。

(3)用少量的纯二茂铁和乙酰二茂铁粗产品分别溶于 2mL 甲苯中，配成它们的浓溶液。

(4)把微量滴管浸入二茂铁溶液，然后在色谱板上轻轻点触，产生直径小于 3mm 的斑点，此斑点距层析板边沿应超过 6mm。如果溶液较稀而斑点不明显，待甲苯挥发后，在同一位置再点触一次。用同样方法在二茂铁斑点旁边点触乙酰二茂铁斑点(图 5-4)

(5)在 5 只色谱槽中分别加入下列供选择的溶剂：①石油醚(60～90℃)；②甲苯；③二氯甲烷；④乙醚；⑤醋酸乙酯。溶剂在槽内的高度为 3～4mm。将其色谱板插入槽内，盖上盖子。等溶剂上升到色谱板约 3/4 高度时，取出色谱板，并立即标记溶剂所达的高度。

(6)根据化合物移动的距离(d_i)和溶剂前沿移动的距离(d_s)，计算二茂铁和乙酰二茂铁在各种溶剂中的比移值 R_f($R_f=d_i/d_s$)。据此为柱色谱选择合适的淋洗剂。如果某种溶剂对某一组分 R_f 值很大，而对另一组分 R_f 值较小，该溶剂就能使两组分在柱上获得良好的分离效果。或者，也可选择两种溶剂可使前一组分很快地从柱上洗脱，然后用另一种对两组分 R_f 值都很大的溶剂，洗脱剩下的组分。一般来说用两溶剂进行淋洗，可节约溶剂和时间。

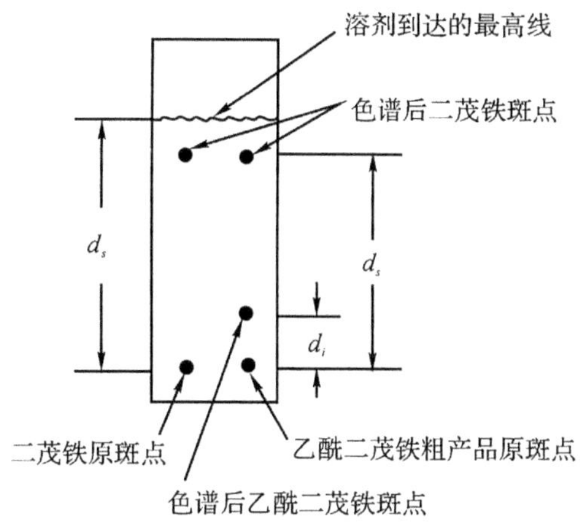

图 5-4　薄层色谱

(五)柱色谱

(1)色谱柱为内径 1.5cm,高 30cm 的玻璃管,下端装有旋塞。用玻璃棒将一小团玻璃纤维推至柱底。加入 15mL 经薄层色谱选定的溶剂。

(2)在 100mL 烧杯中配制选定的溶剂和硅胶(80～200 目)的悬浊液。将其倒入柱中直至硅胶的高度约 15cm。打开色谱柱旋塞,使溶剂高度与硅胶高度持平(在整个色谱过程中决不允许溶剂高度低于硅胶高度)。

(3)用滤纸剪一个直径比色谱柱略小的圆片。用玻璃棒把它推入色谱柱,使其盖住硅胶的表面。

(4)用约 5mL 选定的溶剂将乙酰二茂铁粗产品配成悬浊液。仔细地将其移入柱中。打开旋塞,使柱内液面再次与硅胶持平。

(5)在尽可能无湍流的情况下,将选定的溶剂分批加入柱中并打开旋塞使溶剂以每秒 1 滴的流速流出。根据二茂铁和乙酰二茂铁的颜色不同,分别收集之。

(6)用减压蒸馏法分别蒸干收集到的两份溶液。称量。计算乙酰二茂铁的产率和二茂铁的回收率。蒸馏得到的纯溶剂可回收利用。

(六)产品鉴定

(1)分别测定二茂铁和乙酰二茂铁的熔点,并与文献值(三茂铁 173～174℃;乙酰二茂铁 85～86℃)比较。

(2)分别用 KBr 压片法测定二茂铁和乙酰二茂铁的红外光谱,与文献的标准图谱进行比较,并指出特征吸收峰的归属(可参见参考文献)。

(3)分别配制二茂铁和乙酰二茂铁 $\omega=5\%$的 CCl_4 溶液,拍摄核磁共振谱,并指出各峰的化学位移及其归属。

思考题

(1)合成二茂铁为什么要在惰性气氛中进行？合成乙酰二茂铁为什么要用 $CaCl_2$ 干燥管来保护？

(2)X 射线的衍射数据表明，二茂铁分子是中心对称的，而二茂钌不是中心对称的。基于该结果，试对两者的结构作些说明。

(3)分别用 150℃加热 8h 的硅胶和暴露在大气中数天的硅胶装柱，淋洗时乙酰二茂铁在哪种柱上移动的速度较快？为什么？

(4)在十二钨硅酸分子结构中(结晶水除外)有多少不同结构的氧原子？每种结构有多少个氧原子？

参考资料

[1]Jolly W L. 无机合成(第 11 卷). 李士琦，陈惠叠译. 北京：科学出版社，1975

[2]Angelici R J. 无机化合成和技术. 郑汝丽，郑惠宇译. 北京：高等教育出版社，1989

[3]Bozak R E. Acetylation of Ferrocene. J Chem Educ, 1966,(2):73

[4]Nakmoto K. Infrared and Reman Spectra of Inorganic and Coodination Compounds(3rd ed). New York: Wiley, 1978,388

[5]Jolly W L. 无机化合物的合成与鉴定. 乔彬，肖良质等译. 北京：高等教育出版社，1986

[6]Sadtler Research Laboratories. Standard Infrared Grating Spectra. 28121. 29288

实验四十四 多步骤合成Ⅰ：磺胺药物的合成

实验目的

(1)学习合成磺胺类药物的原理和方法。

(2)培养学生多步合成有机化合物的实验技术与注意事项。

3. 锻炼学生如何鉴定合成产物以及相关仪器的操作使用。

实验原理

此类药物主要是对氨基苯磺酰胺的衍生物，它们的发现和应用对细菌传染的化学治疗有很大的贡献，也在化学治疗史上占有很重要的地位。以往的消毒药仅能局部外用，而磺胺类药物对于局部和全身细菌感染的预防和治疗都有很好的效果,有效地控制了许多危害人类健康的疾病如肺炎、脑膜炎、败血症等,是现代医学临床上广泛应用的一类重要药物。

磺胺药物的母体——对氨基苯磺酸于 1908 年合成,但当时仅作为偶氮染料的中间体,未考虑到应用于医疗方面。直到 1932 年发现含有磺酰氨基的偶氮染料"百浪多息"对链球菌及葡萄菌具有很好的抑制作用、并在医疗上获得很好的疗效后,才受到人们的重视,进一步研究了治疗范围和抗菌机理。当时认为百浪多息等药物具有抗菌作用主要是基于其结构中偶氮键的染色作用。后经试验证明百浪多息在试管内并无抗菌作用,在机体内才能发生效用,主要由于其在机体内经代谢作用分解为对氨基苯磺酰胺才呈现抗菌作用。因此,肯定了对氨基苯磺酰胺是这类药物的基本结构,研究方向亦从偶氮染料转到以对氨基苯磺酰胺及其衍生物为中心。后来又研究了药物对病原体生理、生化效应的影响和干扰,阐述了药物的抗菌机理。1935 年发表了其药理与试验治疗效果,进一步证明百浪多息对毒性猛烈的溶血性链球菌及其他细菌所感染的疾病有高度的疗效,继而合成了可溶性的百浪多息,推进了细菌感染类疾病的化学治疗方法。20 世纪 40 年代左右先后合成出磺胺吡啶、磺胺噻唑、磺胺嘧啶、磺胺甲基于嘧啶、磺胺脒和酞磺胺噻唑等杂环取代磺胺类,磺胺异嘧啶、磺胺脒、酞磺胺噻唑等杂环取代磺胺类,后来又合成了磺胺异噁唑、磺胺异嘧啶等溶解度高、毒性较低的磺胺药物。

抗菌素大量生产后,磺胺药物开始失去其作为普遍使用的抗菌剂的重要性,青霉素和四环素衍生物如金霉素、土霉素等抗菌素相继被发现,它们不但具有高度抗菌活性,而且它们均无许多磺胺药物所具有的令人不愉快的严重副作用。尽管如此,磺胺药物在治疗诸如疟疾、肺结核、麻风病、猩红热、鼠疫、呼吸道感染、肠道或尿路感染等疾病方面仍然有其广泛的用途。

磺胺可由下面的路线来合成:

$$HNOCCH_3-C_6H_4 \xrightarrow{ClSO_3H} HNOCCH_3-C_6H_4-SO_2Cl \xrightarrow{HH_3}$$

$$HNOCCH_3-C_6H_4-SO_2NH_2 \xrightarrow{H_3O^+} NH_2-C_6H_4-SO_2NH_2$$

产品外观:白色固体,m. p. 163～164℃。

仪器和试剂

1. 仪器

溶点仪、红外光谱仪。

2. 试剂

(1)乙酰苯胺(5g),氯磺酸(12.5mL,一般需蒸馏纯化,b.p.161～162℃,小心使用)。

(2)浓氨水(17.5mL),6 mol・L^{-1} H_2SO_4 溶液。

(3)3 mol・L^{-1}盐酸,饱和 $NaCO_3$ 溶液。

实验内容

1.对乙酰氨基苯磺酰氯的制备

在一个干燥洁净的锥形瓶中加入氯磺酸,冰浴冷却至15℃,在搅拌下每次少量地缓慢加入干燥的乙酰苯胺细粉末,控制反应温度不超过18℃。待所加入的乙酰苯胺全部溶解后,水蒸气加热到65℃,恒温1h左右。搅拌下将反应物缓慢地倒入装有3/4体积新鲜碎冰的400mL烧杯中,让冰块完全溶化,不纯的对乙酰氨基苯磺酰氯形成硬块析出,抽滤,冷水洗涤,抽滤至干。

2.对乙酰氨基苯磺酰胺的制备

在一个烧杯中加入所制得的对乙酰氨基苯磺酰氯,搅拌下缓慢地加入适量的浓氨水,加完后继续搅拌,缓慢地加入稍微过量的6mol・L^{-1}硫酸溶液,使溶液成酸性。抽滤,冷水洗涤,抽滤至干,固体物110℃干燥20min,备用。

3.磺胺的制备

将先前制得并称重后的对乙酰氨基苯磺酰胺和适量3 mol・L^{-1}盐酸加入到圆底烧瓶中,加热回流1h。将回流液倒入干净的烧杯中,加水稀释,加热溶解,活性炭脱色,热滤。冷却滤液,缓慢地加入饱和 Na_2CO_3 溶液,使溶液呈碱性。冰浴冷却至5℃以下,析出晶体,抽滤。用水重结晶,干燥。

4.鉴定与表征

测定熔点,KBr压片法测定红外光谱,并将之与标准谱图比较。

思考题

(1)写出乙酰苯胺与氯磺酸进行磺化反应的机理。

(2)给出对乙酰氨基苯磺酰胺酸性水解的机理。

(3)为什么反应中不能用苯胺代替乙酰苯胺?

(4)有人设计下面的一系列反应合成磺胺,请你评价这一方案是否可行?第一步中产物的结构是什么?

(5)在制备的最后一步中和操作中,为何使用 $NaHCO_3$ 溶液而不用 NaOH 溶液?

$$\text{H}_2\text{N-C}_6\text{H}_4\text{-SO}_3\text{H} \xrightarrow{\text{PCl}_5} \text{H}_2\text{N-C}_6\text{H}_4\text{-SO}_2\text{Cl} \xrightarrow{\text{NH}_3} \text{H}_2\text{N-C}_6\text{H}_4\text{-SO}_2\text{NH}_2$$

实验四十五　多步骤合成Ⅱ：局部麻醉剂利多卡因的合成

实验目的

(1)学习合成局部麻醉剂类药物的原理和方法。

(2)培养学生多步合成有机物的实验技术和注意事项。

(3)学习薄层色谱、红外光谱、核磁共振谱的仪器操作及谱图解析。

实验原理

局部麻醉剂是使病人在意识清醒，但无痛觉的情况下接受外科手术的药物。要求使用方法简便，且一般无全麻醉药物的不良反应。最早的局部麻醉剂是从古柯叶中提取的可卡因(cocaine)，但由于其毒性大和易使人成瘾的缺点，加之它的水溶液不稳定，进行消毒时易发生水解导致失效，因此人们开始进行可卡因的合成代用品研究，企图得到更为理想的局部麻醉药。最初阶段研究是了解分子结构中哪些部分是发生作用的必要结构，结果发现当可卡因水解时其生成物爱康宁(ecgonine)以及爱康宁甲酯无麻醉作用，而且当把分子中氮原子上的甲基去掉时并不明显影响可卡因的麻醉作用。进一步研究表明，可卡因分子中四氢吡咯和六氢吡啶并合的二杂环(托品环)也不一定是可卡因产生麻醉作用的必要组成部分，因为六氢吡啶的衍生物 α 优卡因(αeucaine)和 β 优卡因(βeucaine)都具有可卡因那样的麻醉作用，并且它们的毒性较小，性质也较稳定，水溶液不会因加热消毒发生水解而导致失效。

1890 年后合成的苯佐卡因(benzocaine)具有麻醉作用，后来合成的奥素仿(orthoform)、奥素卡因(orthocaine)和新奥素卡因都具有麻醉作用，因此促进合成了许多 对氨基苯甲酸酯类的麻醉药物。后来认为如果与芳酸或氨基芳酸反应生成酯的醇中含有一个氨基或碱性氮原子的话，不仅能使生成的酯类化合物易转变为水溶性盐类，而且还能增强其麻醉作用。1906 年合成的普鲁卡因(procaine)是最成功的局部麻醉剂，后来又合成了许多类似普鲁式因的药物，其中有一些具有较好的麻醉作用。它们的基本结构如下所示：

酰胺类麻醉剂与酯类麻醉剂为同型化合物，但较酯难水解，其麻醉作用较持

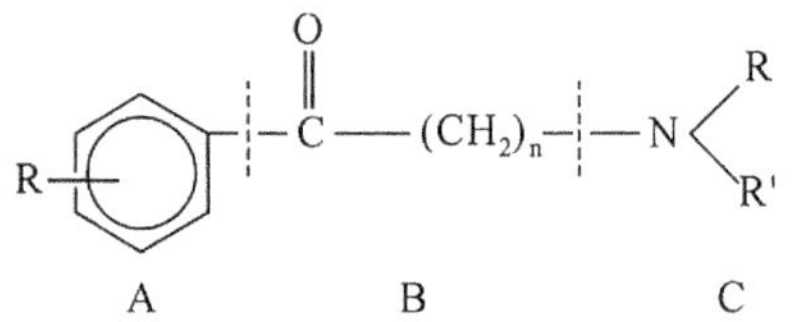

$$R\text{-}C_6H_4\text{-}\vdots\text{-}\overset{O}{\overset{\|}{C}}\text{—}(CH_2)_n\text{-}\vdots\text{—}N\begin{matrix}R\\R'\end{matrix}$$

A B C

久。如盐酸利多卡因,即属于酰胺类麻醉剂。

利多卡因的合成路线如下:

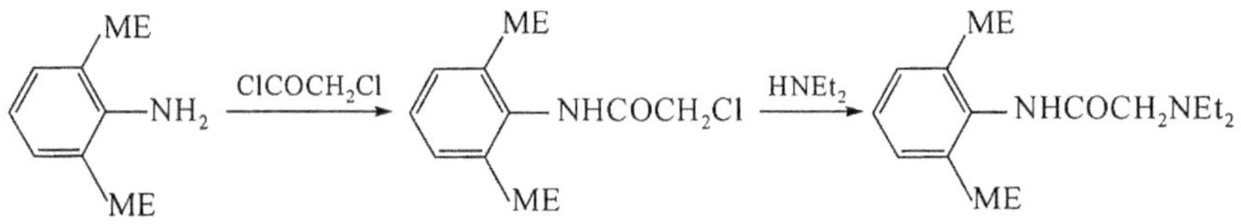

$$\text{2,6-(ME)}_2C_6H_3\text{—}NH_2 \xrightarrow{ClCOCH_2Cl} \text{2,6-(ME)}_2C_6H_3\text{—}NHCOCH_2Cl \xrightarrow{HNEt_2} \text{2,6-(ME)}_2C_6H_3\text{—}NHCOCH_2NEt_2$$

产品外观:白色固体,m. p. 68~69℃

仪器和试剂

1. 仪器

熔点仪,红外光谱仪。

2. 试剂

2,6 二甲基苯胺(5mL),氯代乙酰氯(3mL),二乙胺(10mL),5%乙酸钠溶液(100mL),甲苯(50mL),冰乙酸(20mL,二氯甲烷(10mL),盐酸(3 mol·L^{-1} 60mL),KOH 溶液(6 mol·L^{-1},60mL),戊烷(25mL),无水碳酸钾(5g),乙醚(2mL),乙醇,浓硫酸(4 滴),丙酮(50mL),单质碘(5g)。

实验内容(参考方案)

1. α—氯乙酰—2,6—二甲基苯胺的制备

在一个干燥锥形瓶中,将适量的 2,6—二甲基苯胺(d=0.999)溶于冰乙酸,搅拌下缓慢加入相应量的氯代乙酰氯(d=0.495)。加热 45℃,加入 5%乙酸钠溶液。冰浴冷却到 10℃以下,抽滤,水洗涤至滤液呈中性,抽滤至干。80~100℃干燥 1h,称量并计算产率,测定熔点(文献值为 145~145℃)和红外光谱。

2. 利多卡因的合成

将制得并称重的 α—氯乙酰—2,6—二甲基苯胺(留 0.5g 做薄层色谱用)用甲苯溶解于一干燥的圆底烧瓶中,加入相应量的二乙胺,回流 1~2h。

采用薄层色谱法监测利多卡因的合成过程。将 50mgα—氯乙酰—2,6—二甲基苯胺样品溶于 1mL 二氯甲烷中,使用 3cm×8cm 硅胶 G 薄层板,二氯甲烷作流动相,有螺旋盖的宽口瓶作色谱缸,碘蒸气显色。确定 α—氯乙酰—2,6—二甲基胺的 R_f 值。反应进行 20min 后,做反应混合物和 α—氯乙酰—2,6—二甲基苯

胺的薄层色谱，以监控反应进行的程度。每间隔一定时间重复上述薄层色谱实验，直到 α—氯乙酰—2,6—二甲基苯胺在反应混合物中消失。停止回流，冰浴冷却至 5℃，抽滤，滤液用 3mol・L^{-1}盐酸萃取。将酸液冷却至 10℃，搅拌下缓慢地加入 6 mol・L^{-1}KOH 溶液，有沉淀析出，再加入稍微过量的 6mol・L^{-1}KOH 溶液使溶液呈碱性。冰浴冷却至 20℃，然后用戊烷萃取碱液，水洗涤有机层。过滤有机层，无水 K_2CO_3 干燥戊烷溶液。蒸发浴蒸发戊烷得到固体产物或过夜缓慢挥发戊烷得到晶体产物，称重，计算产率。

3. 鉴定与表征

测定产物的熔点、IR 谱和 NMR 谱。

思考题

(1)写出制备利多卡因的反应机理。

(2)提出苯佐卡因和普鲁卡因的合成路线。

(3)比较利多卡因分子中两个氮原子的碱性强弱，并给出理由。

实验四十六　多步骤合成Ⅲ：对氨基苯乙酸的合成

实验目的

(1)学习硝化、水解及还原的原理与方法。

(2)学习如何选择较好的合成路线。

实验原理

对氨基苯乙酸是高效心血管药物氨酰心安的一个重要中间体，也可作为氧化染发剂、抗菌素、止痛药、消炎镇药物、杀菌剂等中间体。本产品用处广，研究也较多，可选用的工艺也较多。常见的几条工艺有：

某种硝化方法有混酸消化、浓硝酸硝化、硝酸—醋—醋酐硝化方法等，还原方法有铁法还原、硫化钠还原、硫酸亚铁—氨还原、氯化亚锡还原、水合肼还原、催化加氨还原方法等，可供选择的路线有近 20 条。如何选择一条好的工艺路线要综合考虑到原料、成本、环保、工艺条件、设备要求、操作安全等因素。

仪器和试剂

1. 仪器

红外光谱仪，元素分析仪。

$$C_6H_5-CH_2-CN \xrightarrow{HNO_3} O_2N-C_6H_4-CH_2-CN$$

$$\xrightarrow{hydrolysis} O_2N-C_6H_4-CH_2-COOH$$

$$\xrightarrow{[H]} H_2N-C_6H_4-CH_2-COOH$$

$$C_6H_5-CH_2-CN \xrightarrow{HNO_3} O_2N-C_6H_4-CH_2-CN$$

$$\xrightarrow{hydrolysis} O_2N-C_6H_4-CH_2-CN$$

$$\xrightarrow{[H]} H_2N-C_6H_4-CH_2-COOH$$

$$C_6H_5-CH_2-COOH \xrightarrow{HNO_3} O_2N-C_6H_4-CH_2-COOH$$

$$\xrightarrow{[H]} H_2N-C_6H_4-CH_2-COOH$$

2. 试剂

苯乙腈:CP,99%;

硝酸:A.R,注意比重与含量的关系,有强腐蚀性,使用时注意;

水合肼:CP,一般为80%,或稀一些,浓度关系较小;

活性炭:200目细炭,活性较高;

稀盐酸、碳酸钠溶液:可在实验前配好使用;

乙醇:可用95%的或无水乙醇,最好是无水乙醇,配比准确些;

三氯化铁:CP,一般是六水结晶,强酸性。

实验内容(采用第一种新工艺)

1. 对硝基苯乙腈的制备

250mL三口烧瓶中安装机械搅拌、温度计、分液漏斗及冰水浴。

烧瓶中加入140g(d=1.5)硝酸,控制放热的反应温度在20~28℃,搅拌下慢慢加入23.4g(0.2mol)苯乙腈,约0.5h,外观无变化,加完后再搅拌3h,倾于300g碎冰中,温度不超过25℃,充分搅拌,滤出,冰水洗,风干,得约23.8g;用6ml乙醇重结晶精制,得产品15g,熔点116~117℃。

2. 对硝基苯乙酸的制备

在带有回流冷凝器的 250mL 三口烧瓶中加入 68mL 稀硫酸(浓硫酸 35mL，水 33mL)，然后加入 12g 对硝基苯乙腈(0.075mol)，回流加热 70min，冷却后加入冷却水 75mL 搅拌，然后在冰浴中冷却 0.5h 至产物完全析出，过滤得棕色沉淀，用少量冰水洗涤；然后固体加入 150mL 沸水中加热溶解数分钟，然后冷却、过滤、烘干得淡棕色产品约 12.3g，收率约 91%，熔点 150～152℃。

3. 对氨基苯乙酸的制备

在带有回流冷凝器的 250mL 三品烧瓶中加入 10g 对硝基苯乙酸，1g 活性炭，0.05g$FeCl_3 \cdot 6H_2O$，150mL 乙醇，加热回流 5～10min，然后在 10min 回流下滴加 70%～80%的水合肼 4.5g(80%)，然后再回流 4～5h 至反应完成。冷却后用 10%碳酸钠溶液将混合物 pH 调节至 9 左右，然后抽滤，滤渣用温水洗涤两次，然后滤液用稀盐酸调 pH 至 4 左右，析出结晶，冷却抽滤、烘干，得淡黄色产品约 7.3～7.4g，收率 88%～89%，熔点 193～199℃。蒸馏水重结晶后得浅黄色片状结晶，熔点 197～199℃。

4. 表征

IR(cm^{-1})：3260，3090，1700，1350，1320。

元素分析($C_8H_9NO_2$)：计算值(%)：C，63.58；H，5.96； N， 9.27。

思考题

(1)用硝酸硝化时温度控制要很严，若温度过高会产生什么结果？反应中的硝酸与原料摩尔比是多少？为什么？

(2)硝化还可用哪些硝化剂？若用硝酸一醋酐为硝化剂时，其原料配比和反应条件会有什么差别？

(3)稀硫酸如何配制？用盐酸代替硫酸时有什么好处和坏处？

(4)水合肼还原与常用的铁粉还原、硫化钠还原相比各有什么缺点？

(5)水合肼还原时溶剂常用乙醇，两者各有什么优缺点？

(6)水合肼还原时除用 $FeCl_3/C$ 作催化剂外还常用什么作催化剂？

(7)水合肼用量理论量是多少？实际用量多少？为什么？

参考资料

[1]张建华，对氨基苯乙酸合成工艺的改进，北京医药，1992(4)：1－9

[2]韦长梅，嵇鸣．苯乙腈定向硝化制备对硝基苯乙腈，精细化工，2001(4)：234－235，245

[3]段行信．实用精细有机合成手册，北京：化学工业出版社，2000

实验四十七 红辣椒中红色素的提取及分离

实验目的

(1)培养学生查阅文献,设计实验等综合动手能力

(2)学习薄层层析,柱层析,红外光谱,紫外光谱等仪器的原理和操作方法。

实验原理

色素作为一种着色剂,已被广泛应用于食品、化妆品等与日常生活密切相关的行业。天然植物色素与人工合成色素相比,因原料来源充足,对人体无毒副作用,正日益受到人们的重视,有着广阔的发展前景。红辣椒色素以其色泽鲜艳、稳定性好而广泛用作为食品着色剂,研究红辣椒色素中红、黄色素的分离和分析方法,具有重要的现实意义。

红辣椒色素中红、黄色素主要存在于辣椒的果皮中,不溶于水,易溶于有机溶剂,主要是由辣椒红的脂肪酸酯、辣椒玉红素的脂肪酸酯和 β—胡萝卜素组成,属于类胡萝卜色素,都是由八个异戊二烯单元组成的四萜化合物。

胡萝卜色素类化合物的颜色是由长的共轭双键体系产生的,该体系使得化合物能够在可见光范围吸收能量。对辣椒红来说,是由它的脂肪酸酯对光的吸收而使其产生深红的颜色。

辣椒红和辣椒黄色素可以通过柱色谱进行分离。

仪器和试剂

1. 仪器

载玻片,层析柱,层析缸,蒸馏装置,布氏漏斗,抽滤瓶,循环水泵,滴液漏斗,红外光谱仪,紫外光谱。

2. 试剂

硅胶(10g,60～200 目),二氯甲烷,无水乙醇,干红辣椒。

实验内容

查阅相关文献,设计可行性的实验方案,做到:

(1)选择合适的有机溶剂萃取红辣椒中的色素,得一混合物色素的粗品。

(2)用薄层层析(TLC)分离红色素,并计算 R_f 值。

(3)用梯度淋洗法在层析柱中将红色素分离。

(4)将分离到的红色素进行红外光谱和紫外光谱测定,并将得到的红外光谱

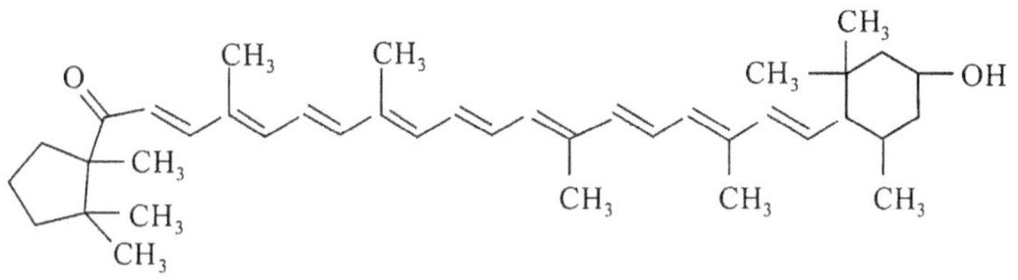

辣椒红

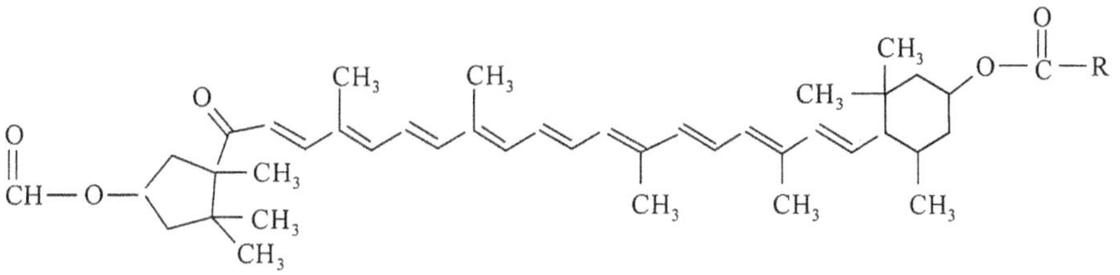

辣椒红的脂肪酸酯（$R=3$个或更多碳的链）

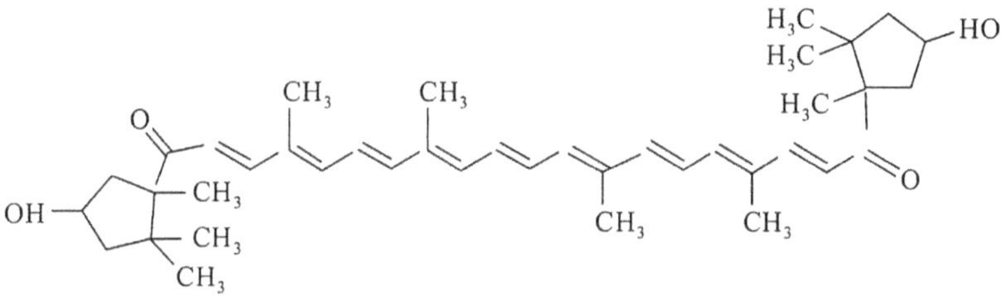

辣椒玉红素

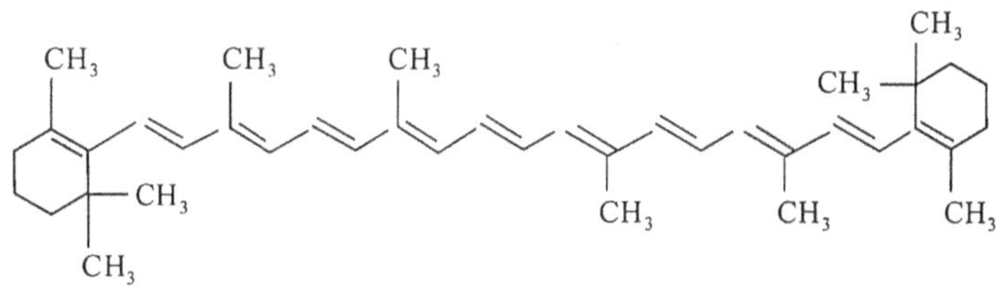

β-胡萝卜素

图与红色素纯样的图谱相比较，找出分离得到的红色素的红外光谱中的重要吸收峰，进一步验证其结构。

实验提示

(1)选择合适的有机溶剂萃取红辣椒中的色素，得到一种混合物。

(2)选择合适的展开剂，用 TLC 将红色素斑点和其他成分的斑点在层析板上分开，并计算其 R_f 值，来鉴定红色素。

(3)再用柱层析，以 TLC 的展开剂作为参考，选择适当的淋洗剂将红色素的红色谱带洗脱完全。

(4)将分离到的红色素进行红外光谱和紫外光谱测定。

思考题

(1)紫外光谱工作波长范围是多少？测定物质含量的依据是什么？

(2)根据什么原理从红辣椒中提取红色素？

参考资料

[1]张书圣,李明,沈伟. 百吉. 青岛化工学院学报，1998,19(4)

[2]施产甫,唐兴国. 海军医高专学报，1998,20(4):223

[3]施飞军. 化学世界，1994,35(2):158

[4]丁来欣,陈里. 华东工学院学报，1991,3 :78～822